21 世纪普通高校计算机公共课程规划教材

大学计算机基础

（第 2 版）

马　利　范春年　编著

东 南 大 学 出 版 社

·南京·

内 容 提 要

本书是根据教育部高等学校非计算机专业计算机基础课程教学指导分委员会最新提出的《关于进一步加强高等学校计算机基础教学的几点意见》中的课程体系和普通高等学校计算机基础课程教学大纲的基本精神要求以及《江苏省计算机等级考试大纲(一级)》要求编写的。

全书分为13章,第1章计算机基础知识,第2章操作系统,第3章 Windows XP 系统,第4章文字处理软件 Word 2003,第5章电子表格软件 Excel 2003,第6章中文 PowerPoint 2003,第7章计算机网络,第8章 Internet,第9章多媒体基础,第10章网页制作软件 FrontPage 2003,第11章信息安全,第12章信息系统与数据库应用基础,第13章 Office 2003 综合应用等内容。

本书概念清楚,逻辑清晰,内容全面,语言简练,通俗易懂。本书主要用作高等学校非计算机专业的大学计算机基础课程教材,也可作为成人高等教育、高等职业技术教育以及培训和各类考试的参考用书。

图书在版编目(CIP)数据

大学计算机基础 / 马利,范春年编著. —2 版. —南京:东南大学出版社,2010.8(2011.7 重印)
ISBN 978 –7 – 5641 –2421 –2

Ⅰ.①大…　Ⅱ.① 马…②范…　Ⅲ. 电子计算机 –高等学校 – 教材　Ⅳ.① TP3

中国版本图书馆 CIP 数据核字(2010)第 171524 号

大学计算机基础(第 2 版)
————————————————————————————————
出版发行:东南大学出版社
社　　址:南京四牌楼 2 号　　邮编:210096
出 版 人:江建中
责任编辑:史建农
网　　址:http://www.seupress.com
经　　销:全国各地新华书店
印　　刷:南京雄州印刷有限公司
开　　本:787mm×1092mm　1/16
印　　张:19.75
字　　数:493 千字
版　　次:2010 年 9 月第 2 版
印　　次:2011 年 8 月第 2 次印刷
书　　号:ISBN 978-7-5641-2421-2
印　　数:5000~8500 册
定　　价:35.00 元
————————————————————————————————
本社图书若有印装质量问题,请直接与读者服务部联系。电话(传真):025-83792328。

前　言

　　本书是根据教育部高等学校非计算机专业计算机基础课程教学指导分委员会最新提出的《关于进一步加强高等学校计算机基础教学的几点意见》中的课程体系和普通高等学校计算机基础课程教学大纲的基本精神要求以及《江苏省计算机等级考试大纲（一级）》要求编写的。

　　本书力求反映计算机技术发展的趋势，充分反映本学科领域的最新科技成果，系统深入地介绍一些计算机科学与技术的基本概念、基本原理、技术与方法，并配合相应的实验课强化学生的动手能力，使大学生学会使用计算机的基本操作，掌握计算机的基本原理、基本知识、基本方法和解决实际问题的能力，为后续课程的学习打下一定的基础。

　　本书以 Windows XP 为平台，加强了网络中的数据通信知识，网络应用、数据库应用的基本知识等。本书共分 13 章，第 1 章计算机基础知识主要介绍计算机发展、计算机中使用的数制、计算机中常用的编码、计算机的组成、多媒体计算机、计算机病毒等计算机的基础知识。第 2 章操作系统，讲述操作系统的形成，操作系统的发展，操作系统基本概念、特征及其基本功能等知识；扼要介绍了 DOS、Windows、UNIX 操作系统和网络操作系统以及文件与文件系统等知识。第 3 章 Windows XP 系统，讲述了 Windows XP 操作系统的基本操作。第 4 章文字处理软件 Word 2003，主要介绍 Word 2003 的使用方法。第 5 章电子表格软件 Excel 2003，介绍了 Excel 2003 的使用方法。第 6 章中文 PowerPoint 2003，介绍了 PowerPoint 2003 的使用方法。第 7 章计算机网络，介绍计算机网络的发展、功能及分类，数据传输介质，网络组成设备，网络体系结构和 IP 地址等知识。第 8 章 Internet，介绍 Internet 的基本知识及 Internet 的常用服务。第 9 章多媒体基础，介绍了多媒体技术基础知识。第 10 章网页制作软件 FrontPage 2003，介绍了 FrontPage 2003 的使用方法。第 11 章信息安全，介绍了信息安全的基本知识，计算机病毒与防治以及信息安全与计算机道德法律等知识。第 12 章信息系统与数据库应用基础，介绍了信息系统、数据库的基本概念、数据库系统构成、数据模型、关系数据库以及关系运算，在此基础上，介绍了 Access 2003 的基本使用方法，主要是数据表设计与应用以及查询的设计。第 13 章 Office 2003 综合应用，介绍了综合利用 Office 软件解决实际问题的方法。

　　全书概念清楚，逻辑清晰，内容全面，语言简练，通俗易懂。本书可作为高等学校非计算机专业的大学计算机基础课程教材，同时可作为培训和各类考试的参考用书。希望读者通过本课程的学习能较全面、系统地掌握计算机软、硬件技术与网络技术的基本概念，了解软件设计与信息处理的基本过程，掌握典型计算机系统的基本工作原理，具备安装、设置与操作计算机环境的能力，并掌握 Visual Foxpro 关系数据库的基本知识，为后续计算机课程的学习打下必要的基础。

本书由马利和范春年主编,马利主编了第 1 章到第 6 章,范春年主编了第 7 章到第 13 章。杨轩、姚永雷等参与了编写、插图和校正。正是他们的支持和帮助,使本书得以顺利的编著出版。在此,笔者谨向他们表示最真挚的感谢。

本书的编辑出版还得到了史建农编辑的倾心支持,在此一并感谢。

由于时间紧迫以及作者的水平有限,书中难免有不足之处,恳请读者批评指正。

编著者
2010 年 7 月

目　　录

第1章
计算机基础知识

- 计算机概论
- 计算机常用的数制及编码
- 常见的信息编码
- 计算机系统的组成
- 办公自动化概述

随着信息时代的到来,作为其主要标志的计算机应用技术已经渗入到各个领域,正在从根本上改变着人们的工作、学习和生活方式,而计算机技术自身的发展也是日新月异。因此,了解和掌握计算机技术是信息时代对现代人的基本要求。

本章主要介绍计算机的发展、计算机中使用的数制、计算机中常用的编码、计算机的组成、办公自动化等计算机的基础知识。

1.1 计算机概论

1.1.1 计算机的发展概况

自从 1946 年第一台电子计算机 ENIAC(Electronic Numerical Integrator and Calculator,电子数字积分器与计算器)问世以来,计算机科学已成为 20 世纪发展最快的一门学科。随着微型计算机、计算机网络等新的计算机技术的出现和发展,计算机更加广泛地应用到社会的各个领域,有力地推动了社会的发展。

图 1-1 ENIAC

通常根据计算机所使用的逻辑元件的不同,可以将计算机的发展划分为四代。

图 1-2 电子管

第一代(1946—1958 年)是电子管计算机,计算机使用的主要逻辑元件是电子管,也称电子管时代。主存储器先采用延迟线,后采用磁鼓磁芯,外存储器使用磁带。在软件方面,计算机程序是通过机器语言和汇编语言编写出来的。这个时期计算机的特点是:体积庞大,运算速度低(一般每秒几千次到几万次),成本高,可靠性差,内存容量小。这个时期的计算机主要用于科学计算,以及从事军事和科学研究方面的工作。其代表机型有:ENIAC(重约 30 吨,占地 1 000 平方米)、EDVAC、IBM701、IBM702 等。

第二代(1959—1964 年)是晶体管计算机,这个时期计算机使用的主要逻辑元件是晶体管,也称晶体管时代。主存储器采用磁芯,外存储器使用磁带和磁盘。在软件方面,开始使用管理程序和简单操作系统来管理计算机,出现了 FORTRAN、CO-BOL、ALGOL 等一系列高级程序设计语言。这个时期计算机的应用已经扩展到数据处理、事务处理、自动控制等方面。这个

图 1-3 晶体管

时期,计算机的运行速度已提高到每秒几十万次,体积已大大减小,可靠性和内存容量也有较大的提高。其代表机型有:IBM360、IBM7000 系列,PDP - 5 等。

第三代(1965—1970 年)是中小规模集成电路时代。这个时期计算机用中小规模集成电路代替了分立元件作为计算机的主要逻辑元件,用半导体存储器代替了磁芯存储器,外存储器使用磁盘。软件方面,操作系统进一步完善,高级语言数量增多,诞生了如 BASIC、PASCAL 等简单易用的高级语言,出现了并行处理、多处理机、虚拟存储系统以及面向用户的应用软件。计算机的运行速度也提高到每秒几十万次~几百万次,可靠性和存储容量进

一步提高,外部设备种类繁多。计算机和通信密切结合起来,出现了现代计算机网络的雏形ARPANET。计算机被广泛地应用到科学计算、数据处理、事务管理、工业控制等领域。其代表机型有:IBM370 系列、富士通 F230 系列等。

第四代(1971 年以后)是大规模和超大规模集成电路时代。这个时期计算机的主要逻辑元件是大规模和超大规模集成电路,存储器采用半导体存储器,外存储器采用大容量的软、硬磁盘,并开始使用光盘。软件方面,操作系统不断发展和完善,同时发展了数据库管理系统、通信软件等。计算机的发展进入了以计算机网络为特征的时代。计算机的运行速度可达到每秒上千万次~万亿次,计算机的存储容量和可靠性又有了很大提高,功能更加完备。这个时期计算机的类型除小型、中型、大型机外,开始向巨型机和微型机两个方面发展。计算机开始进入了办公室、学校和家庭。

表 1-1　计算机的时代划分

时代	年份	器件	软件	主要应用
一	1946—1958 年	电子管	机器语言、汇编语言	科学计算
二	1959—1964 年	晶体管	高级语言	数据处理、工业控制
三	1965—1970 年	中、小规模集成电路	操作系统	文字处理、图形处理
四	1971 年至今	大规模集成电路	数据库、网络等	社会的各个领域

新一代计算机是把信息采集、存储处理、通信和人工智能技术结合在一起的计算机系统。也就是说,新一代计算机由处理数据信息为主,转向处理知识信息为主,是具有人工智能方面的能力,能帮助人类开拓未知的领域和获取新的知识的计算机。此外,新的计算机逻辑元件的研究也成为新一代计算机研制的新方向。

我国计算机的研制工作源于 1956 年。1956 年 5 月 20 日,国家科学规划委员会向国务院提交的《发展计算机技术、半导体技术、无线电电子学、自动学和远距离操纵技术的紧急措施方案》,标志着中国计算机研究工作的开始。此后我国自行设计制造的电子管、晶体管和集成电路的计算机相继问世,大事记如下:

1958 年:中国第一台计算机 103 型通用数字电子计算机研制成功,运行速度为每秒1 500 次。

1959 年:中国研制成功 104 型电子计算机,运算速度为每秒 1 万次。

1960 年:中国第一台大型通用电子计算机 107 型通用电子数字计算机研制成功。

1963 年:中国第一台大型晶体管电子计算机 109 型机研制成功。

1964 年:第一台具有多道程序分时操作系统和标准汇编语言的计算机 441B-Ⅲ型全晶体管计算机研制成功。

1965 年:中国第一台百万次集成电路计算机"DJS-Ⅱ"型操作系统编制完成。

1967 年:新型晶体管大型通用数字计算机诞生。

1969 年:北京大学承接研制百万次集成电路数字电子计算机 150 机。

1970 年:中国第一台具有多道程序分时操作系统和标准汇编语言的计算机 441B-Ⅲ型全晶体管计算机研制成功。

1972 年:每秒运算 11 万次的大型集成电路通用数字电子计算机研制成功。

1973 年：中国第一台百万次集成电路电子计算机研制成功。

1974 年：DJS-130、DJS-131、DJS-132、DJS-135、DJS-140、DJS-152、DJS-153 等 13 个机型先后研制成功。

1976 年：DJS-183、DJS-184、DJS-185、DJS-186、DJS-1804 机研制成功。

1976 年：配备纸带操作系统和汇编语言等系统软件的 183 机研制成功。

1977 年：中国第一台微型计算机 DJS-050 机研制成功。

1978 年：中国第一个通用程序设计语言 XCY 在 200 系列机上运行成功。

1979 年：中国研制成功每秒运算 500 万次的集成电路计算机 HDS-9，王选用中国第一台激光照排机排出样书。

1981 年：中国研制成功的 260 机平均运算速度达到每秒 100 万次。

1983 年："银河Ⅰ号"巨型计算机研制成功，运算速度达每秒 1 亿次。

1987 年：第一台国产 286 微机——长城 286 正式推出。

1988 年：第一台国产 386 微机——长城 386 推出，中国发现首例计算机病毒。

1990 年：中国首台高智能计算机——EST/IS4269 智能工作站诞生，长城 486 计算机问世。

1993 年：中国第一台 10 亿次巨型银河计算机Ⅱ型通过鉴定。

1995 年：曙光 1000 大型机通过鉴定，其峰值可达每秒 25 亿次。

1997 年：银河-Ⅲ并行巨型计算机研制成功。

1999 年：银河四代巨型机研制成功。

2000 年：我国自行研制成功高性能计算机"神威Ⅰ"，其主要技术指标和性能达到国际先进水平。我国成为继美国、日本之后，世界上第三个具备研制高性能计算机能力的国家。

2003 年：12 月 15 日，10 万亿次曙光 4000A 落户上海超算中心。

1.1.2 计算机的特点

计算机作为一种通用的信息处理工具，具有极高的处理速度、很强的存储能力、精确的计算和逻辑判断能力，其主要特点如下：

（1）高速运算能力

计算机具有神奇的运算速度，这是以往其他一些计算工具无法做到的。当今计算机系统的运算速度已达到每秒万亿次，微机也可达每秒亿次以上，使大量复杂的科学计算问题得以解决，例如，卫星轨道的计算、大型水坝的工程计算、24 小时天气预报的计算等。过去人工计算需要几年、几十年解决的问题，现在用计算机只需几天甚至几分钟就可完成。

（2）计算精确度高，具有可靠的判断能力

科学技术特别是尖端科学技术的发展，需要高度精确的计算。计算机控制的导弹之所以能准确地击中预定的目标，是与计算机的精确计算分不开的。一般计算机可以有十几位甚至几十位（二进制）有效数字，计算精度可由千分之几到百万分之几，是任何计算工具望尘莫及的。此外，可靠的判断能力也有助于实现计算机工作的自动化，以保证计算机控制的判断可靠、反应迅速、控制灵敏。

（3）具有记忆和逻辑判断能力

随着计算机存储容量的不断增大，可存储记忆的信息越来越多。它不仅可以存储所需的原始数据信息、中间结果和最后结果，还可以存储指挥计算机工作的程序。计算机不仅可以对各种信息（如语言、文字、图形、图像、音乐等）通过编码技术进行算术运算和逻辑运算，甚至可以进行推理和证明。

（4）具有自动控制能力

计算机内部操作是根据人们事先编好的程序自动控制进行的。用户根据解题需要，事先设计运行步骤与程序，计算机十分严格地按程序规定的步骤操作，整个过程不需要人工干预。计算机中可以存储大量的程序和数据。存储程序是计算机工作的一个重要原则，这是计算机能自动处理的基础。

1.1.3　计算机的应用

由于计算机具有运算快速、精确，存储容量大等特点，使得计算机在很多领域内都可以代替或协助人类的工作。随着微型计算机和计算机网络的诞生和发展，其应用领域也不断地深入和扩展。归纳起来可分为以下几个方面：

（1）科学计算

科学计算也称数值计算。计算机最开始是为解决科学研究和工程设计中遇到的大量数学问题的数值计算而研制的计算工具。随着现代科学技术的进一步发展，数值计算在现代科学研究中的地位不断提高，在尖端科学领域中显得尤为重要。例如，人造卫星轨迹的计算，房屋抗震强度的计算，火箭、宇宙飞船的研究设计，都离不开计算机的精确计算。在工业、农业以及人类社会的各个领域，计算机的应用都取得了许多重大突破，就连我们每天收听收看的天气预报都离不开计算机的科学计算。

（2）信息处理

目前，信息处理已成为计算机应用中的一个最主要的部分。信息处理所涉及的范围和内容十分广泛，在科学研究和工程技术中，会得到大量的原始数据，其中包括大量图片、文字、声音等。信息处理就是对数据进行收集、分类、排序、存储、计算、传输、制表等操作。目前计算机的信息处理应用已非常普遍，因为信息数据处理具有计算方法比较简单、数据处理量相当大的特点。如人事管理、库存管理、财务管理、图书资料管理、商业数据交流、情报检索、经济管理、人口普查、办公自动化、数据统计等。信息处理已成为当代计算机的主要任务，是现代化管理的基础。据统计，全世界计算机用于数据处理的工作量占全部计算机应用的 80% 以上，大大提高了工作效率，提高了管理水平。

（3）自动控制

自动控制是指通过计算机对某一过程进行自动操作，它不需人工干预，能按人预定的目标和预定的状态进行过程控制。所谓过程控制是指对操作数据进行实时采集、检测、处理和判断，按最优值进行调节的过程。目前被广泛用于机械制造、冶金电力、操作复杂的钢铁企业、石油化工业、医药工业等生产中。使用计算机进行自动控制可大大提高控制的实时性和准确性，提高劳动效率和产品质量，降低成本，缩短生产周期。计算机自动控制还在国防和航空航天领域中起着决定性作用，例如，无人驾驶飞机、导弹、人造卫星和宇宙飞船等飞行器的控制，都是靠计算机实现的。可以说计算机是现代国防和航空航天领域的神经中枢。

（4）计算机辅助设计和辅助教学

计算机辅助设计（Computer Aided Design，简称 CAD）是指借助计算机的图形处理能力帮助设计人员进行工程设计，以提高设计工作的自动化程度，节省人力与物力。目前 CAD 技术已应用于飞机设计、船舶设计、建筑设计、机械设计、大规模集成电路设计等。在京九铁路的勘测设计中，使用计算机辅助设计系统绘制一张图纸仅需几个小时，而过去人工完成同样工作则要一周甚至更长时间。可见采用计算机辅助设计可缩短设计时间，提高工作效率，节省人力、物力和财力，更重要的是提高了设计质量。CAD 已得到各国工程技术人员的高度重视。目前该领域内的研究重点是计算机集成制造系统（CIMS，Computer Integrated Manufacturing System），指的是将 CAD 和计算机辅助制造（Computer Aided Manufacturing）、计算机辅助测试（Computer Aided Test）及计算机辅助工程（Computer Aided Engineering）组成一个集成系统，使设计、制造、测试和管理有机地组成为一体，形成高度的自动化系统。在此基础上可以发展出自动化生产线和"无人工厂"。

计算机辅助教学（Computer Aided Instruction，简称 CAI）是指用计算机来辅助完成教学计划或模拟某个实验过程。计算机可按不同要求，分别提供所需教材内容，还可以个别教学，及时指出该学生在学习中出现的错误，根据计算机对该生的测试成绩决定该生的学习从一个阶段进入另一个阶段。CAI 不仅能减轻教师的负担，还能激发学生的学习兴趣，提高教学质量，为培养现代化高素质人才提供了有效方法。

（5）人工智能

人工智能（Artificial Intelligence，简称 AI）是指计算机模拟人类某些智力行为的理论、技术和应用。人工智能是计算机应用的一个新的领域，这方面的研究和应用正处于发展阶段，在医疗诊断、定理证明、语言翻译、机器人等方面已有了显著成效。人工智能研究方向最具有代表性和最尖端的两个领域是专家系统（Expert System）和机器人（Robert）。

① 专家系统

专家系统是计算机专家咨询系统，是具有大量专门知识的计算机程序系统。建立专家系统需要总结某个领域中专家的指示，根据这些专门的知识，系统可以对输入的原始数据进行推理，做出判断和决策，以回答用户的咨询。例如，用计算机模拟人脑的部分功能进行思维学习、推理、联想和决策，使计算机具有一定的"思维能力"。我国已开发成功一些中医专家诊断系统，可以模拟名医给患者诊病开方。目前专家系统已广泛应用于地质学与勘探、化学结构研究、医疗诊断、遗传工程、空中交通控制和商业等领域。

② 机器人

机器人是计算机人工智能的典型例子，是一种能模仿人类智能和肢体功能的计算机操作装置，其核心是计算机。第一代机器人是机械手；第二代机器人对外界信息能够反馈，有一定的触觉、视觉和听觉；第三代机器人是智能机器人，具有感知和理解周围环境，使用语言、推理、规划和操纵工具的技能，模仿人完成某些动作。机器人不怕疲劳，精确度高，适应力强，现已开始用于搬运、喷漆、焊接、装配等工作中。机器人还能代替人在危险工作中进行繁重的劳动，如在有放射线、污染、有毒、高温、低温、高压、水下等环境中工作。

（6）多媒体技术的应用

随着电子技术特别是通信和计算机技术的发展，人们已经有能力把文本、音频、视频、动画、图形和图像等各种媒体综合起来，构成一种全新的概念——多媒体（Multimedia）。在医疗、教育、商业、银行、保险、行政管理、军事、工业、广播和出版等领域中,多媒体的应用发展很快。

（7）计算机网络的应用

随着网络技术的发展,计算机的应用进一步深入到社会的各行各业,通过高速信息网络实现数据与信息的查询、高速通信服务(电子邮件、电视电话、电视会议、文档传输)、电子教育、电子娱乐、电子购物(通过网络选看商品、办理购物手续、质量投诉等)、远程医疗和会诊、交通信息管理等。计算机网络的应用将推动信息社会更快地向前发展。

（8）商务处理

计算机在商业业务中广泛应用的项目有:办公室计算机,数据处理机,发票处理机,销售额清单机,零售终端,会计终端,出纳终端,以及利用 Internet 的"电子商务"等等。电子商务(Electronic Commerce,EC,或 Electronic Business,EB)是指利用计算机和网络进行的新型商务活动。它作为一种新型的商务方式,将生产企业、流通企业以及消费者和政府带入了一个网络经济、数字化生存的新天地。它可让人们不再受时间、地域的限制,以一种非常简捷的方式完成过去较为繁杂的商务活动。

在银行业务上,广泛采用金融终端、销售点终端、现金出纳机。银行之间利用计算机进行的资金转移正式代替了传统的支票。在邮政业务上,大量的商业信件,现在开始用传真系统和电子邮件(E-mail)传送。

（9）信息管理

计算机的引入,使信息处理系统获得了强有力的存储和处理手段。信息管理系统成为实现企业信息化的主要工具,通过信息管理系统可以提高管理效率,降低管理成本,优化企业组织结构。例如,利用计算机物资管理系统可以随时掌握各类物资库存情况,合理调剂,减少库存。

（10）家用电器

目前,不仅使用各种类型的个人计算机,而且将单片机广泛应用于微波炉、磁带录音机、自动洗涤机、煤气用定时器、家用空调设备控制器、电子式缝纫机、电子玩具、游戏机等。21世纪,国际互联网络和计算机控制的设备将广泛应用于家用电器中,使整个家用电器都受控于计算机,提高家电的使用效率和功能。

1.1.4　计算机的发展方向

计算机的应用有力地推动了国民经济的发展和科学技术的进步,同时也对计算机技术提出了更高的要求,促进它的进一步发展。以超大规模集成电路为基础,未来的计算机将向巨型化、微型化、网络化与智能化的方向发展。

（1）巨型化

巨型化并不是指计算机的体积大,而是指计算机的运算速度更高、存储容量更大、功能更强。为了满足如天文、气象、宇航、核反应等科学技术发展的需要,也为了满足模拟人脑学习、推理等功能所必需的大量信息记忆的需要,必须发展超大型的计算机。目前世界上运算速度最快的超级计算机"SX - 8",其每秒运算次数可达 58 万亿次。

（2）微型化

超大规模集成电路的出现,为计算机的微型化创造了有利条件。目前,微型计算机已进入仪器、仪表、家用电器等小型仪器设备中；同时也可作为工业控制过程的"心脏"，使仪器设备实现"智能化"，从而使整个设备的体积大大缩小，重量大大减少。自20世纪70年代微型计算机问世以来，大量小巧、灵便、物美价廉的个人计算机为计算机应用的普及作出了巨大的贡献。随着微电子技术的进一步发展，个人计算机将发展得更加迅猛，其中笔记本计算机、手持式计算机甚至智能手机，必将以更优的性价比受到人们的欢迎。

图 1-4　笔记本与掌上电脑

（3）网络化

随着计算机应用的深入，特别是家用计算机越来越普及，一方面希望众多用户能共享信息资源，另一方面也希望各计算机之间能互相传递信息进行通信。个人计算机的硬件和软件配置相对比较低，其功能也有限，因此，要求大型与巨型计算机的硬件与软件资源以及它们所管理的信息资源能够为众多的微型计算机所共享，以便充分利用这些资源。这些原因促使计算机向网络化发展，人们将分散的计算机连接成网，组成了计算机网络。在计算机网络中，通过网络服务器，一台台计算机就像人类社会的一个个神经单元一样连接起来，从而组成信息社会中一个重要的神经系统。

计算机网络技术是在20世纪60年代末、70年代初开始发展起来的，由于它符合社会发展的趋势，因此发展速度很快。目前，已经出现了许多网络产品，应用也已经比较普遍，尤其是在现代企业的管理中发挥着越来越重要的作用。实际上，像银行系统、商业系统、交通运输系统等单位，要真正实现自动化，具有快速反应能力，都离不开信息传输，离不开计算机网络。

随着社会及科学技术的发展，对计算机网络的发展提出了更高的要求，同时也为其发展提供了更加有利的条件。计算机网络与通信网的结合，可以使众多的个人计算机不仅能够同时处理信息，而且网络中的计算机可以互为后备。

此外，从计算机的系统结构上看，目前几乎所有的计算机都是冯·诺依曼型计算机。在计算机的系统结构上，根据现有的研究成果，未来新型计算机也将可能在下列几个方面取得革命性的突破：

（1）光子计算机

光子计算机利用光子取代电子进行数据运算、传输和存储。在光子计算机中，不同波长的光代表不同的数据，可快速完成复杂的计算工作。制造光子计算机，需要开发出可以用一条光束来控制另一条光束变化的光化学晶体管。尽管目前可以制造出这样的装置，但是它庞大而笨拙，用其制造一台电脑，体积将有一辆汽车那么大。因此，短期内光子计算机得到使用很困难。

（2）生物计算机

生物计算机（分子计算机）在20世纪80年代中期开始研制，其最大的特点是采用了生物芯片，它由生物工程技术产生的蛋白质分子构成。在这种芯片中，信息以波的形式传播，运算速度比当今最新一代计算机快10万倍，能量消耗仅相当于普通计算机的十分之一，并且拥有巨大的存储能力。由于蛋白质分子能够自我结合，再生新的微型电路，使得生物计算机具有生物体的一些特点,如能发挥生物体本身的调节机能,从而自动修复芯片发生的故障,还能模仿人类的思考机制。

目前,在生物计算机研究领域已经有了新的进展,预计在不久的将来,就能制造出分子元件,即通过在分子水平上的物理化学作用对信息进行监测、处理、传输和存储。另外,在微技术领域也取得了某些突破,制造出了微型机器人。

(3)量子计算机

所谓量子计算机,是指利用处于多现实态下的原子进行运算的计算机,这种多现实态是量子力学的标志。刚进入 21 世纪之际,人类在研制量子计算机的道路上取得了新的突破。美国的研究人员已经成功地实现了 4 量子位逻辑门,取得了 4 个锂离子缠结状态。与传统的电子计算机相比,量子计算机具有解题速度快、存储量大、搜索功能强和安全性较高等优点。

1.2　计算机常用的数制及编码

数制也称计数制,是指用一组固定的符号和统一的规则来表示数值的方法。编码是采用少量的基本符号,选用一定的组合原则,以表示大量复杂多样的信息的技术。计算机是信息处理的工具,任何信息必须转换成二进制形式数据后才能由计算机进行处理、存储和传输。了解计算机所采用的数制及常用编码对于理解计算机的运作方式和基本原理是十分必要的。

1.2.1　二进制数

我们习惯使用的十进制数由 0、1、2、3、4、5、6、7、8、9 十个不同的符号组成,每一个符号处于十进制数中不同的位置时,它所代表的实际数值是不一样的。例如 1706 可表示成 $1 \times 1000 + 7 \times 100 + 0 \times 10 + 6 \times 1$,式中每个数字符号的位置不同,它所代表的数值也不同,这就是经常所说的个位、十位、百位、千位的意思。二进制数和十进制数一样,也是一种进位计数制,但它的基数是 2。数中 0 和 1 的位置不同,它所代表的数值也不同。例如二进制数 1110 表示十进制数 14,$(1110)_2 = 1 \times 2^3 + 1 \times 2^2 + 1 \times 2^1 + 0 \times 2^0 = 8 + 4 + 2 + 0 = 14$。

一个二进制数具有下列两个基本特点:

- 两个不同的数字符号,即 0 和 1;
- 逢二进一。

一般我们用$()_n$角标表示不同进制的数。例如:十进制数用$()_{10}$表示,二进制数用$()_2$表示。在微机中,一般在数字的后面,用特定字母表示该数的进制。例如:B 代表二进制、D 代表十进制(D 可省略)、O 代表八进制、H 代表十六进制。

我们现在所使用的计算机都是以二进制的形式处理和存储各种信息的。

1.2.2　二进制与其他数制

在进位计数制中有数位、基数和位权三个要素。数位是指数码在一个数中所处的位置。基数是指在某种进位计数制中,每个数位上所能使用的数码的个数。例如,二进制数基数是 2,即每个数位上所能使用的数码为 0 和 1 两个数码。

在数制中有一个规则,如果是 N 进制数,必须是逢 N 进 1。位权是指处在多位数的某一位上"1"所表示的数值的大小。例如,二进制第 2 位的位权为 2,第 3 位的位权为 4。一般情况下,对于 N 进制数,整数部分第 i 位的位权为 N^{i-1},而小数部分第 j 位的位权为 N^{-j}。

下面主要介绍与计算机有关的常用的几种进位计数制。

(1) 二进制(二进位计数制)

具有两个不同的数码符号 0、1,其基数为 2;二进制的特点是逢二进一。

例如:

$$(1010)_2 = 1 \times 2^3 + 0 \times 2^2 + 1 \times 2^1 + 0 \times 2^0$$

(2) 十进制(十进位计数制)

具有十个不同的数码符号 0、1、2、3、4、5、6、7、8、9,其基数为 10;十进制数的特点是逢十进一。

例如:

$$(1010)_{10} = 1 \times 10^3 + 0 \times 10^2 + 1 \times 10^1 + 0 \times 10^0$$

(3) 八进制(八进位计数制)

具有八个不同的数码符号 0、1、2、3、4、5、6、7,其基数为 8;八进制数的特点是逢八进一。

例如:

$$(1010)_8 = 1 \times 8^3 + 0 \times 8^2 + 1 \times 8^1 + 0 \times 8^0$$

(4) 十六进制(十六进位计数制)

具有十六个不同的数码符号 0、1、2、3、4、5、6、7、8、9、A、B、C、D、E、F,其基数为 16;十六进制数的特点是逢十六进一。

例如:

$$(1010)_{16} = 1 \times 16^3 + 0 \times 16^2 + 1 \times 16^1 + 0 \times 16^0$$

表 1-2　四位二进制数与其他数制的对照

二进制	十进制	八进制	十六进制
0000	0	0	0
0001	1	1	1
0010	2	2	2
0011	3	3	3
0100	4	4	4
0101	5	5	5
0110	6	6	6
0111	7	7	7
1000	8	10	8
1001	9	11	9

续表 1-2

二进制	十进制	八进制	十六进制
1010	10	12	A
1011	11	13	B
1100	12	14	C
1101	13	15	D
1110	14	16	E
1111	15	17	F

1.2.3　不同进制数之间的转换

用计算机处理十进制数，必须先把它转换成二进制数才能被计算机所接受，同理，计算结果应将二进制数转换成人们习惯的十进制数。这就产生了不同进制数之间的转换问题。不同进制数和十进制数之间转换的基本原则为：

r 进制转换成十进制：数码乘以各自的位权的累加。

十进制转换成 r 进制：整数部分除以 r 取余数，直到商为 0，余数从末位读起。小数部分乘以 r 取整数，整数按从上往下的顺序排列。

（1）十进制数与二进制数之间的转换

① 十进制整数转换成二进制整数

把一个十进制整数转换为二进制整数的方法如下：把被转换的十进制整数反复除以 2，直到商为 0，所得的余数（从末位读起）就是这个数的二进制表示。简单地说，就是"除 2 取余法"。

例 1　将十进制整数 $(156)_{10}$ 转换成二进制整数。

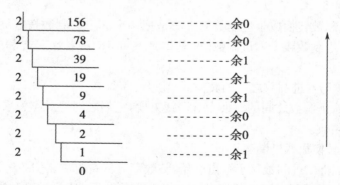

于是，$(156)_{10} = (10011100)_2$。知道十进制整数转换成二进制整数的方法以后，了解十进制整数转换成八进制或十六进制就很容易了。十进制整数转换成八进制整数的方法是"除 8 取余法"，十进制整数转换成十六进制整数的方法是"除 16 取余法"。

② 十进制小数转换成二进制小数

把一个十进制小数转换为二进制小数的方法如下：将十进制小数连续乘以 2，选取进位整数,直到满足精度要求为止。简称"乘 2 取整法"。

例 2　将十进制小数$(0.8125)_{10}$转换成二进制小数。

$$
\begin{array}{r}
0.8125 \\
\times \quad 2 \\
\hline
1.6250 \quad \text{整数}=1 \\
0.6250 \\
\times \quad 2 \\
\hline
1.2500 \quad \text{整数}=1 \\
0.2500 \\
\times \quad 2 \\
\hline
0.5000 \quad \text{整数}=0 \\
0.5000 \\
\times \quad 2 \\
\hline
1.0000 \quad \text{整数}=1
\end{array}
$$

将十进制小数 0.8125 连续乘以 2,把每次所进位的整数,按从上往下的顺序写出。于是,$(0.8125)_{10}=(0.1101)_2$。

了解了十进制小数转换成二进制小数的方法以后,那么,了解十进制小数转换成八进制小数或十六进制小数就很容易了。十进制小数转换成八进制小数的方法是"乘 8 取整法",十进制小数转换成十六进制小数的方法是"乘 16 取整法"。

③　二进制数转换成十进制数

把二进制数转换为十进制数的方法是将二进制数按权展开求和。

例 3　将$(111011.101)_2$转换成十进制数。

$$(111011.101)_2$$
$$=1\times2^5+1\times2^4+1\times2^3+0\times2^2+1\times2^1+1\times2^0+1\times2^{-1}+0\times2^{-2}+1\times2^{-3}$$
$$=32+16+8+2+1+0.5+0.125$$
$$=(59.625)_{10}$$

同理,非十进制数转换成十进制数的方法是把各个非十进制数按权展开求和即可。如把二进制数(或八进制数或十六进制数)写成 2(或 8 或 16)的各次幂之和的形式,然后再计算其结果。

(2) 二进制数与八进制数之间的转换

二进制数与八进制数之间的转换十分简捷方便,它们之间的对应关系是,每一位八进制数对应三位二进制数。

①　二进制数转换成八进制数

转换方法为:将二进制数从小数点开始,整数部分从右向左三位一组,小数部分从左向右三位一组,不足三位用 0 补足,每组对应一位八进制数即可得到八进制数。

例 4　将$(11110101010.11111)_2$转换为八进制数。

$$
\begin{array}{cccccc}
011 & 110 & 101 & 010. & 111 & 110 \\
\downarrow & \downarrow & \downarrow & \downarrow & \downarrow & \downarrow \\
3 & 6 & 5 & 2. & 7 & 6
\end{array}
$$

于是,$(11110101010.11111)_2=(3652.76)_8$。

② 八进制数转换成二进制数

转换方法为:以小数点为界,向左或向右每一位八进制数用相应的三位二进制数取代,然后将其连在一起,并去除最左和最右边多余的 0 即可。

例 5 将$(5247.601)_8$转换为二进制数。

<pre>
   5   2   4   7.   6   0   1
   ↓   ↓   ↓   ↓   ↓   ↓   ↓
  101   010   100   111.   110   000   001
</pre>

于是,$(5247.601)_8=(101010100111.110000001)_2$。

(3) 二进制数与十六进制数之间的转换

二进制数与十六进制数之间的转换十分简捷方便,它们之间的对应关系是,每一位十六进制数对应四位二进制数。

① 二进制数转换成十六进制数

转换方法为:将二进制数从小数点开始,整数部分从右向左四位一组,小数部分从左向右四位一组,不足四位用 0 补足,每组对应一位十六进制数即可得到十六进制数。

例 6 将二进制数$(111001110101.100110101)_2$转换为十六进制数。

<pre>
 1110   0111   0101. 1001   1010   1000
  ↓   ↓   ↓   ↓   ↓   ↓
  E   7   5.   9   A   8
</pre>

于是,$(111001110101.100110101)_2=(E75.9A8)_{16}$。

例 7 将二进制数$(101111101111110)_2$转换为十六进制数。

<pre>
 0101   1111   0111   1110
  ↓   ↓   ↓   ↓
  5   F   7   E
</pre>

于是,$(101111101111110)_2=(5F7E)_{16}$。

表 1-3   八进制数、二进制数对照表

八进制数	0	1	2	3	4	5	6	7
二进制数	000	001	010	011	100	101	110	111

② 十六进制数转换成二进制数

转换方法为:以小数点为界,向左或向右每一位十六进制数用相应的四位二进制数取代,然后将其连在一起,并去除最左和最右边多余的 0 即可。

例 8 将$(7FE.11)_{16}$转换成二进制数。

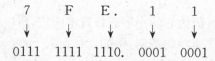
<pre>
   7   F   E.   1   1
   ↓   ↓   ↓   ↓   ↓
  0111   1111   1110. 0001   0001
</pre>

于是,$(7FE.11)_{16}=(11111111110.00010001)_2$。

表 1-4 十六进制数、二进制数对照表

十六进制数	0	1	2	3	4	5	6	7
二进制数	0000	0001	0010	0011	0100	0101	0110	0111
十六进制数	8	9	A	B	C	D	E	F
二进制数	1000	1001	1010	1011	1100	1101	1110	1111

1.2.4　二进制数在计算机内的表示

计算机内表示的数,分成整数和实数两大类。在计算机内部,数据是以二进制的形式存储和运算的。数的正负用高位字节的最高位来表示,定义为符号位,"0"表示正数,"1"表示负数。例如,二进制数$+1101000$在机器内的表示为:01101000。

(1) 整数的表示

计算机中的整数一般用定点数表示,定点数指约定机器中所有数据的小数点位置是固定不变的。定点数 $x=x0x1x2\cdots xn$ 表示如下($x0$:符号位,0 代表正号,1 代表负号):由于约定小数点在固定位置,小数点就不再使用记号"."来表示。通常将数据表示成纯小数或纯整数。

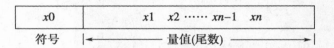

$x0$	$x1$　$x2$　……　$xn-1$　xn

符号　$\longleftarrow$ ——— 量值(尾数) ——— $\longrightarrow$

图 1-5　定点数的表示

纯小数的表示范围为($x0x1x2\cdots xn$ 各位均为 0 时最小;各位均为 1 时最大):

$$0\leqslant|x|\leqslant 1-2^{-n}$$

纯整数的表示范围为:

$$0\leqslant|x|\leqslant 2^n-1$$

如果用一个字节(8 位)表示整数,则能表示的最大正整数为 01111111(最高位为符号位),即最大值为 127,若|数值|$>$|127|,则"溢出"。

除了带符号的整数外,计算机还有一类无符号整数(不带符号的整数)。无符号整数中,所有二进制位全部用来表示数的大小。如果用一个字节(8 位)表示一个无符号整数,其取值范围是 0~255(2^8-1)。计算机中的地址常用无符号整数表示,可以用 8 位、16 位或 32 位来表示。

(2) 实数的表示

实数一般用浮点数表示,因为它的小数点位置不固定,所以称浮点数。它是既有整数又有小数的数,纯小数可以看作实数的特例,例如,21.246、-2003.318 都是实数,以上两个数又可以表示为:$21.246=10^2\times(0.21246)$,$-2003.318=10^4\times(-0.2003318)$,其中指数部分用来指出实数中小数点的位置,括号内是一个纯小数。二进制的实数表示也是这样,例如

100.101 可表示为：

$$100.101 = 2^{10} \times 1.00101 = 2^{-10} \times 10010.1 = 2^{+11} \times 0.100101$$

在计算机中一个浮点数由指数（阶码）和尾数两部分组成，其机内表示形式如下：

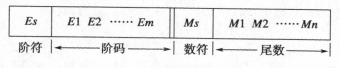

图 1-6　浮点数的表示

　　尾数用定点小数表示，给出有效数字的位数决定了浮点数的表示精度；阶码用整数形式表示，指明小数点在数据中的位置，决定了浮点数的表示范围。其小数点约定在数符和尾数之间，在浮点数中数符和阶符各占一位。

　　为便于软件移植，按照 IEEE754 标准，32 位浮点数和 64 位浮点数的标准格式为：

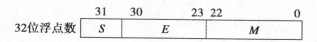

图 1-7　IEEE754 规定的 32 位浮点数标准格式

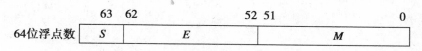

图 1-8　IEEE754 规定的 64 位浮点数标准格式

32 位的浮点数中：

S：浮点数的符号位，1 位，0 表示正数，1 表示负数。

M：尾数，23 位，用小数表示，小数点放在尾数域的最前面。

E：阶码，8 位阶符采用隐含方式，即采用移码方式来表示正负指数。

1.2.5　计算机中信息的表示

　　在计算机中对数据进行运算操作时，符号位如何表示呢？是否也同数值位一道参加运算操作呢？为了妥善处理这些问题，就产生了把符号位和数字位一起编码来表示相应的数的各种表示方法，如原码、补码、反码、移码等。

　　通常，计算机所表示数据都为有符号数，在计算机中使用的、连同符号位一起数值化了的数，称为机器数。机器数所表示的真实的数值，称为真值。对于有符号数，机器数常用的表示方法有原码、反码和补码三种。数 x 的原码记作 $[x]_原$，反码记作 $[x]_反$，补码记作 $[x]_补$。一个负数的原码符号位保持不变，其余位取反就是机器数的反码表示法。正数的反码与原码相同。将负数的反码加 1，则得到机器数的补码表示。正数的补码与原码相同。

　　（1）原码表示法：最高位表示符号，数值位用二进制绝对值表示的方法，称为原码表示法。

15

例如：$x=+0.1001$，则$[x]_原=0.1001$

$x=-0.1001$，$|x|=0.1001$，则$[x]_原=1.1001$

例如：$x=+1001$，则$[x]_原=01001$

$x=-1001$，$|x|=1001$，$2^n=2^5$，则$[x]_原=11001$

注意：对于 0，原码机器中往往有"+0"、"-0"之分，故有两种形式：

$$[+0]_原=0.000\cdots0;[-0]_原=1.000\cdots0$$

采用原码表示法简单易懂，但它的最大缺点是加法运算复杂。这是因为，当两数相加时，如果是同号则数值相加；如果是异号，则要进行减法。而在进行减法时还要比较绝对值的大小，然后大数减去小数，最后还要给结果选择符号。为了解决这些矛盾，人们找到了补码表示法。

(2) 反码表示法

一个负数的原码符号位保持不变，其余位取反（就是各位数码 0 变为 1，1 变为 0），就是机器数的反码表示法。正数的反码与原码相同。

例如：$x=+0.1011$，则$[x]_反=0.1011$

$x=-0.1011$，则$[x]_反=1.0100$

例如：$x=+1011$，则$[x]_反=01011$

$x=-1011$，则$[x]_反=10100$

注意：对于 0，有$[+0]_反$和$[-0]_反$之分：

$$[+0]_反=0.00\cdots0$$
$$[-0]_反=1.11\cdots1$$

(3) 补码表示法

我们先以钟表对时为例说明补码的概念。假设现在的标准时间为 4 点整，而有一只表已经 7 点了，为了校准时间，可以采用两种方法：一是将时针退 7-4=3 格；二是将时针向前拨 12-3=9 格。这两种方法都能对准到 4 点，由此可以看出，减 3 和加 9 是等价的，就是说 9 是(-3)对 12 的补码，可以用数学公式表示为：

$$-3=+9(\bmod 12)$$

mod12 的意思就是 12 模数，这个"模"表示被丢掉的数值。上式在数学上称为同余式。

上例中之所以 7-3 和 7+9(mod12)等价，原因就是表指针超过 12 时，将 12 自动丢掉，最后得到 16-12=4。从这里可以得到一个启示，就是负数用补码表示时，可以把减法转换为加法。这样，在计算机中实现起来就比较方便。

由此我们得到求反码和补码的简单方法：一个负数的原码符号位保持不变，其余位取反就是机器数的反码表示法。正数的反码与原码相同。将负数的反码最低位加 1，则得到机器数的补码表示。正数的补码与原码相同。

例如：$x=+0.1011$，则$[x]_补=0.1011$

$x=-0.1011$，则$[x]_补=1.0101$

例如：$x=+1011$，则$[x]_补=01011$

$x=-1011$，则$[x]_补=10101$

注意：对于 0，$[+0]_{\text{补}}=[-0]_{\text{补}}=0.0000$，0 的补码表示只有一种形式。

采用补码表示法进行减法运算就比原码方便得多了。因为不论数是正还是负，机器总是做加法，减法运算可变为加法运算。但根据补码定义，求负数的补码要从 2 减去 $|x|$。为了用加法代替减法，结果还得在求补码时做一次减法，这显然是不方便的。下面介绍的反码表示法可以解决负数的求补问题。

将补码还原为真值时，如果补码的最高位是 0，则为正数，后面的二进制数即为真值；如果补码的最高位是 1，则为负数，应将其后的数值位按位求反再加 1，所得结果才是真值。

（4）移码表示法

用于表示浮点数的阶码。由于阶码是个 n 位的整数，所以假定定点整数移码为将补码的符号位取反即可。

上面的数据四种机器表示法中，移码表示法主要用于表示浮点数的阶码。由于补码表示对加减法运算十分方便，因此目前机器中广泛采用补码表示法。在这类机器中，数用补码表示，补码存储，补码运算。也有些机器，数用原码进行存储和传送，运算时改用补码。还有些机器在做加减法时用补码运算，在做乘除法时用原码运算。

（5）原码、反码、补码的表示范围

n 位原码表示范围为 $+(2^{n-1}-1)\cdots+0,-0\cdots-(2^{n-1}-1)$，$+0$ 和 -0 为一个数，共 2^n-1 个数。例如 8 位原码表示范围为 $+127\cdots+0,-0\cdots-127$ 共 255 个数。

n 位反码表示范围为 $+(2^{n-1}-1)\cdots+0,-0\cdots-(2^{n-1}-1)$，$+0$ 和 -0 为一个数，共 2^n-1 个数。例如 8 位原码表示范围为 $+127\cdots+0,-0\cdots-127$ 共 255 个数。

n 位补码表示范围为 $+(2^{n-1}-1)\cdots0\cdots-2^{n-1}$，共 2^n 个数。例如 8 位原码表示范围为 $+127\cdots0\cdots-128$ 共 256 个数，$(-128)_{\text{补}}=10000000$。$(-2^{n-1})_{\text{补}}=100\cdots0$（共 $n-1$ 个零）。

1.3 常见的信息编码

我们已介绍过，计算机中的数据是用二进制表示的，为了使计算机能够处理各种信息，必须找出用二进制数来表示各种信息的方法，这类方法就称为编码。信息编码根据编码对象的不同，可以分为两类：数字编码和非数字编码。数字编码是指将数字信息转换为二进制数，如将十进制数表示为二进制数。非数字编码是指将非数字转换为二进制数，如将文字、声音、影像等用二进制数表示。目前信息编码主要指的是非数字编码，可以说没有编码技术计算机就不可能展示丰富多彩的信息。下面我们介绍一些常用的数字编码和字符编码。

1.3.1 BCD 码

为便于机器识别和转换，十进制数的每一位用四位二进制数编码表示，这就是所谓的十进制数的二进制编码，简称二—十进制编码（BCD 码，Binary Code Decimal）。BCD 码有多种编码方法，常用的有 8421 码。

表 1-5　十进制数与 BCD 码的对照表

十进制	二进制	八进制	十六进制	BCD
0	0	0	0	0000
1	01	1	1	0001
2	10	2	2	0010
3	11	3	3	0011
4	100	4	4	0100
5	101	5	5	0101
6	110	6	6	0110
7	111	7	7	0111
8	1000	10	8	1000
9	1001	11	9	1001
10	1010	12	A	0001　0000
11	1011	13	B	0001　0001
12	1100	14	C	0001　0010
13	1101	15	D	0001　0011
14	1110	16	E	0001　0100
15	1111	17	F	0001　0101
16	10000	20	10	0001　0110
(255)D	(11111111)B	(377)O	(FF)H	(0010,0101,0101)BCD

8421 码是将十进制数码 0～9 中的每个数分别用 4 位二进制编码表示,8421 这种编码方法比较直观、简要,对于多位数,只需将它的每一位数字按表 1-5 中所列的对应关系用 8421 码直接列出即可。例如,十进制数转换成 BCD 码如下:

$$(1209.56)_{10} = (0001001000001001.01010110)_{BCD}$$

8421 码与二进制之间的转换不是直接的,要先将 8421 码表示的数转换成十进制数,再将十进制数转换成二进制数。例如:

$$(100100100011.0101)_{BCD} = (923.5)_{10} = (1110011011.1)_2$$

1.3.2　ASCII 码

字母、数字、符号等各种字符也必须按特定的规则用二进制编码才能在计算机中表示。字符编码的方式很多,世界上采用得最普遍的一种字符编码是 ASCII(American Standard Code for Information Interchange)码,即美国信息交换标准代码。ASCII 码有 7 位版本和 8 位版本两种,国际上通用的是 7 位版本。7 位版本的 ASCII 码有 128 个元素,只需用 7 个二进制位（$2^7=128$）表示，其中控制字符 34 个，阿拉伯数字 10 个，大小写英文字母 52 个，各种标点符号和运算符号 32 个。在计算机中实际用 8 位表示一个字符，最高位为"0"。

8 位 ASCII 称为扩充 ASCII 码，最高位为"0"的 128 种字符为基本部分，最高位为"1"的 128 种字符为扩充部分。尽管对扩充部分的 ASCII 码美国国家标准信息协会已给出定义，但在实际中多数国家都将 ASCII 码扩充部分规定为自己国家语言的字符代码，例如中国把扩展的 ASCII 码作为汉字的机内码。

EBCDIC（扩展的二一十进制交换码）是西文字符的另一种编码，采用 8 位二进制表示，共有 256 种不同的编码，可表示 256 个字符，在某些计算机中也常使用。

表 1-6　128 个符号的 ASCII 码表

$d_3d_2d_1d_0$ ＼ $d_6d_5d_4$	000	001	010	011	100	101	110	111
0000	NUL	DEL	SP	0	@	P	、	P
0001	SOH	DC1	!	1	A	Q	a	q
0010	STX	DC2	"	2	B	R	b	s
0011	ETX	DC3	#	3	C	S	c	s
0100	EOT	DC4	$	4	D	T	d	t
0101	ENQ	NAK	%	5	E	U	e	u
0110	ACK	SYN	&.	6	F	V	f	v
0111	BEL	ETB	'	7	G	W	g	w
1000	BS	CAN	(	8	H	X	h	x
1001	HT	EM	)	9	I	Y	i	y
1010	LF	SUB	*	:	J	Z	j	z
1011	VT	ESC	+	;	K	[	k	{
1100	FF	FS	,	<	L	\	l	|
1101	CR	GS	—	=	M	]	m	}
1110	SO	RS	.	>	N	`	n	~
1111	SI	US	/	?	O	_	o	DEL

1.3.3　汉字编码

因为汉字也是字符，与西文字符比较，汉字数量大，字形复杂，同音字多，这就给汉字在计算机内部的存储、传输、交换、输入、输出等带来了一系列的问题。因此，为了用计算机处理汉字，和西文字符一样，必须对每个汉字用二进制数表示，即对汉字进行编码。

计算机处理汉字时会遇到许多编码，其处理过程如图 1-9 所示。键盘输入汉字是输入汉字的外部码，或称为输入码。外部码必须转换为内部码才能在计算机内进行存储和处理，内部码包括国标码和机内码。为了将汉字以点阵的形式输出，还要将内部码按地址码和机内码的对应转换关系找到每个汉字字形码在汉字字库中的相对位移地址,取出字形码,然后再把字形送去输出。

图 1-9　计算机处理汉字过程

（1）输入码

汉字主要是从键盘输入,所以称为输入码,也被称为外部码。每个汉字对应一个外部码,外部码是计算机输入汉字的代码,是代表某一个汉字的一组键盘符号。常见的外部码有以下几种：

① 数字编码

数字编码是用数字串代表一个汉字输入。常用的是国标区位码,区位码是将国家标准局公布的 6763 个两级汉字分为 94 个区,每个区分 94 位,实际上把汉字表示成二维数组,每个汉字在数组中的下标就是区位码。区码和位码各用两位十进制数字表示,因此输入一个汉字需按键四次。数字编码输入的优点是无重码,且输入码与内部编码的转换比较方便,缺点是代码难以记忆,通常为专用的汉字输入人员使用。

② 拼音码

拼音码是以汉字拼音为基础的输入方法。使用简单方便,但汉字同音字太多,输入重码率很高,同音字选择影响了输入速度。常用的拼音码有全拼、双拼等。在此基础上的输入法产品主要有微软拼音、紫光拼音和智能 ABC 拼音等。

③ 字形编码

字形编码是用汉字的形状来进行的编码。把汉字的笔画部件用字母或数字进行编码,按笔画的顺序依次输入,就能表示一个汉字。字形码的代表是五笔字型,其相关的输入产品主要有万能五笔和智能五笔等。

为了加快输入速度,在上述方法基础上,发展了词组输入、联想输入等多种快速输入方法,但是这些输入方式都是使用键盘进行"手动"输入。而理想的输入方式是利用语音或图像识别技术"自动"将拼音或文本输入到计算机内,使计算机能认识汉字,听懂汉语,并将其自动转换为机内代码表示。目前这样的输入方式已经成为现实,如国内的汉王系列输入产品等。

（2）内部码

汉字的机内码是计算机系统内部对汉字进行存储、处理、传输统一使用的代码,又称为汉字内码。在不同的汉字输入方案中,同一汉字的外部码不同,但同一汉字的内部码是唯一的。

计算机之间或计算机与终端之间交换信息时,要求其间传送的汉字代码信息完全一致。为此,国家根据汉字的常用程度定出了一级和二级汉字字符集,并规定了编码,这就是国标 GB 2312—1980《信息交换用汉字编码字符集——基本集》。GB 2312—1980 中汉字的编码即国标码。

在国标码的字符集中共收录了 6763 个常用汉字和 682 个非汉字字符（图形、符号）,其中一级汉字 3755 个,以汉语拼音为序排列,二级汉字 3008 个,以偏旁部首进行排列。

国标 GB 2312—1980 规定,所有的国标汉字与符号组成一个 94×94 的矩阵,在此方阵中每一行称为一个"区"(区号为 01～94),每一列称为一个"位"(位号为 01～94),该方阵实际组成了 94 个区,每个区内有 94 个位的汉字字符集,每一个汉字或符号在码表中都有一个唯一的位置编码,叫该字符的区位码。例如"啊"字的国标码是 3021H,区位码是 1601D。如将区位码转换成国标码应先将十进制的区位码按区和位转换成十六进制数再加上 2020H 转换成国标码。例如区位码是 1601D,先将十进制的区位码按区 16 和位 01 转换成十六进制数 1001H,再加上 2020H 转换成国标码 3021H。

由于汉字数量多,一般用 2 个字节来存放汉字的内码。在计算机内汉字字符必须与英文字符区别开,以免造成混乱。英文字符的机内码是用一个字节来存放 ASCII 码,一个 ASCII 码占一个字节的低 7 位,最高位为"0"。为了区分,汉字机内码中两个字节的最高位均置"1",即国标码＋8080H＝机内码。例如,汉字"中"的国标码为 5650H(0101011001010000)$_2$,机内码为 D6D0H(1101011011010000)$_2$。

(3) 地址码

地址码指的是每个汉字字形码在汉字字库中的相对位移地址,地址码和机内码要有简明的对应转换关系。

(4) 字形码

每一个汉字的字形都必须预先存放在计算机内,例如 GB 2312 国标汉字字符集的所有字符的形状描述信息集合在一起,称为字形信息库,简称字库。通常分为点阵字库和矢量字库。目前汉字字形的产生方式大多是用点阵方式形成汉字,即是用点阵表示的汉字字形代码。根据汉字输出精度的要求,有不同密度点阵。汉字字形点阵有 16×16 点阵、24×24 点阵、32×32 点阵等。汉字字形点阵中每个点的信息用一位二进制码来表示,"1"表示对应位置处是黑点,"0"表示对应位置处是空白。字形点阵的信息量很大,所占存储空间也很大,例如 16×16 点阵,每个汉字就要占 32 个字节(16×16÷8＝32);24×24 点阵的字形码需要用 72 个字节(24×24÷8＝72)。因此,字形点阵只能用来构成"字库",而不能用来替代机内码用于机内存储。字库中存储了每个汉字的字形点阵代码,不同的字体(如宋体、仿宋、楷体、黑体等)对应着不同的字库。在输出汉字时,计算机要先到字库中去找到它的字形描述信息,然后再把字形送去输出。

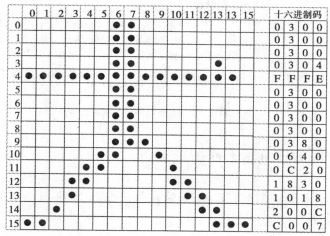

图 1-10　"大"的 16×16 宋体字形码

（5）其他汉字编码

除了上述的汉字编码外,还有一些用于不同场合的其他的汉字编码,如 UCS 码、Unicode 码、GBK 码、BIG5 码等。

通用多八位编码字符集 UCS(Universal Code Set)是国际标准(ISO)为各种语言字符制定的编码标准。它是世界各种文字的统一的编码方案,一个字符占 4 个字节。ISO/IEC 10646 字符集中的每个字符用 4 个字节(组号、平面号、行号和字位号)唯一地表示,第一个平面(00 组中的 00 平面)称为基本多文种平面(BMP),包含字母文字、音节文字以及中、日、韩(CJK)的表意文字等。Unicode 码是另一国际标准,采用双字节编码统一地表示世界上的主要文字。其字符集内容与 UCS 的 BMP 相同,但 Unicode 是一种使用更为广泛的国际字符编码标准。GBK 码等同于 UCS 的新的中文编码扩展国家标准,2 个字节表示一个汉字。第一字节从 81H～FEH,最高位为 1,第二字节从 40H～FEH,第二字节的最高位不一定是 1。BIG5 编码是我国台湾、香港地区普遍使用的一种繁体汉字的编码标准,包括 440 个符号,一级汉字 5401 个,二级汉字 7652 个,共计 13060 个汉字。

1.4　计算机系统的组成

一个完整的计算机系统包括两大部分,即硬件和软件。所谓硬件,是指构成计算机的物理设备,由机械、电子器件构成的具有输入、存储、计算、控制和输出功能的实体部件。软件也称"软设备",广义地说软件是指系统中的程序以及开发、使用和维护程序所需的所有文档的集合。我们平时讲到计算机,都是指含有硬件和软件的计算机系统。

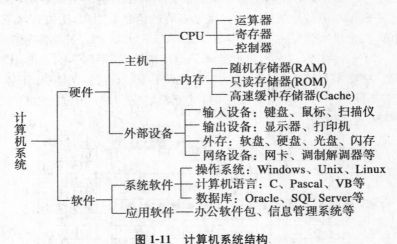

图 1-11　计算机系统结构

1.4.1　计算机硬件的基本结构

计算机硬件由运算器、控制器、存储器、输入设备和输出设备五个基本部分组成,也称计算机硬件的五大部件。

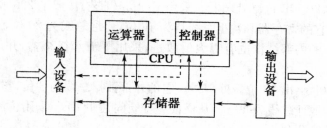

图 1-12　计算机硬件系统基本结构

　　这一基本结构是美籍匈牙利科学家冯·诺伊曼提出的,其主要思想为:"程序存储和控制",即信息(用二进制形式表示的数据和指令)通过输入设备输入存储器并按地址单元顺序存储,微机加电时,计算机的复位电路自动给程序计数器 PC 赋以程序中的第一条指令所在地址,按地址从存储器取出指令,送至指令寄存器(IR),经指令译码器(ID)译码,产生各种操作控制信号,控制相关设备完成取指令和执行指令。若要进行计算则应通过运算器,计算的结果可以保存在存储器中,也可以通过输出设备输出。因程序计数器 PC 有自动加 1 功能,所以计算机能自动按程序要求的顺序执行程序。

　　目前几乎所有的计算机所采用的均为冯·诺伊曼结构。现在利用并行处理技术、流水处理技术等新技术对该结构进行改进可以大大地提高计算机的性能。

　　(1) 运算器

　　运算器又称算术逻辑单元(Arithmetic Logic Unit,简称 ALU),是计算机对数据进行加工处理的部件,它的主要功能是对二进制数进行加、减、乘、除等算术运算和与、或、非等基本逻辑运算,实现逻辑判断。运算器在控制器的控制下实现其功能,运算结果由控制器指挥送到内存储器中。

　　(2) 控制器

　　控制器主要由指令寄存器、译码器、程序计数器和操作控制器等组成,控制器是用来控制计算机各部件协调工作,并使整个处理过程有条不紊地进行。它的基本功能就是从内存中取指令和执行指令,即控制器按程序计数器指出的指令地址从内存中取出该指令进行译码,然后根据该指令功能向有关部件发出控制命令,执行该指令。另外,控制器在工作过程中,还要接受各部件反馈回来的信息。

　　微型计算机的核心部件是中央处理器,简称 CPU(Central Processing Unit),它包含运算器和控制器两部分,CPU 习惯上也称为微处理器(Microprocessor)。随着大规模集成电路的出现,使得微处理器的所有组成部分都集成在一块芯片上,目前广泛使用的微处理器有:Intel 公司的 Pentium 4、Pentium D、Pentium EE 和 Itanium 系列,AMD 公司的 Athlon、Duron、Athlon XP 和 Athlon 64 X2 等。

　　表征微机运算速度的指标是微机 CPU 的主频,主频是 CPU 的时钟频率,主频的单位是 MHz(兆赫兹)。主频越高,微机的运算速度越快。

　　随着个人计算机的高速发展,Intel 公司所设计的 CPU 逐渐成为主流,Intel 体系结构(Intel Architecture,IA)也逐渐成为微型计算机 CPU 所采用的主要设计体系结构之一。通常,Intel 公司的 CPU(X86 系列)可以分成以下几代:

　　第一代:8086 和 8088(1978—1981 年)

1978 年——8086：16 位微处理器。采用了 3 μm 工艺，集成了 29000 个晶体管，工作频率为 4.77 MHz。它的寄存器和数据总线均为 16 位，地址总线为 20 位，从而使寻址空间达 1 MB。同时，CPU 的内部结构也有很大的改进，采用了流水线结构，并设置了 6 字节的指令预取队列。

1979 年——8088：准 16 位微处理器。它的外部数据总线为 8 位，它的寄存器和内部数据总线均为 16 位，地址总线为 20 位，从而使寻址空间达 1 MB。采用了流水线结构，并设置了 4 字节的指令预取队列。

1981 年 8 月，IBM 公司推出以 8088 为 CPU 的世界上第一台 16 位微型计算机 IBM 5150 Personal Computer，即著名的 IMB PC。

第二代：80286（1982—1984 年）

80286 采用 1.5 μm 工艺，集成了 134000 个晶体管，工作频率为 6 MHz。80286 的数据总线仍然为 16 位，但是地址总线增加到 24 位，使存储器寻址空间达到 16 MB。1985 年 IBM 公司推出以 80286 为 CPU 的微型计算机 IBM PC/AT，并制定了一个新的开放系统总线结构，这就是工业标准结构（ISA）。该结构提供了一个 16 位、高性能的 I/O 扩展总线，增加了保护虚拟地址工作方式。80 年代中期到 90 年代初，80286 一直是微型计算机的主流 CPU。

图 1-13 8086 与 80286

第三代：80386（1985—1988 年）

80386DX 是第一个实用的 32 位微处理器，采用了 1.5 μm 工艺，集成了 275000 个晶体管，工作频率达到 16 MHz。80386 的内部寄存器、数据总线和地址总线都是 32 位的。通过 32 位的地址总线，80386 的可寻址空间达到 4 GB。增加了虚拟 8086 工作方式，做到了向下兼容。这时由 32 位微处理器组成的微型计算机已经达到超级小型机的水平。80386 的其他一些版本：80386SX，包含 16 位数据总线和 24 位地址总线，寻址空间为 16 MB；80386SL/80386SLC，包含 16 位数据总线和 25 位地址总线，寻址空间为 32 MB。由于这些微处理器与 I/O 之间传输为 16 位，故也称为准 32 位微处理器。

图 1-14 80386 与 80486

第四代：80486(1989—1992 年)

采用 1 μm 工艺，集成了 120 万个晶体管，工作频率为 25 MHz。80486 微处理器由三个部件组成：一个 80386 体系结构的主处理器，一个与 80387 相兼容的数字协处理器和一个 8 KB 容量的高速缓冲存储器。80486 把 80386 的内部结构做了修改，大约有一半的指令在一个时钟周期内完成，而不是原来的两个，这样 80486 的处理速度一般比 80386 快 2～3 倍。Intel 公司还生产过 80486 的其他一些版本：80486SX，工作频率 20 MHz，不包含数字协处理器；80486DX2，采用双倍时钟，内部执行速度达到 66 MHz，内存存取速度为 33 MHz；80486DX4，采用三倍时钟，内部执行速度达到 100 MHz，内存存取速度为 33 MHz。

第五代：Pentium(1993—1997 年)

Pentium 处理器的发展分成三个阶段：第一阶段，Pentium 处理器（以 P5 代称，1993 年）采用 0.8 μm 工艺技术，集成了 310 万个晶体管，工作频率为 60 MHz/66 MHz；第二阶段，Pentium 处理器（以 P54C 代称，1994 年）采用 0.6 μm 工艺，工作频率为 90 MHz/100 MHz；第三阶段，Pentium MMX（以 P55C 代称，1997 年）增加了 57 条多媒体指令。

 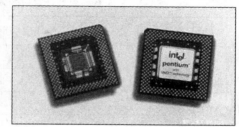

图 1-15　Pentium 与 Pentium MMX

第六代：P6(1996 年至今)

其代表 CPU 为 Pentium Pro、Pentium Ⅱ、Pentium Ⅲ。P6 采用 0.6～0.18 μm 工艺，集成度 550 万～950 万个晶体管，时钟频率 166 MHz～1 GHz，采用二级高速缓存，二级超标量流水线结构，一个时钟周期可以执行三条指令。

第 6.5 代：P67(2000 年至今)

Pentium Ⅳ采用了介于 P6 与 IA64 之间全新的 NetBurst 体系结构；采用 0.18 μm 工艺，时钟频率 1.4～2 GHz；20 段的超级流水线、高效的乱序执行功能、2 倍速的 ALU、新型的片上缓存、SSE2 指令扩展集和 400 MHz 的前端总线。

第七代：64 位处理器 P7(IA64 体系结构)

Itanium 于 2001 年 5 月发布，它采用 0.18 μm 工艺制造，工作频率为 733 MHz/800 MHz，Itanium 处理器的内部/外部数据总线及地址总线都是 64 位，其后又发布了 Itanium 2。

除了上述的七代外，从 2001 年起出现了双核心处理器的设计理念，为提高 CPU 的工作能力开辟了一条新的途径。所谓双核心处理器，简单地说就是在一块 CPU 基板上集成两个处理器核心，并通过并行总线将各处理器核心连接起来。目前双核心处理器代号为 Smithfield，基本上可以简单看作是把两个 Pentium Ⅳ 所采用的核心整合在同一个处理器内部，两个核心共享前端总线，每个核心都拥有独立的 1 MB 二级缓存，两个核心加起来一共拥有2 MB。目前的双核心处理器产品分为 Pentium D 和 Pentium Extreme Edition(Pentium EE)两大系列。其中,Pentium D 面向主流市场,而 Pentium EE 面向高端应用。Pentium D 与 Pentium EE 都采用 0.09 μm 工艺,它们最主要的区别就是 Pentium EE 支持超线程技术,而 Pentium D 则不支持超线程技术,也就是说在打开超线程技术的情况下 Pentium EE 将被操作系统识别为四颗处理器。

图 1-16　Pentium Ⅳ、Pentium EE 和 Itanium 2

表 1-7　X86 系列微型计算机的发展(1～6 代)

代	字长	型号	工艺(μm)	集成度(万个)	主频(MHz)	速度(MIPS)
1	16	8086	3	3	4.77～10	<1
2	16	80286	1.5	13.4	6～16	1～2
3	32	80386	1.5	27.5	16～33	6～12
4	32	80486	1	120	25～66	20～40
5	32	P5	0.8～0.6	320	60～133	100～200
6	32	P6	0.18～0.6	550～950	133～2G	>300

（3）存储器

存储器具有记忆功能,用来保存信息,如数据、指令和运算结果等。首先介绍一些与存储器相关的概念。

位(bit):指一个二进制位。它是计算机中信息存储的最小单位。

字节(Byte):指相邻的 8 个二进制位。

字(Word)和字长:"字"是计算机内部进行数据传递处理的基本单位。通常它与计算机内部的寄存器、运算装置、总线宽度相一致。我们现在常用的 32 位计算机中的一个字的字长为 32 位。存储器中常见的单位及换算关系如下:

$$1\ KB = 2^{10}B = 1024\ B$$
$$1\ MB = 2^{20}B = 2^{10}KB = 1024\ KB$$
$$1\ GB = 2^{30}B = 2^{10}MB = 1024\ MB$$
$$1\ TB = 2^{40}B = 2^{10}GB = 1024\ GB$$

存储器可分为两种:内存储器与外存储器。

① 内存储器

内存储器简称内存或主存。目前,微型计算机的内存由半导体器件构成。内存按功能可分为两种：只读存储器(Read Only Memory,简称 ROM)和随机存取存储器(Random Access Memory,简称 RAM)。ROM 的特点是：存储的信息只能读出,不能改写,断电后信息不会丢失。一般用来存放专用的或固定的程序和数据。RAM 的特点是：可以读出,也可以改写,又称读写存储器。读取时不损坏原有存储的内容,只有写入时才修改原来所存储的内容。断电后,存储的内容立即消失。内存通常是按地址单元编址的,目前微机内存一般为 256 MB、512 MB,甚至更多。随着微机 CPU 工作频率的不断提高,RAM 的读写速度相对较慢,为解决内存速度与 CPU 速度不匹配,从而不影响系统运行速度的问题,在 CPU 与内存之间设计了一个容量较小(相对主存)但速度较快的高速缓冲存储器(Cache),简称快存。CPU 访问指令和数据时,先访问 Cache,如果目标内容已在 Cache 中(这种情况称为命中),CPU 则直接从 Cache 中读取,否则为非命中,CPU 就从主存中读取,同时将读取的内容存于 Cache 中。Cache 可看成是主存中面向 CPU 的一组高速暂存存储器。这种技术早期在大型计算机中使用,现在应用于微机中,使微机的性能大幅度提高。随着 CPU 的速度越来越快,系统主存越来越大,Cache 的存储容量也由 128 KB、256 KB 扩大到现在的 512 KB 或 2 MB。Cache 的容量并不是越大越好,过大的 Cache 会降低 CPU 在 Cache 中查找的效率。

图 1-17　内存条

② 外存储器

外存储器(简称外存)又称辅助存储器。外存储器主要由磁表面存储器、光盘存储器和芯片存储器等设备组成。磁表面存储器可分为磁盘、磁带两大类。

◇ 软磁盘存储器

软磁盘(Floppy Disk)简称软盘。在磁盘上信息是按磁道和扇区来存放的,软磁盘的每一面都包含许多看不见的同心圆,盘上一组同心圆环形的信息区域称为磁道,它由外向内编号。每道被划分成相等的区域,称为扇区。3.5 英寸高密度磁盘的盘面划分为 80 个磁道,每个磁道又分割为 18 个扇区,每个扇区存储 512 B,存储容量为 1.44 MB。

◇ 硬磁盘存储器

硬磁盘存储器(Hard Disk)简称硬盘。硬盘由涂有磁性材料的合金圆盘组成,是微机系统的主要外存储器(或称辅存)。硬盘按盘径大小可分为 3.5 英寸、2.5 英寸、1.8 英寸等。目前大多数微机上使用的硬盘是 3.5 英寸的。硬盘有一个重要的性能指标是存取速度,影响存取速度的因素有平均寻道时间、数据传输率、盘片的旋转速度和缓冲存储器容量等。一般来说,转速越高的硬磁盘寻道的时间越短,而且数据传输率也越高。

一个硬盘一般由多个盘片组成,盘片的每一面都有一个读写磁

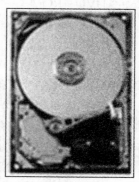

图 1-18　硬盘

头。硬盘在使用时,要对盘片格式化成若干个磁道(称为柱面),每个磁道再划分为若干个扇区。

硬盘的存储容量计算:存储容量＝磁头数×柱面数×扇区数×每扇区字节数(512 B)

常见硬盘的存储容量有:8 GB、10 GB、15 GB、30 GB 等。

◇ 磁带存储器

磁带存储器也称为顺序存取存储器(Sequential Access Memory,简称 SAM),即磁带上的文件依次存放。磁带存储器存储容量很大,但查找速度慢,在微型计算机上一般用做后备存储装置,以便在硬盘发生故障时恢复系统和数据。

◇ 光盘存储器

光盘(Optical Disk)存储器是一种利用激光技术存储信息的装置。目前用于计算机系统的光盘有三类:只读型光盘、一次写入型光盘和可擦写型光盘。

只读型光盘 CD‐ROM(Compact Disk-Read Only Memory)是一种小型光盘只读存储器。它的特点是只能写一次,而且是在制造时由厂家用冲压设备把信息写入的。写好后信息将永久保存在光盘上,用户只能读取,不能修改和写入。一张 CD‐ROM 光盘,其容量为650 MB 左右。

计算机上用的光驱有一个数据传输速率的指标——倍速。一倍速的数据传输速率是150 Kbps;24 倍速的数据传输速率是 150 Kbps×24＝3.6 Mbps。

一次写入型光盘 WORM(Write Once Read Memory,简称 WO)可由用户写入数据,但只能写一次,写入后不能擦除修改。一次写入多次读出的 WORM 适用于用户存储不允许随意更改的文档。

可擦写型光盘(Magnetic Optical,简称 MO)是能够重写的光盘,它的操作完全和硬盘相同,故称磁光盘。MO 可反复使用一万次,可保存 50 年以上。MO 磁光盘具有可换性、高容量和随机存取等优点,但速度较慢,价格很贵。

DVD 存储器也是一种利用激光技术存储信息的装置。DVD 的英文全名是 Digital Video Disk,即数字视频光盘或数字影盘,它利用 MPEG2 的压缩技术来储存影像。也有人称 DVD 是 Digital Versatile Disk,是数字多用途的光盘,它集计算机技术、光学记录技术和影视技术等为一体,其目的是满足人们对大存储容量、高性能的存储媒体的需求。DVD 光盘不仅已在音频、视频领域内得到了广泛应用,而且将会带动出版、广播、通信、WWW 等行业的发展。它的用途非常广泛,这一点可以从它设定的五种规格中看出来:

DVD‐ROM——电脑软件只读光盘,用途类似 CD‐ROM;

DVD‐Video——家用的影音光盘,用途类似 LD 或 Video CD(VCD);

DVD‐Audio——音乐盘片,用途类似音乐 CD;

DVD‐R(或称 DVD‐Write‐Once)——限写一次的 DVD,用途类似 WORM;

DVD‐RAM(或称 DVD‐Rewritable)——可多次读写的光盘,用途类似 MO。

大容量和快速读取是 DVD 相对于 CD 的最大优势。DVD 单面单层盘片容量为4.7 GB,是 CD 盘片容量的 7 倍多,DVD 最大的盘片容量可以达到 9 GB,其读取速度也比CD 要快得多。初露端倪的新一代蓝光 DVD 技术采用全新的蓝色激光波段进行工作,使高密度光存储的技术突破步伐迈得更大。蓝光 DVD 单面单层盘片的存储容量被定义为23.3 GB、25 GB 和 27 GB,其中最高容量(27 GB)是当前 DVD 单面单层盘片容量(4.7 GB)

的近 6 倍。

以上介绍的外存的存储介质,都必须通过机电装置才能进行信息的存取操作,这些机电装置称为驱动器。例如软盘驱动器(软盘片插在驱动器中读/写)、硬盘驱动器、磁带驱动器和光盘驱动器等。

◇ 芯片型存储器

相对于上述外存储器,新型的芯片型存储器在便携性上具有更大的优势。芯片型存储器采用了和内存相似的技术,使得芯片型存储器的体积可以大大减小,方便人们携带。同时,随着技术的不断提高,芯片型存储器的容量和可靠性也大大提高。现在这类存储器主要有优盘、闪存、移动硬盘、MP3 播放器、存储卡等,其容量从 128 MB 到几十 GB 不等。芯片型存储器不仅在计算机上使用,也被广泛应用于各类数码产品中,如数码照相机等。通常这类存储器通过 USB 接口或是读卡器与计算机相连接进行数据的存取。

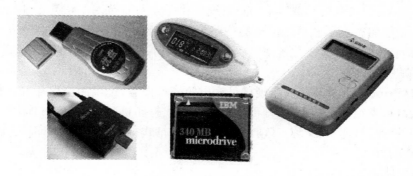

图 1-19　芯片型存储器

(4) 输入/输出设备

输入设备是外界向计算机传送信息的装置,输出设备是将计算机中的数据信息传送到外部的设备,转换为某种人们所需要的形式。

① 键盘

键盘(Keyboard)是用户与计算机进行交流的主要工具,是计算机最重要的输入设备,也是微型计算机必不可少的外部设备。键盘结构通常由三部分组成:主键盘,小键盘,功能键组(图 1-20)。主键盘即通常的英文打字机用键(键盘中部)。小键盘即数字键组(键盘右侧,与计算器类似)。功能键组在键盘上部,标有 F1～F12。

② 鼠标

鼠标(Mouse)又称为鼠标器,也是微机上的一种常用的输入设备,是控制显示屏上光标移动位置

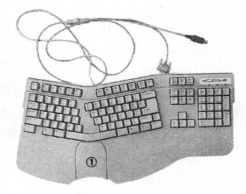

图 1-20　键盘

的一种指点式设备。在软件支持下,通过鼠标器上的按钮,向计算机发出输入命令,或完成某种特殊的操作。目前常用的鼠标器有机械式和光电式两类。机械式鼠标底部有一个滚动的橡胶球,可在普通桌面上使用,滚动球通过平面上的滚动把位置的移动变换成计算机可以

理解的信号,传给计算机处理后,即可完成光标的同步移动。光电式鼠标有一个光电探测器,要在专门的反光板上移动才能使用。反光板上有精细的网格作为坐标,鼠标的外壳底部装有一个光电检测器,当鼠标滑过时,光电检测根据移动的网格数转换成相应的电信号,传给计算机来完成光标的同步移动。鼠标器可以通过专用的鼠标器插头座与主机相连接,也可以通过计算机中通用的串行接口(RS-232-C 标准接口或 USB 接口)与主机相连接。

③ 显示器

显示器(Monitor)是微型计算机不可缺少的输出设备。用户可以通过显示器方便地观察输入和输出的信息。显示器是用光栅来显示输出内容的,光栅的密度越高,即单位面积的像素越多,分辨率越高,显示的字符或图形也就越清晰细腻。常用的分辨率有:640×480、800×600、1024×768、1280×1024 等。像素色度的浓淡变化称为灰度。显示器按输出色彩可分为单色显示器和彩色显示器两大类;按其显示器件可分为阴极射线管(CRT)显示器和液晶(LCD)显示器;按其显示器屏幕的对角线尺寸可分为 14 英寸、15 英寸、17 英寸和 19 英寸等几种。目前随着液晶显示器价格的一路走低,微型机上使用的彩色 CRT 显示器已经渐渐被 LCD 显示器所代替。分辨率、颜色质量及屏幕尺寸是显示器的主要指标。

④ 打印机

打印机(Printer)是计算机产生硬拷贝输出的一种设备,提供用户保存计算机处理的结果。打印机的种类很多,按工作原理可粗分为击打式打印机和非击打式打印机。目前微机系统中常用的针式打印机(又称点阵打印机)属于击打式打印机;喷墨打印机和激光打印机属于非击打式打印机。

◇ 针式打印机

针式打印机打印的字符和图形是以点阵的形式构成的。它的打印头由若干根打印针和驱动电磁铁组成。打印时使相应的针头接触色带击打纸面来完成。目前使用较多的是 24 针打印机。针式打印机的主要特点是价格便宜,使用方便,但打印速度较慢,噪音大,已基本被淘汰。

◇ 喷墨打印机

喷墨打印机是直接将墨水喷到纸上来实现打印。喷墨打印机价格低廉,打印效果较好,较受用户欢迎,但喷墨打印机使用的纸张要求较高,墨盒消耗较快。

◇ 激光打印机

激光打印机是激光技术和电子照相技术的复合产物。激光打印机的技术来源于复印机,但复印机的光源是用灯光,而激光打印机用的是激光。由于激光光束能聚焦成很细的光点,因此激光打印机能输出分辨率很高且色彩很好的图形。激光打印机正以速度快、分辨率高、无噪音等优势逐步进入微机外设市场,但价格稍高。

1.4.2　微型计算机的软件

软件是计算机系统必不可少的组成部分。微型计算机系统的软件分为系统软件和应用软件两类。系统软件一般包括操作系统、语言编译程序、数据库管理系统。应用软件是指计算机用户为某一特定应用而开发的软件。例如文字处理软件、表格处理软件、绘图软件、财务软件、过程控制软件等。下面简单介绍软件相关的知识。

（1）操作系统 OS(Operating System)

操作系统是最基本、最重要的系统软件,它负责管理计算机系统的全部软件资源和硬件资源,合理地组织计算机各部分协调工作,为用户提供操作和编程界面。随着计算机技术的迅速发展和计算机的广泛应用,用户对操作系统的功能、应用环境、使用方式不断提出了新的要求,因而逐步形成了不同类型的操作系统。现在大多数的个人计算机操作系统是单用户多任务操作系统,允许多个程序或多个作业同时存在和运行。个人计算机上常用的操作系统为 Microsoft 的 Windows 系列,如 Windows XP 和 Windows 2003 等。用于服务器端的操作系统主要有 Unix、Linux 等。

（2）计算机语言

人和计算机交流信息使用的语言称为计算机语言或称程序设计语言。计算机语言通常分为机器语言、汇编语言和高级语言三类。

① 机器语言(Machine Language)

机器语言是一种用二进制代码"0"和"1"形式表示的,能被计算机直接识别和执行的语言。用机器语言编写的程序,称为计算机机器语言程序。它是一种低级语言,用机器语言编写的程序不便于记忆、阅读和书写。通常不用机器语言直接编写程序。

② 汇编语言(Assemble Language)

汇编语言是一种用助记符表示的面向机器的程序设计语言。汇编语言的每条指令对应一条机器语言代码,不同类型的计算机系统一般有不同的汇编语言。用汇编语言编制的程序称为汇编语言程序,机器不能直接识别和执行,必须由"汇编程序"翻译成机器语言程序才能运行。这种"汇编程序"就是汇编语言的翻译程序。汇编语言适用于编写直接控制机器操作的低层程序,它与机器密切相关。

③ 高级语言(High Level Language)

高级语言是一种比较接近自然语言和数学表达式的一种计算机程序设计语言。一般用高级语言编写的程序称为"源程序",计算机不能识别和执行,要把用高级语言编写的源程序翻译成机器指令,通常有编译和解释两种方式。编译方式是将源程序整个编译成目标程序,然后通过链接程序将目标程序链接成可执行程序。解释方式是将源程序逐句翻译,翻译一句执行一句,边翻译边执行,不产生目标程序。由计算机执行解释程序自动完成。如 BASIC 语言。常用的高级语言程序有:

◇ BASIC 语言是一种简单易学的计算机高级语言。尤其是 Visual Basic 语言,具有很强的可视化设计功能,给用户在 Windows 环境下开发软件带来了方便,是重要的多媒体编程工具语言。

◇ FORTRAN 是一种适合科学和工程设计计算的语言,它具有大量的工程设计计算程序库。

◇ PASCAL 语言是结构化程序设计语言,适用于教学、科学计算、数据处理和系统软件的开发。

◇ C/C++语言是一种具有很高灵活性的高级语言,适用于系统软件、数值计算、数据处理等,使用非常广泛。

◇ JAVA 语言是近几年发展起来的一种新型的高级语言。它简单、安全、可移植性强。JAVA 适用于网络环境的编程,多用于交互式多媒体应用。

（3）数据库管理系统

数据库管理系统（Database Management System，简称 DBMS）的作用是管理数据库。数据库管理系统是有效的进行数据存储、共享和处理的工具。目前，微机系统常用的单机数据库管理系统有 DBASE、FoxBase、Visual FoxPro 等，适合于网络环境的大型数据库管理系统 Sybase、Oracle、DB2、SQL Server 等。当今数据库管理系统主要用于档案管理、财务管理、图书资料管理、仓库管理、人事管理等数据处理。

（4）联网及通信软件

网络上的信息和资料管理比单机上要复杂得多。因此，出现了许多专门用于联网和网络管理的软件。例如，通信软件有 Internet 浏览器软件，如 Firefox、Microsoft 公司的 IE 等；用于下载的软件，如 Flashget、CuteFTP 等；用于即时通信软件，如 ICQ、腾讯 QQ、MSN Messenger 等。

（5）应用软件

应用软件是提供某种特定功能的软件，一般都运行在操作系统（如 Windows 98）之上，由专业人员根据各种需要开发。我们平时见到和使用的绝大部分软件均为应用软件，如杀毒软件、办公软件、学习软件、游戏软件等等。企业级的应用软件主要包括各类管理信息系统、新近出现的 ERP（企业资源计划）、CRM（客户关系管理）、SCM（供应链管理）系统和电子商务系统等。应用软件通常由前面提到的计算机语言编程实现，有些也需要数据库软件和网络与通信软件的支持。

1.5　办公自动化概述

1.5.1　办公自动化的概念

办公自动化是利用先进的科学技术，不断地使人的一部分办公业务活动物化于人以外的各种设备中，并由这些设备与办公人员构成服务于某种目标的人机信息处理系统。通常办公自动化系统应包括四个环节：信息采集、信息加工、信息传输、信息保存。

1.5.2　办公自动化系统的组成

办公自动化系统由设备、软件和办公人员三部分组成。

（1）办公自动化设备

计算机、各种输入输出设备、工作站、通信设备、各种办公设备。

（2）办公自动化软件

办公自动化软件包括办公自动化系统软件和办公自动化应用软件。办公自动化系统软件包括单机或网络操作系统、各种语言处理程序及高层应用软件调用的环境软件等。办公自动化应用软件是面向用户，处理用户具体办公业务的软件，如 Office 办公软件、工资管理软件等。

（3）办公人员

掌握现代办公技术的办公人员。

1.5.3　办公自动化软件分类

办公软件是为办公自动化服务的，是办公自动化的核心。现代办公涉及对文字、数字、表格、图表、图形、图像、语音等多种媒体信息的处理，需要用到不同类型的办公软件。办公软件一般包括字处理、桌面排版、演示软件、电子表格等；为了方便用户维护大量的数据，为了与网络时代同步，目前推出的办公软件包还提供了小型数据库管理系统、网页制作软件、电子邮件软件等。

常用的办公软件有 Microsoft 公司的 Microsoft Office 和金山公司的 WPS Office。美国微软公司开发的 Microsoft Office 办公自动化应用软件，由文字处理软件 Word、电子表格软件 Excel、演示文稿软件 PowerPoint、电子邮件软件 Outlook Express、网页设计软件 FrontPage 和数据库管理系统 Access 六个模块组成。我国金山公司推出的 WPS Office 由金山文字、金山表格、金山演示和金山邮件四个模块组成。它们具有优秀的办公处理能力和方便实用的设计，继 Microsoft Office 的前几个版本之后，微软公司于 2003 年 11 月正式推出了新的办公应用软件产品 Office 2003 中文版。Office 2003 主要包括以下应用程序：Word 2003，Excel 2003，Outlook 2003，Frontpage 2003，Publisher 2003 等。

Office 2003 不但保持了旧版本的所有功能，在操作界面上保持了连续性，更好地体现了"以用户为中心的特点"，而且在程序运行的稳定性和可靠性上有了很大提高，增强了对 Internet 资源的访问的支持，将强大的办公自动化与日益流行的 Internet 技术完美的结合起来，充分发挥两者的优势，极大地提高了办公效率。

办公软件包按功能可以分为以下几类：

（1）文字处理软件

文字处理软件主要用于将文字输入到计算机，进行存储、编辑、排版等，并以各种所需的形式显示、打印。现在的文字处理软件功能已扩大到能处理图形（包括插入、编辑图片，绘制图表，编印数学公式、艺术字等），还具有可增加声音等多媒体信息的功能。目前常用的文字处理软件有 Microsoft Word、WPS Office 金山文字等。

（2）表格处理软件

计算机的最大特长就是计算，根据计算的结果进行分析、图表化、评价，预测发展趋势等。表格处理软件用来对表格输入文字、数字或公式，利用大量内置函数库，可方便、快速的计算。表格处理软件提供数值分析与数据筛选功能，还可以绘制成各式各样的统计图表，供决策使用。

目前常用的表格处理软件有 Microsoft Excel、WPS Office 金山表格等。

（3）实时控制软件

用于生产过程自动控制的计算机一般都是实时控制的，它对计算机的速度要求不高但可靠性要求很高。用于控制的计算机，其输入信息往往是电压、温度、压力、流量等模拟量，将模拟量转换成数字量后计算机才能进行处理或计算。这类软件一般统称为监察控制和数据采集软件 SCADA（Supervisory Control And Data Acquisition，监察控制和数据采集软件）。目前 PC 机上流行的 SCADA 软件有 FIX、INTOUCH、LOOKOUT 等。

（4）演示软件

演示软件是专门制作幻灯片和演示文稿的优秀软件，它可以通过计算机播放文字、图形、图像、声音等多媒体信息，广泛用于产品介绍、会议演讲、学术报告和课堂教学。常见的多媒体演示软件有 Microsoft PowerPoint、WPS Office 套件金山演示和 Lotus Freelance Graphics 等。

（5）网页制作软件

随着互联网的普及，网页制作软件发展迅速。网页制作软件使得用户不必使用 HTML 语言编写网页的文本，就能装配图形元素，超链接到其他网站。最常用的网页制作软件有 Microsoft FrontPage、Macromedia Dreamweaver 等。

（6）桌面出版软件

桌面出版软件比字处理软件更深入一步，更加强了对图形设计技术的处理，可提供更复杂、更专业的排版和输出效果，主要用于报纸、书籍、杂志等出版业。常用的有北大方正排版软件、Adobe PageMaker、Corel Ventura 等。实际上现在的文字处理软件已经综合了桌面出版的许多功能，使两类应用程序之间的差别模糊起来。例如，Microsoft Word 软件也已广泛用于书籍出版业。

习题

1. 计算机按主机所使用的主要元器件可分为哪几代？每一代的特征是什么？
2. 人们正在研究开发的新一代计算机的主要特点是什么？
3. 计算机信息处理的主要特点有哪些？
4. 举例说明计算机的应用。
5. 计算机的主要发展趋势有哪些？
6. 计算机系统中的数据采用什么形式表示？
7. 计算机中为什么要采用二进制形式表示数据？
8. 什么是算术运算？什么是逻辑运算？
9. 把下列二进制数分别转换成十进制数、八进制数和十六进制数：

$$10111111.0011,11001111,0.11101,1000000$$

10. 把下列十进制数转换成二进制数和十六进制数：

$$128,0.675,1024,65535$$

11. 在一个字长为 8 位的计算机中，采用补码表示，符号位占一位，请写出下列十进制数在计算机中的二进制表示：

$$+78,+3,-5,-128,+127$$

12. 西文字符信息是如何用 ASCII 码表示的？试写出字符"A"、"b"、"C"，数字符号"0"、"1"、"9"，以及空格的十六进制表示形式。

13. 在当前大量使用的 PC 计算机中，汉字信息是如何编码表示的？有哪几种不同的编码？进一步的发展趋势如何？

14. 汉字信息怎样输入计算机？计算机怎样输出汉字？

15. 什么是计算机软件？其主要作用是什么？

16. 计算机软件分为哪两类？试举例说明。

17. 程序设计语言的作用是什么？常用的程序设计语言有哪些？

18. 数据库管理系统的作用是什么？

19. 举例说明常用的几种通用应用软件及其功能。

20. 计算机的硬件指什么？一台个人计算机所包含的基本硬件是什么？

21. 计算机在逻辑上由哪五部分组成？各部分的功能是什么？

22. 什么是中央处理器？试说明它们与计算机的关系。

23. 存储器的作用是什么？计算机中有哪些不同类型的存储器？

24. 什么是程序？什么是指令？

25. 简述指令在计算机中的执行过程。

26. 计算机输入设备的作用是什么？PC 机常用输入设备有哪些？

27. 计算机输出设备的作用是什么？PC 机常用输出设备有哪些？

28. 衡量硬盘和软盘的主要性能指标有哪些？

29. 衡量显示器的主要性能指标有哪些？分辨率指什么？

30. 计算机硬件的性能参数有哪些？如何评价计算机性能？

第 2 章
操作系统

- 操作系统基本知识
- 常用操作系统
- 网络操作系统
- 文件与文件系统

操作系统是最基本、最重要的系统软件。本章讲述操作系统的形成,操作系统的发展,操作系统基本概念、特征及其基本功能等知识;扼要介绍了 DOS、Windows、UNIX 操作系统和网络操作系统以及文件与文件系统等知识。

2.1 操作系统基本知识

操作系统(Operating System,简称 OS)是有效管理和控制计算机系统的各种资源,协调计算机各部件的工作,合理地组织计算机的工作流程,提供友好的用户界面以方便用户使用计算机系统的一种系统软件。

操作系统概念有两层含义:

(1) 资源管理

主要功能:监视资源、分配资源、回收资源、保护资源。

(2) 方便用户的服务

操作系统是用户与计算机系统之间的接口。

用户
应用软件或应用系统
其他的系统软件
操作系统
计算机硬件

图 2-1　操作系统与硬件、软件之间的关系

2.1.1 操作系统的形成

操作系统经历了从无到有的过程,20 世纪 40 年代到 50 年代中期,是无操作系统时代,50 年代中期出现了第一个简单的批处理操作系统,60 年代中期产生了多道程序批处理系统,不久又出现了以多道程序为基础的分时系统。80 年代是微机操作系统和局域网操作系统形成和发展的时代。

(1) 手工操作阶段

这个阶段基本采用人工操作,用户独占计算机,CPU 等待人工操作。

(2) 批处理阶段

这个阶段采用联机批处理系统和脱机批处理系统。

(3) 管理程序阶段

这个阶段在管理计算机内部资源的程序控制下,通过中断通信使外部设备和处理机尽可能地并行工作。

(4) 多道程序系统阶段

这个阶段采用并发程序设计技术,在计算机内存中同时存放几道相互独立的程序,多道程序在处理机上交替执行,在宏观上多道程序并行执行。

2.1.2 操作系统的发展

操作系统发展到今天,已经取得了辉煌的成绩,各种功能完善、使用方便的系统正在各类计算机上运行,在世界范围内人们熟知的著名的操作系统多达数十种,从使用环境上大致可以分为三类:

（1）批处理操作系统（Batch Process Operating System）：主要用于科学计算的大、中型机上。可分为单道批处理操作系统、多道批处理操作系统和远程批处理操作系统。

（2）分时操作系统（Time Sharing Operating System）：是多用户共享系统，一般使用一台计算机连接多个终端，各用户通过各自的终端使用计算机。分时系统分为简单分时系统、基于多道程序设计的分时系统和具有"前台"和"后台"分时系统（将内存分为前台和后台，前台是指以简单分时方式为终端用户服务，后台是以批处理方式为用户作业服务）。

（3）实时操作系统（Real Time Operating System）：一般以专用系统的身份出现，分为实时控制系统和实时信息处理系统。

随着计算机网络的发展，用于计算机网络的操作系统和分布式操作系统逐渐成为操作系统的新类型。

为计算机网络配置的操作系统常称为网络操作系统（Network Operating System）。

我们一般所说的网络操作系统指的是局域网操作系统，网络操作系统把网络中的各台计算机有机地联接起来，管理网络中各台计算机之间的通信及各种资源的共享。

分布式操作系统（Distributed Operating System）是建立于分布式系统基础之上的，对所有分布式资源进行管理和控制的操作系统。

2.1.3 操作系统的特征及其基本功能

（1）操作系统的特征

现代操作系统具有以下四个主要特征：

① 并发性（Concurrence）：指两个或者多个事件在同一时间间隔内发生。

② 共享性（Sharing）：指多个用户或用户程序共同用某个系统资源。资源共享有互斥共享与同时共享两种。

③ 虚拟性（Virtual）：指将一个物理实体映射为若干个逻辑对应物。

④ 不确定性（Non Deter Ministic）：指在操作系统控制下多道作业的执行顺序和每个作业的执行时间是不确定的。

（2）操作系统的基本功能

从资源管理的角度出发，作为管理计算机系统资源、控制程序运行的操作系统，其功能可以简单归纳如下：

① 处理机管理：实现进程的控制、同步、通信和调度。

② 内存管理：负责内存的分配、保护和扩充及地址变换。

③ 设备管理：实现设备分配、缓冲管理及设备虚拟。

④ 文件管理：实现对文件的存储空间、目录、读/写等的管理。

⑤ 作业管理：对作业进行调度和控制。

2.2 常用操作系统

1981 年 MS-DOS 在 IBM PC 机上成功运行，1984 年苹果公司的 Macintosh 计算机系统引入图形界面（GUI），视窗操作和视窗界面得以大大发展。随后在 1990 年，微软 Microsoft 公司推出了 Windows 3.0,支持图形界面的微机操作系统成为主流,它们有 Windows、Unix 的微机版、Linux 等,使计算机的使用环境和开发平台越来越方便、高效,形成了多用户、多任务、多媒体、分时等特征相结合的一代新型操作系统。下面介绍几种常用的操作系统及其特点。

2.2.1　DOS 操作系统

从 1981 年 DOS 在 IBM PC 机上运行以来,DOS 经历了不断发展、完善的过程,产生了许多不同的版本。在 20 世纪 80 年代,它曾经是微机上的主流操作系统,直到图形界面的 Windows 操作系统产生以后,DOS 才逐渐被取代。

（1）DOS 简介

DOS 的全称是磁盘操作系统（Disk Operating System）。DOS 操作系统的主要功能是设备管理和文件管理。

设备管理指由输入、输出系统实现对显示器、键盘、磁盘、打印机、鼠标及异步通信器等外部设备的驱动和管理。

文件管理指由文件系统实现各类文件的建立、显示、比较、复制、修改、检索和删除等操作。

（2）DOS 的特点

① DOS 是一种单用户、单任务磁盘操作系统。

② DOS 是一种字符界面的操作系统。

③ DOS 负责管理系统资源,添加硬件需要安装相应的驱动程序。这一点与 Windows 支持的即插即用功能有较大差距。

（3）DOS 的组成

① DOS 引导记录

② 基本输入输出系统 IO. SYS

③ DOS 内核 MSDOS. SYS

④ 命令处理程序 COMMAND. COM

（4）DOS 命令

DOS 命令通常按存放方式分为内部命令和外部命令两大类。

内部命令:启动 DOS 时装入内存的,能直接执行。

外部命令:存放在磁盘上,使用时从磁盘调入内存,执行完毕,释放占用的内存。

一般来讲,扩展名为. COM 或. EXE 的文件都称为外部命令。

DOS 命令的一般格式为:<命令动词>[<参数>……]

< >:内部为特定内容、[ ]:该部分为可选项、……:表示可重复多个。

例如:分屏显示硬盘 C 根目录下内容。命令如下:

C:\>DIR C:\ /P

第一个 C 是命令提示符,DIR 是命令动词,第二个 C 和 P 是参数。

2.2.2 Windows 操作系统

虽然 Windows 操作系统才出现短短的十几年时间,但它对微型计算机的普及,特别是对非计算机专业用户的普及作出了巨大的贡献,因为它充分利用了计算机的工作能力,以丰富方便的图形界面为个人计算机提供了一个更直观、更有效的工作方式。

(1) Windows 简介

Windows 是美国微软公司推出的一个运行在微型机上的图形界面操作系统。Windows 的开发是微型机操作系统发展史上的一个里程碑。1990 年 5 月,首次推出成熟版 Windows 3.0 后发展迅速,经历了 Windows 3.x、Windows 95、Windows NT、Windows 2000、Windows XP、Windows 2003、Windows Vista。

(2) Windows 的主要特点

① 单用户或多用户、多任务的操作系统。

② 图形化的人机交互界面。

③ 提供了强大的设备管理功能

④ 实现了与 Internet 的完美结合。

⑤ 丰富的管理工具和应用程序。

2.2.3 UNIX 操作系统

由于 UNIX 操作系统的开放性、可移植性和多用户、多任务等特点,深受广大用户欢迎,从资源有限的微型机到大型机、巨型机都广泛地配置了 UNIX 操作系统。

(1) UNIX 简介

UNIX 操作系统起源于美国最大、实力最雄厚的 AT&T 贝尔实验室,1970 年贝尔实验室的 Ken Thompson 和 Dennis Ritchie 用汇编语言在 PDP/7 计算机上开发了一个短小精悍的分时多用户操作系统,取名为 UNIX。UNIX 从 1971 年至今不断改版。

(2) UNIX 的特点

① UNIX 是一种多用户、多任务操作系统。

② UNIX 短小精悍,简洁有效。

③ UNIX 具有很好的可移植性。

④ UNIX 具有良好的开放性。

⑤ UNIX 具有网络功能。

2.2.4 Linux 操作系统

Linux 操作系统是 UNIX 操作系统在微机上的实现,它最早于 1991 年开发出来,并在网上免费发行。Linux 的开发得到了 Internet 上许多 UNIX 程序员和爱好者的帮助,整个操作系统的设计是开放式和功能式的。它具有如下特点:

(1) Linux 是一个完全多任务、多用户的操作系统,同时融合了网络操作系统的功能。

（2）Linux 可以支持各种类型的文件系统。

（3）Linux 提供了 TCP/IP 网络协议的完备实现，支持多种以太网卡及个人电脑的接口。

（4）Linux 支持字符和图形两种界面。

（5）Linux 也支持对设备的即插即用，但不如 Windows 对此功能的支持强大。

2.3　网络操作系统

网络操作系统是具有网络功能的操作系统，它除了具有通用操作系统的功能外，还具有网络的支持功能，能管理整个网络的资源。

目前，网络操作系统主要有三大阵营：NetWare、Windows NT（New Technology）和 UNIX。

（1）由 Novell 公司设计提供的网络操作系统 NetWare 是一种高性能的网络操作系统。其所提出的开放系统的概念是局域网上操作系统的工业标准，包括服务器操作系统、网络服务软件、工作站中定向软件和传输协议软件四部分。

（2）Microsoft 公司设计的 32 位网络操作系统 Windows NT 具有可扩充性、可移植性、可靠性和兼容性等特点。它将客户机/服务器模型、对象模型和对称多处理机模型这三种模型有机地结合起来。

（3）UNIX 操作系统是标准的多用户系统，它是当今最为流行的操作系统之一。它使 TCP/IP 成为 UNIX 系统核心的基本组成部分，UNIX 系统的服务器可以和安装 Windows 系统或 DOS 系统的工作站通过协议联成网络。

2.4　文件与文件系统

文件管理的主要工作是管理用户信息的存储、检索、更新、共享和保护。用户把信息组织成文件，由操作系统统一管理，用户不必考虑文件存储在哪里、怎样组织输入输出等工作，操作系统为用户提供"按名存取"功能。

2.4.1　基本概念

文件是存储在某种存储介质上的具有标识名的信息的集合。在计算机系统中，所有的程序和数据都是以稳健的形式存放在计算机的外存储器上。

在操作系统中，负责管理和存取文件信息的部分称为文件系统或信息管理系统。

2.4.2　文件系统

文件系统为用户提供了一个统一的访问文件的方法，因此它也被称为用户与外存储器的接口。以下将从用户的角度介绍文件系统的重要内容——文件、目录结构。

（1）文件

① 文件名

在计算机中，任何一个文件都有文件名。文件名是存取文件的依据，即按名存取。一般来说,文件名分为文件主名和扩展名两个部分。

② 文件类型

在绝大多数的操作系统中,文件的扩展名表示文件的类型。不同类型文件的处理是不同的。常见的文件扩展名有:

◇ . EXE、. COM:可执行程序文件。

◇ . C、. CPP、. BAS、. ASM:源程序文件。

◇ . OBJ:目标文件。

◇ . BMP、. JPG、. GIF:图像文件。

◇ . ZIP、. RAR:压缩文件。

③ 文件属性

文件除了文件名外,还有文件大小、占用空间、所有者信息等,这些信息称为文件属性。常见的文件属性有:

◇ 只读:设置为只读属性的文件只能读,不能修改或删除,起保护作用。

◇ 隐藏:具有隐藏属性的文件在一般情况下是不显示的。

◇ 存档:任何一个新创建或修改的文件都有存档属性。

④ 文件操作

文件的常用操作有:建立文件、打开文件、写入文件、删除文件、属性更改等。

(2) 目录结构

① 磁盘分区

一个新硬盘安装到计算机后,用户往往要用分区软件将磁盘划分成几个分区,即把一个磁盘驱动器划分成几个逻辑上独立的驱动器。磁盘分区后还不能直接使用,还要格式化。

格式化的目的:

◇ 把磁道划分成一个个扇区,每个扇区占 512 B。

◇ 安装文件系统,建立根目录。

② 目录结构

为了有效地管理和使用文件,大多数的文件系统允许用户在根目录下建立子目录,在子目录下再建立子目录,也就是将目录结构构建成树状结构,然后让用户将文件分门别类地存放在不同的目录中。

③ 目录路径

目录路径有两种:绝对路径和相对路径。

习题

1. 什么是操作系统? 它有哪些主要功能?
2. 说明操作系统与硬件、软件之间的关系。
3. 请列举几种常见的操作系统。
4. 什么是文件?
5. 什么是文件系统?

第 3 章
Windows XP 系统

- ● Windows XP 系统简介
- ● Windows XP 的桌面环境
- ● 配置 Windows XP
- ● Windows XP 的用户管理
- ● Windows XP 的文档管理
- ● Windows XP 磁盘管理
- ● Windows XP 打印机管理
- ● Windows XP 的多媒体功能

Windows XP 是 Microsoft 公司开发的新一代视窗、多用户、多任务操作系统,集合了以前所有 Windows 版本的优点,又结合了新一代月神操作界面,给人以焕然一新的感觉。Windows XP 是基于 Windows NT 内核的纯 32 位操作系统,而且在内存管理上相对于 Windows 2000 来说又有了很大的进步,具有更好的稳定性和安全性。Windows XP 对硬件的强大管理,省去了用户的很多麻烦,所有的硬件驱动都在安装操作系统的过程中自动安装完成。本章所介绍的内容是基于 Windows XP Professional 中文版。

3.1 Windows XP 系统简介

2001 年,Microsoft 公司发布了 Windows XP,其中的"XP"是"experience"(体验)的缩写,这是 Windows 操作系统发展史上的一次全面的飞跃。它共有以下四个版本:

(1) Windows XP Home 版:面向普通家庭。

(2) Windows XP Professional 版:面向企业和高级家庭的计算。它包括了 Home 版的所有功能,如 Network Setup Wizard、Windows Messenger、无线连接、互联网连接、防火墙等,另外还有一些功能是 Home 版所没有的,如远程桌面系统、支持多处理器、加密文件系统和访问控制等。

(3) Windows XP Media Center 版:预装在 Media Center PC,具有 Windows XP 的全部功能,而且针对电视节目的观看和录制、音乐文件的管理以及 DVD 播放等功能添加了新的特性。

(4) Windows XP Tablet PC 版:在 Windows XP Professional 的基础上增加了手写输入功能,因此被认为是 Windows XP Professional 的扩展版本。

3.2 Windows XP 的桌面环境

本节重点介绍 Windows XP 的"开始"菜单、状态栏的组成和基本功能,以及介绍如何自定义"开始"菜单和状态栏。

3.2.1 Windows XP 的桌面

Windows XP 启动后呈现在用户面前的是桌面环境。所谓桌面是指 Windows XP 所占据的屏幕空间,即整个屏幕背景。桌面的底部是任务栏,其最左端是"开始"按钮,其最右端是任务栏通知区域。桌面既是计算机开始工作的地方,也是工作完成后返回的地方。图 3-1 显示的就是桌面。

Windows XP 桌面主要由以下几个部分组成:

◇ 我的电脑:我的电脑用来查看计算机内的一切。

◇ 我的文档:所有的文档、图形、表单和其他文件将保存在这个文件夹中。

◇ 网上邻居:网上邻居图标可以查看网络上其他的计算机。无论 PC 机是否连接到网上,都会有这个图标。

◇ 回收站:回收站容纳已经删除的垃圾文件。

◇ Internet Explorer：网页浏览软件。

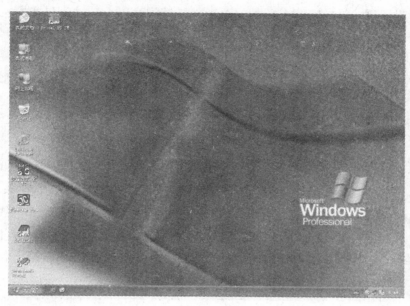

图 3-1　桌面

3.2.2　任务栏的使用

Windows 最重要的工作之一就是帮助用户管理运行的程序。"任务栏"（如图 3-2）就是提供给用户在 Windows 中管理多个正在运行的程序。Windows 任务栏位于桌面的最下方。在默认情况下，显示时钟，显示应用程序分组，隐藏不活动的图标，而且始终位于最前端。用户可以使用它上面的"开始"按钮和其他任何按钮。任务栏是使用 Windows 时的出发点。

图 3-2　任务栏

（1）使用任务栏快速切换程序

所有的 Windows 程序运行在自己的窗口内，屏幕上的每个小窗口在任务栏上都有相应的按钮。打开一个窗口就产生一个按钮，关闭窗口时按钮也随之消失，单击按钮就可以在运行的程序之间切换。

（2）添加工具栏

Windows 让用户具备了向任务栏添加各种工具栏的能力，使任务栏更加符合用户的个性化要求。

添加工具栏的步骤：

① 右键单击任务栏。任务栏上应该有空余的地方，这样右键单击任务栏后才会有菜单弹出。

45

② 指向"工具栏"（见图 3-3）。

③ 选择工具项。单击"工具栏"菜单中的一项，就添加一个√选中号，工具栏就能添加到任务栏中。可以添加的工具栏有以下四种：

◇ 快速启动——内含表示程序或 Windows 任务的图标，只需单击就可以启动。

◇ 地址——显示一个文本框，用来输入网页的地址。

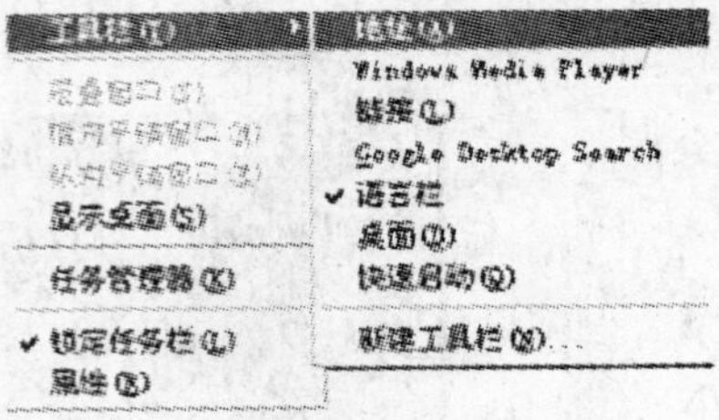

图 3-3　工具栏

◇ 桌面——把图标从桌面上放到工具栏中。

◇ 链接——把各种网页链接添加到工具栏中。

不过一般不必添加太多的工具栏，因为这会给使用带来更多的麻烦。

（3）快速启动工具栏

位于任务栏上的快速启动栏里容纳了最常用的程序图标，单击图标，程序立即就会出现（比在其他地方双击快，节省了一次单击的时间）。图 3-4 就是快速启动栏的一个例子。

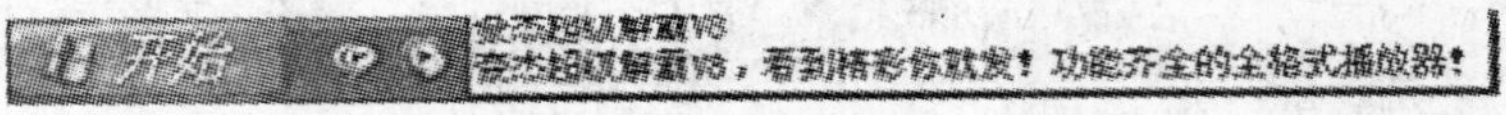

图 3-4　快速启动豪杰超级解霸 V8

（4）任务栏的调整

对于任务栏，有序的设置是整洁的关键。过多的按钮使任务栏变得很混乱，图标消失了，程序名称被抹去了。

调整任务栏位置和宽度：一般情况下，任务栏总是在屏幕的最下方，不过用户可以根据自己的需要来改变任务栏的位置。

调整任务栏的位置：

① 鼠标指向任务栏的空白处。

② 按住鼠标左键把任务栏拖动到屏幕的四边，松开鼠标按键。

调整任务栏的宽度：

① 把光标放在任务栏的上边缘。光标变成上下箭头，意思是可以用鼠标拖动。

② 按下鼠标左键。

③ 向上拖动鼠标。横线按给定的单位被拖上去，每一次都可以使任务栏增宽。如果还没注意到任务栏越来越宽，可以再向上拖动。

④ 松开鼠标按键。任务栏是原来的两倍或三倍宽时松开鼠标按键。用户看到的是一个增宽的任务栏，按钮容易识别。

可以使用相同的步骤把任务栏恢复到正常大小，向下拖动任务栏上的边缘即可。

3.2.3　自定义任务栏

就像 Windows 中的其他东西一样，可以根据个人的喜好定制任务栏。右键单击任务栏的空白处，然后单击"属性"，出现"任务栏和「开始」菜单属性"对话框，如图 3-5 所示。

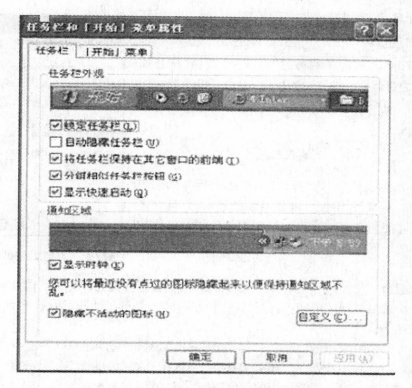

图 3-5　"任务栏和「开始」菜单属性"对话框

以下是图中的选项：

◇ 锁定任务栏——将任务栏锁定在其桌面上当前位置,这样任务栏就不会被移动到新位置,同时还锁定显示在任务栏上任意工具栏的大小和位置,这样工具栏也不会被更改。

◇ 自动隐藏任务栏——选取此复选框后,当鼠标指针不在任务栏所在区域及当前不使用任务栏时,任务栏自动隐藏起来,以扩大桌面的显示区域。如果您想使用任务栏时,将鼠标指针移动到任务栏所在区域,任务栏将自动弹出。如果要确保指向任务栏时任务栏立即显示,则需要同时选取"将任务栏保持在其它窗口的前端"复选框。

◇ 将任务栏保持在其它窗口的前端——任务栏始终在屏幕上其它窗口的前面,从不隐藏。

◇ 分组相似任务栏按钮——选择此复选框,在任务栏的同一区域中同一程序打开的文件显示任务栏按钮。

◇ 显示快速启动——选择此选项,则在任务栏上显示"快速启动"栏。在"快速启动"栏中单击"显示桌面"按钮,可将所有窗口最小化以显示桌面内容。单击在"快速启动"栏中的程序快捷方式即可启动所选程序,您也可通过鼠标拖动方式向"快速启动"栏添加或删除程序快捷方式。

◇ 显示时钟——选取此选项,则在通知区域中显示数字时钟。该时钟根据计算机的内部时钟显示时间。双击该时钟可调整计算机的时间和日期。

◇ 隐藏不活动的图标——选择此选项,则当通知区域中某些图标有一段时间不使用

47

时,将自动隐藏起来,以减少其占用的区域。需要使用该
图标时,单击通知区域中的 ⊙ 按钮,即可在弹出的菜单
中选取所需项目。单击其右边的"自定义"按钮,打开如
图 3-6 所示的对话框。在该对话框中,用户可以设置在通
知区域显示的图标及显示方式。

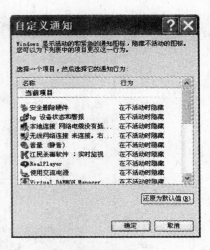

3.2.4 "开始"菜单的设置

在 Windows XP 中,其"开始"菜单的设计与以前版
本有着极大的不同,它不仅可以显示谁已登录,而且它还
可以自动地将使用频繁的程序添加到菜单顶层。它使您
能够将所需的任何程序移动到"开始"菜单中。"开始"菜
单中又包含了很多菜单项、选项和命令。

图 3-6 "自定义通知"选项对话框

如果您想自定义"开始"菜单的样式和项目,可用鼠标右键在任务栏空白处单击,在弹出
的快捷菜单中选取"属性"项即可打开"任务栏和「开始」菜单属性"对话框,然后再单击"「开
始」菜单"选项卡。

单击"「开始」菜单"里的"自定义"按钮,则弹出如图 3-7 所示的对话框。在"常规"选项
卡中,您可以在"为程序选择一个图标大小"选项区中选择"大图标"或"小图标"项,从而使
"开始"菜单的左边列出您经常使用的程序快捷方式的数目,最大可列出 30 个经常使用的程
序快捷方式。

图 3-7 自定义「开始」菜单

单击"清除列表"按钮,则可将"开始"菜单中系统自动添加的经常使用的快捷方式全部
清除。在"「开始」菜单显示"选项区中,您可从列表中选择显示 Internet 或电子邮件的某一
个程序的快捷方式。

在"高级"选项卡中,您可以进行"开始"菜单的设置及清空"最近使用的文档"列表。其

中在"「开始」菜单项目"列表中用户可以具体设置"开始"菜单中显示的项目和样式。

如果清除"列出我最近打开的文档"复选框，在以后您再打开某个文档时，在"开始"菜单的"我最近的文档"菜单中将不再自动添加该文档的菜单。单击"清除列表"按钮可将"我最近打开的文档"子菜单全部清除。

如果您在"任务栏和「开始」菜单属性"对话框中选取"经典「开始」菜单"项，则"开始"菜单的显示方式与以前的 Windows 版本中"开始"菜单的显示方式相同，如图 3-8 所示。

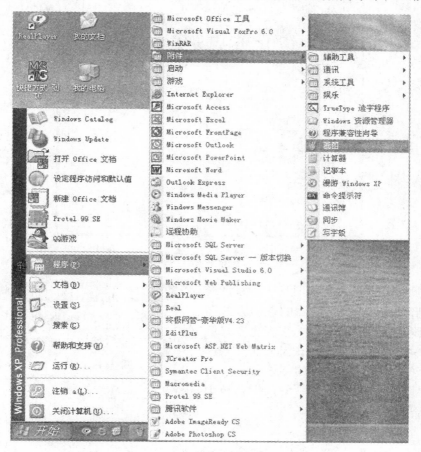

图 3-8　经典"开始"菜单

单击经典"开始"菜单里的"自定义"按钮，则显示如图 3-9 所示的对话框。在"高级「开始」菜单选项"列表中您可以选择某些选项来设置"开始"菜单的显示方式和项目。单击"「开始」菜单"选项区的"清除"按钮，可将"文档"菜单下最近打开的文档菜单项清除。

单击"添加"按钮可打开"创建快捷方式"向导，选择需要在"开始"菜单中添加快捷方式的对象（程序、文档、图片、文件夹等）名称，并设置好快捷方式名称和存放的文件夹后即可将该对象的快捷方式添加到"开始"菜单或"程序"菜单中。

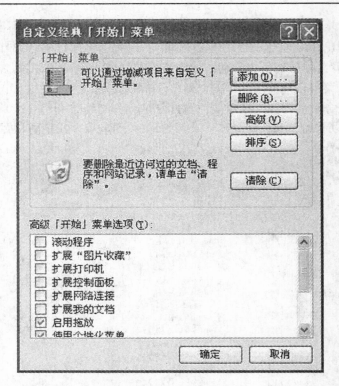

图 3-9　自定义经典"开始"菜单

单击"删除"按钮,弹出如图 3-10 所示的对话框,在列表中选择需要删除的快捷方式名称,单击"删除"按钮即可将所选快捷方式删除,然后单击"关闭"按钮退出该对话框。

单击"高级"按钮,则可打开"Windows 资源管理器"窗口,让用户任意在"开始"菜单中添加或删除快捷方式或文件夹。

3.2.5　向"开始"菜单添加程序

"开始"菜单的主要作用是列出常用的程序。"所有程序"子菜单专门为此设计,在它上面会找到完整的 Windows 程序列表。"所有程序"子菜单中的菜单和子菜单可以创建。

图 3-10　删除快捷方式/文件夹

(1) 向"开始"菜单顶部添加程序

把喜欢的程序放在"开始"菜单顶部,可以避免在"开始"菜单中来回搜索。向"开始"菜单添加程序,实际上是添加一个程序的快捷方式。

向"开始"菜单的顶部添加程序(以 Word 为例)的步骤如下:

① 单击"开始"按钮。

② 把鼠标指向"设置"。

③ 单击"任务栏和开始菜单",单击"高级"页。

④ 单击"添加"。这时会打开"创建快捷向导"。

⑤ 输入程序的路径。如果能记住程序名的话就输入,否则要使用"浏览"按钮。

⑥ 单击"浏览"按钮。所要的程序位于列表的某处,查找需要一点技巧。多数程序位于 C:盘中,因此可以双击 C:盘。

⑦ 单击要添加的程序。选择的是 Word。

⑧ 单击"确定"。Word 的路径进入到文本框之中。

⑨ 单击"下一步"。因为希望 Word 位于"开始"菜单的顶部,所以在"开始"菜单上单击它突出显示。

⑩ 单击"下一步"。输入要调用此程序的名称,把标题编辑为 Word。

⑪ 单击"完成"。

⑫ 单击"确定"。

⑬ 单击"开始"按钮。

（2）在"程序"中添加子菜单和新程序

向"开始"菜单添加子菜单的步骤如下:

① 用鼠标右键单击"开始"按钮。

② 单击"打开"。

③ 双击希望子菜单所在的文件夹。通常是"程序"文件夹,如图 3-11 所示。如果希望建立一个"程序"文件夹下的子菜单的文件夹,可以双击"程序"文件夹,找到相关的选项。

④ 选择"附件"文件夹。

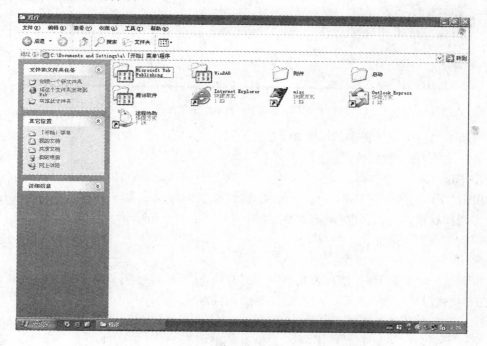

图 3-11　"程序"文件夹

⑤ 单击"文件"菜单。

⑥ 指向"新建"。

⑦ 单击"文件夹"。

⑧ 输入新的子菜单的名称,假设为"MyNewMenu"。

⑨ 按 Enter 键。

⑩ 单击桌面上的一个空的位置。关闭并保存新子菜单。现在看看它是否起作用。单击"开始"按钮,选择"程序"、"附件",新的"MyNewMenu"文件夹就在那里,如图 3-12 所示。里面还没有任何东西。

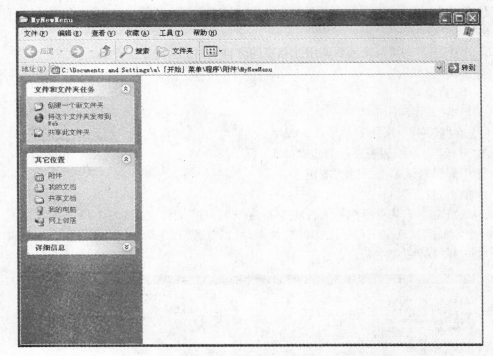

图 3-12 "MyNewMenu"空文件夹

向新子菜单中添加程序的步骤如下:

① 右键单击"我的电脑"。

② 选择"资源管理器"。

单击"文件夹"窗口内驱动器旁的加号,找到希望添加到子菜单中的程序。连续打开文件夹直到找到程序为止。以"画图"程序为例,单击 C:\Documents and Settings\All Users\[开始]菜单\程序\附件。

③ 单击要添加的程序图标。

按下鼠标键的同时,把图标拖动到"开始"按钮,然后再拖动到子菜单中。当看到了细线和图标(代表程序)放在子菜单文件夹后,释放鼠标键。

(3) 重新命名新子菜单

第一次命名新子菜单或程序时考虑得不一定周到,这就需要修改新子菜单或程序的名字。

对子菜单名的修改步骤如下：

① 找出子菜单。搜索"开始"菜单直到找到希望改名的子菜单为止。

② 右击子菜单。旁边出现一个快捷菜单。

③ 选择"重命名"。

④ 输入新的名称。

⑤ 单击"确定"。

（4）重新组织菜单和菜单上的程序

用鼠标进行拖放，可以重新组织菜单和菜单上的程序。例如，单击任何一个程序，把它拖到一个新的子菜单上然后释放鼠标。在拖放的过程中出现的黑线，提示您释放鼠标后程序出现的位置。

3.3　配置 Windows XP

Windows XP 具有强大的系统管理和维护功能，能够自动实现许多配置和管理工作，保证系统满足用户的一般性能需求。对 Windows XP 的配置，其实就是对 Windows XP 中常用的一些系统软件和操作环境的配置。本节重点讲述显示属性、区域和语言、日期和时间、字体和 DOS 环境的设置。

3.3.1　显示属性的设置

Windows 启动时首先看到的是桌面。当完成一个文档或任务，关闭程序后，又会看到桌面。如果能够将桌面设置得赏心悦目，令人耳目一新，在您工作时往往能够让您的心情愉快，从而提高工作效率。因此可以更改桌面，使之尽可能地满足需要。

（1）背景的设置

使用 Windows 的工具，在显示器限制的范围内，可以对桌面进行各种操作。如果要改变桌面背景，或当您希望改变桌面的外观时，需要使用"显示属性"对话框。

背景的设置步骤如下：

① 右键单击桌面的空白处。弹出桌面的快捷菜单。

② 从快捷菜单中选择"属性"。出现"显示属性"对话框，单击"桌面"选项卡。

③ 在下面的"背景"文本列表框里系统自带的背景图片，或者选择右边的浏览按钮来浏览计算机里存储的图片。单击其中的一项看看桌面背景图片的缩略图，它显示在上部的窗口内。

④ 选择您所喜欢的图片。

⑤ 如果选择单击"应用"，也可以看见桌面的背景已经改变了。还可以设置"位置"：单击向下箭头，选择"居中"、"平铺"或"拉伸"。这些选项能改变背景的外观。设置如图 3-13 所示。

（2）设置屏幕分辨率和刷新率

① 右键单击桌面。

② 选择"属性"。

图 3-13　显示属性—背景的设置

图 3-14　显示属性—屏幕分辨率设置

③ 单击"设置"选项卡,如图 3-14 所示。

④ 从"屏幕分辨率"中选择一个新分辨率。例如,把滑块从 640×480 拖到 800×600 像素上。

⑤ 在"显示属性"对话框中,将所有选项设置完毕后,单击"应用"或"确定"按钮即可完成屏幕分辨率设置。

⑥ 点击"高级"按钮,弹出"即插即用监视器"窗口。选择"监视器"选项,即可设置"屏幕刷新频率"。

随着桌面分辨率的提高,您会注意有效的颜色数目在下降,这是交换的结果。某些计算机中,较高的分辨率导致颜色种类减少,较低的分辨率允许更多种颜色,所以不能同时既提高分辨率又提高颜色数。一些视频系统不能允许这样。

（3）Windows 色彩方案

Windows 没有限制颜色的使用,用户可以自由地更改,把单调的 Windows 屏幕颜色改成自己喜欢的。屏幕上几乎每个元素都可以改成另外的颜色、字体和大小。

改变 Windows 屏幕颜色的步骤如下:

① 右键单击桌面。

② 选择"属性"。

③ 单击"外观"选项卡。"显示属性"对话框的"外观"选项卡如图 3-15 所示。在"窗口和按钮"下拉列表中,用户可以选择"Windows XP 样式"或"Windows XP经典样式"等选项。在"色彩方案"下拉列表中可以选择系统所提供的色彩方案。在"字体大小"下拉列表中用户可以设置所显示的字体大小。

（4）屏幕保护的设置

设置 PC 的屏幕保护,需要使用"显示属性"对话框,有两种方法找出屏幕保护选项。

图 3-15　"外观"选项卡

① 双击"我的电脑"。

② 双击"控制面板"。

③ 选择"显示"图标。另一种方法是鼠标右键单击桌面,然后从快捷菜单中选择"属性"。

④ 单击"屏幕保护程序"。

"显示属性"对话框内的"屏幕保护程序"面板,如图 3-16 所示。

选择一个新的屏幕保护,然后进行设置和预览。

(5) 电源属性的设置

显示器有一个非常特殊的功能:它可以自动关闭并进入一种特定的低能耗状态。屏幕为黑屏状态——就像屏幕没打开一样,从而节省了能源。

让显示器睡觉:

① 打开"控制面板"。

② 打开"显示"图标。

③ 打开"屏幕保护"选项卡。

④ 单击"电源"。

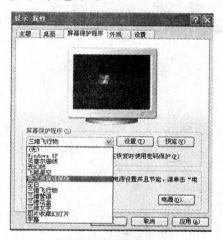

图 3-16　屏幕保护程序

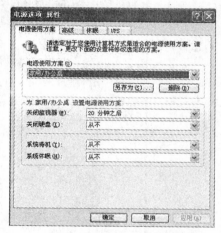

图 3-17　电源选项属性

出现"电源选项属性"对话框,如图 3-17 所示,进行相关设置。

3.3.2　区域和语言的设置

可以通过双击控制面板中的"区域和语言选项"图标,打开如图 3-18 所示的对话框。在对话框中进行相关设置。

3.3.3　日期和时间的设置

日期和时间的设置方法有两种:

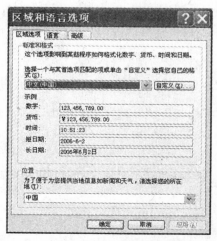

图 3-18　区域和语言选项

（1）双击在任务栏面板上的时间，显示"日期和时间属性"对话框（见图 3-19）。设置计算机当前的日期和时间。

（2）可以通过双击控制面板中的"日期和时间"，打开"日期和时间属性"窗口进行相关的设置。

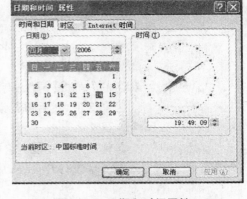

图 3-19　日期和时间属性

3.3.4　字体的设置

字体是一组具有同一风格的字符集，它的设置如下：

① 打开"控制面板"。

② 双击"字体"，出现"字体"文件夹（如图 3-20），进行字体的添加或删除。

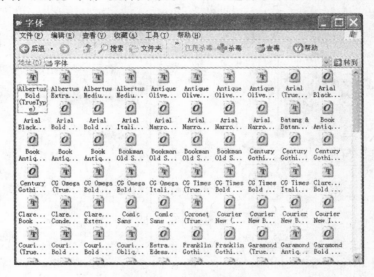

图 3-20　字体的设置

3.3.5　DOS 环境的配置

考虑到 Windows XP 和 DOS 应用程序的兼容性，本节介绍 DOS 环境的配置。

打开"开始"菜单，单击"运行"，弹出"运行"窗口，输入 cmd 后单击"确定"按钮，出现"命令提示符"窗口（如图 3-21）。

鼠标指向"命令提示符"窗口的标题栏，单击右键，选择"属性"（如图 3-22），弹出"命令提示符属性"对话框，进行相关的配置。

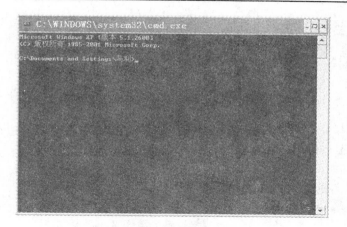

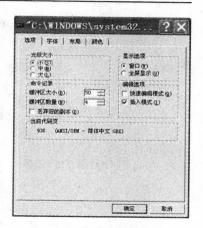

图 3-21　"命令提示符"窗口　　　　　　　　图 3-22　命令提示符属性

3.4　Windows XP 的用户管理

　　Windows XP 操作系统的用户管理包括两个方面：系统对用户的管理操作,包括创建用户、更改用户和删除用户等；用户对自己的管理操作,包括对 Windows XP 的自定义操作和用户的个人文档管理,体现用户的个性化和保护个人隐私的需求。

3.4.1　用户管理界面

　　(1) 点击"开始"菜单,打开"控制面板"。
　　(2) 双击"用户帐户"图标,弹出如图 3-23 所示的窗口。

图 3-23　"用户帐户"窗口

　　"用户帐户"窗口分为三个部分："了解"部分、"挑选一个任务"部分、"或挑选一个帐户做更改"部分。
　　①"了解"部分。在列表框中有三个选项内容,分别是"用户帐户"链接、"用户帐户类型"链接和"切换用户"链接。
　　②"挑选一个任务"部分。主要包括三个任务选项,分别是"更改用户"任务、"创建一个新用户"和"更改用户登录或注销的方式"任务。

③ "或挑选一个帐户做更改"部分。该项下列出已经
存在的所有用户帐户和一个来宾帐户。Guest 用户帐户
默认是没有启用的。

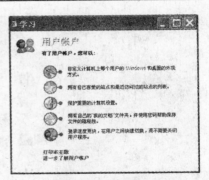

3.4.2 了解用户帐户

在"用户帐户"窗口的"了解"部分,单击"用户帐户"
链接,弹出"了解关于用户帐户"窗口(如图 3-24)。

用户有了自己的帐户以后,就可以实现图 3-23 的功能。

图 3-24 用户帐户

3.4.3 关于用户帐户类型

在"用户帐户"窗口的"了解"部分,单击"用户帐户类
型"链接,弹出"了解关于用户帐户类型"窗口(如图 3-25)。

用户帐户类型分为两类,即"计算机管理员"帐户和
"受限用户"帐户,两类帐户的权限是不同的:

① "计算机管理员"帐户。允许用户对所有计算机设
置进行更改,拥有权限如图 3-25 所示。

② "受限用户"帐户。只允许用户对某些设置进行更
改,拥有权限如图 3-25 所示。

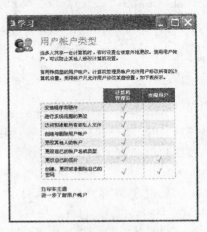

图 3-25 用户帐户类型

3.4.4 创建新用户帐户

创建新帐户时,必须以计算机管理员的身份登录。下面以创建受限帐户 Mali 为例进行
讲解。

① 在"用户帐户"窗口中,单击"创建一个新帐户",弹出"为新帐户起名"窗口(如图 3-26)。

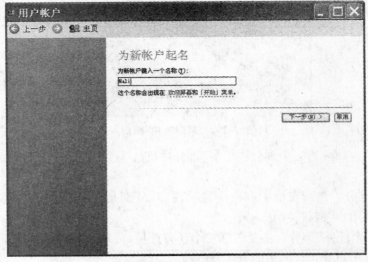

图 3-26 "为新帐户起名"窗口

② 本框中输入新用户的帐户名称 Mali。

③ 单击"下一步"按钮，弹出"挑选一个帐户类型"窗口（如图 3-27）。

④ 选择帐户类型。本例中选择"受限"，单击"创建帐户"按钮，完成创建新用户 Mali 的操作。

新用户帐户刚刚创建以后，并不会马上在系统的 Documents and Settings 文件夹中产生新用户的个人文件夹，例如此处的 Mali 文件夹，只有在新用户帐户第一次登录以后，用户的个人文件夹才会被建立。

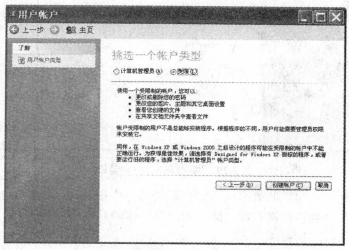

图 3-27　"挑选一个帐户类型"窗口

3.4.5　更改帐户

作为计算机管理员帐户的用户，不仅可以创建、更改和删除自己的密码，也可以更改自己的帐户类型和名称，还可以更改其他人的帐户；而作为受限帐户的用户，就只能创建、更改和删除自己的密码。

在"用户帐户"窗口中，单击"更改帐户"命令，弹出"挑选一个要更改的帐户"窗口（如图 3-28）。

图 3-28　"挑选一个要更改的帐户"窗口

图 3-29　"更改马利帐户"窗口

单击要更改的帐户"马利"的图标,弹出"更改马利帐户"窗口(如图 3-29)。更改帐户的具体命令随帐户的属性不同而有细微的差别。对具体的马利帐户,更改帐户的命令总共有以下六项:

(1) 更改帐户名称

在"更改马利帐户"窗口中,单击"更改我的名称"命令,弹出"为您的帐户提供一个新名称"窗口(如图 3-30)。

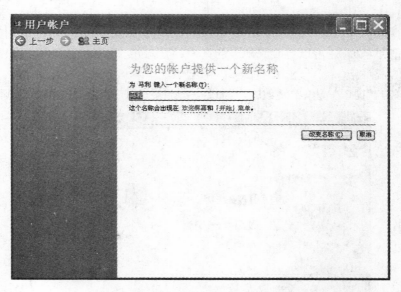

图 3-30　"为您的帐户提供一个新名称"窗口

在文本框中输入要更改的新名称,单击"改变名称"按钮,就完成了更改马利名称的操作。

（2）更改帐户密码

在"更改马利帐户"窗口中，单击"更改我的密码"命令，弹出"更改您的密码"窗口（如图3-31）。

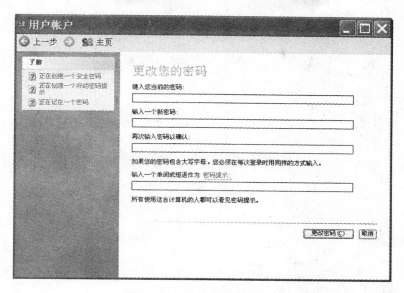

图 3-31　"更改您的密码"窗口

在"键入您当前的密码"文本框中键入当前密码，确认用户帐户身份；在"输入一个新密码"文本框中输入新密码，并进行密码确认，还可以输入"密码提示"。最后，单击"更改密码"按钮，完成更改密码操作。

（3）删除帐户密码

单击"删除我的密码"命令，弹出"您确实要删除您的密码吗？"（如图 3-32）。

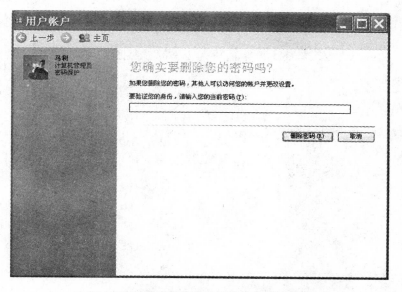

图 3-32　"您确实要删除您的密码吗？"窗口

为了安全,系统要求确认您的身份,在文本框中输入您的密码。点击"删除密码"按钮,就完成了删除马利密码的操作。删除密码帐户后,该帐户失去密码保护,其他任何用户都可以访问该帐户并更改设置。

（4）更改帐户图片

单击"更改我的图片"命令,弹出"为您的帐户挑一个新的图像"窗口,如图 3-33。

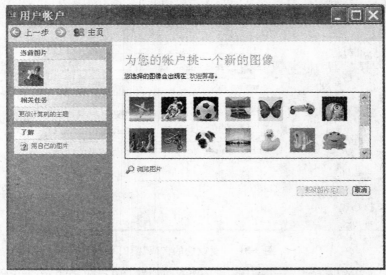

图 3-33 "为您的帐户挑一个新的图像"窗口

用户可以在列表框中的图标中挑选一个作为帐户的新图片;也可以单击"浏览图片"按钮,弹出"打开"对话框,在本地计算机中挑选一个图形文件作为帐户图片。选定图像后,单击"更改图片"按钮,完成更改马利的图片的操作。

（5）更改帐户类型

单击"更改我的帐户类型"命令,弹出"挑选一个新帐户类型"窗口（如图 3-34）。

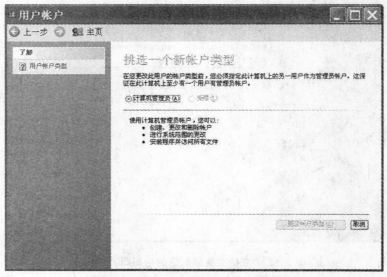

图 3-34 "挑选一个新帐户类型"窗口

为当前用户挑选一个帐户类型,单击"更改帐户类型"按钮,完成更改帐户的操作。更改帐户类型后,所有相应的帐户权限也会跟着发生变化。

在更改帐户类型前,必须保证本地计算机上至少还有一个用户有计算机管理员帐户,否则"更改帐户类型"按钮不被激活显示。

（6）创建我的. NET Passport

单击"创建我的. NET Passport"命令,就弹出". NET Passport 向导"窗口（如图 3-35）。根据向导提示,一步步完成我的. NET Passport 的创建。

图 3-35 ．NET Passport 的创建

3.5　Windows XP 的文档管理

本节重点介绍 Windows 资源管理器,并在 Windows 资源管理器中进行文档管理的实例操作。此外还将介绍一些文档管理所涉及的基本概念,最后讲解文件夹选项设置。

3.5.1　Windows XP 资源管理器

在 Windows 资源管理器窗口中可以实现对文档的大部分管理操作功能和所有的编辑操作功能。只要很好地掌握了 Windows 资源管理器的使用,就能方便快捷的掌握文档管理功能。

打开"开始"菜单,打开"所有程序"子菜单,单击"附件"中的"Windows 资源管理器"命令,弹出"Windows 资源管理器"窗口（如图 3-36）。

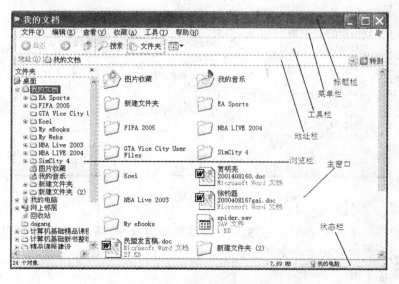

图 3-36　"Windows 资源管理器"窗口

Windows 资源管理器的窗口,主要由菜单栏、工具栏、地址栏、浏览器栏、主窗口、状态栏等组成。

3.5.2　文档操作

Windows XP 继承了以前版本的所有特点,在文档操作方面也是如此,一个简单的文档操作往往有很多种可行的操作方法。

(1) 文件和文件夹的概念

文件是存储在磁盘上的程序和文档。在 Windows XP 中,文件是文档(应用程序所创建的信息,如文本和图像)和硬件设备的总称。

文件的特性:

◇ 在同一磁盘的统一目录区域内不能有名称相同的文件,即文件名具有唯一性。

◇ 文件中存放字母、数字、图片和声音等各种信息。

◇ 文件可以从一张磁盘上复制到另一张磁盘上,或从一台计算机拷贝到另一台计算机上,即文件具有可携带性。

◇ 文件在软盘或硬盘中有其固定的位置。文件的位置是很重要的,在一些情况下,需要给出路径以告诉程序或用户文件的位置。路径由存储文件的驱动器、文件夹或子文件夹组成。

文件夹是存放文档和程序的区域。文件夹包含文件,通常是类型相关的文件。

(2) 新建文档

在 Windows 管理器中,打开"文件"菜单,打开"新建"子菜单(如图 3-37)。

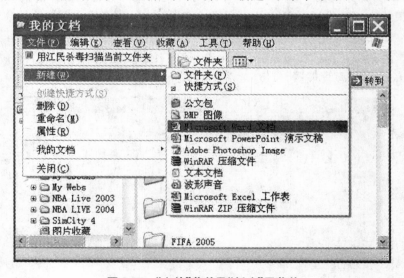

图 3-37　"文件"菜单及"新建"子菜单

在"新建"菜单中的上半部分是"文件夹"和"快捷方式"选项;下半部分是可以创建的文件类型。根据需要建立相关的文件或文件夹。

(3) 重命名文档

重命名文档可以弥补用户在新建出现的命名错误,重命名通常有如下三种方法:

　　① 在 Windows 资源管理器中,选择想要重命名的文档,打开"文件",单击"重命名"命令。

　　② 选中想要重命名的文档,单击鼠标右键,在弹出的快捷菜单中选择"重命名"命令。

　　③ 选中想要重命名的文档,在"文件和文件夹任务"任务区,单击"重命名这个文件"或"重命名这个文件夹"命令。

　　(4) 删除文档

　　删除文档通常有以下几种方法:

　　① 在 Windows 资源管理器中,选择想要删除的文档,打开"文件",单击"删除"命令。

　　② 选中想要删除的文档,单击鼠标右键,在弹出的快捷菜单中选择"删除"命令。

　　③ 选中想要删除的文档,在"文件和文件夹任务"任务区,单击"删除这个文件"或"删除这个文件夹"命令。

　　④ 选中想要删除的文档,按[Shift]+[Delete]组合键,弹出"确认删除"对话框,单击"是"按钮完成删除操作。

　　前三种方法并没有将文档真正删除,只是将文档移入回收站,在需要的时候还可以从回收站还原。而第四种删除为彻底删除。

　　(5) 移动文档

　　移动文档通常有以下几种方法:

　　① 在 Windows 资源管理器中,选择想要移动的文档,打开"编辑"菜单,在"编辑"菜单中选择"移动到文件夹"命令,弹出"移动项目"对话框,在列表框中选择文档移动的新位置,单击"移动"按钮完成移动文档的操作。

　　② 选中想要移动的文档,单击鼠标右键,在弹出的快捷菜单中选择"剪切"命令,在需要移动到的新位置,单击鼠标右键,在弹出的快捷菜单中选择"粘贴"命令。

　　③ 选中想要移动的文档,在"文件和文件夹任务"任务区,单击"移动这个文件"或"移动这个文件夹"命令。弹出"移动项目"对话框,在列表框中选择文档移动的新位置,单击"移动"按钮完成移动文档的操作。

　　④ 选中想要移动的文档,在文档上按下鼠标右键并拖动,直到文档移动到新位置后释放鼠标右键,弹出快捷菜单,单击"移动到当前位置"命令,完成移动文档操作。

　　(6) 复制文档

　　复制文档通常有以下几种方法:

　　① 在 Windows 资源管理器中,选择想要移动的文档,打开"编辑"菜单,在"编辑"菜单中选择"复制到文件夹"命令,弹出"复制项目"对话框,在列表框中选择文档复制的新位置,单击"复制"按钮完成复制文档的操作。

　　② 选中想要复制的文档,单击鼠标右键,在弹出的快捷菜单中选择"复制"命令,在需要复制到的新位置,单击鼠标右键,在弹出的快捷菜单中选择"粘贴"命令。

　　③ 选中想要复制的文档,在"文件和文件夹任务"任务区,单击"复制这个文件"或"复制这个文件夹"命令。弹出"复制项目"对话框,在列表框中选择文档复制的新位置,单击"复制"按钮完成复制文档的操作。

　　④ 选中想要复制的文档,在文档上按下鼠标右键并拖动,直到文档复制到新位置后释放鼠标右键,弹出快捷菜单,单击"复制到当前位置"命令,完成复制文档操作。

⑤ 选中想要复制的文档,在文档上按下鼠标左键并拖动,直到文档移动到需要复制的新位置后释放鼠标左键,完成复制文档操作。

3.5.3 设置文件夹选项

为了定义 Windows 资源管理器文件和文件夹的显示风格,Windows XP 提供了统一"文件夹选项"对话框来对文件夹属性进行设置。

在 Windows 资源管理器中,打开"工具"菜单。选择"文件夹选项"命令,弹出"文件夹选项"对话框,包括"常规"、"查看"与"文件类型"三个选项卡(如图 3-38),可以根据需要做具体设置。

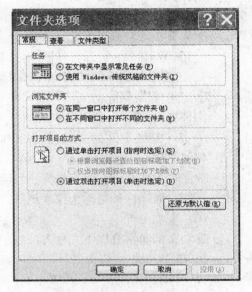

图 3-38　文件夹选项

3.6　Windows XP 磁盘管理

磁盘管理是计算机的一项常规功能,Windows XP 的磁盘管理是以一组磁盘管理实用程序的形式提供给用户的,它们位于"计算机管理"控制台中,包括查错程序、磁盘碎片整理程序、磁盘整理程序等。

3.6.1 磁盘管理概述

(1)磁盘管理

Windows XP 的磁盘管理支持基本磁盘和动态磁盘。基本磁盘包括主分区、扩展分区和逻辑驱动器的物理磁盘。基本磁盘包括使用 Windows 2000 或以前 Windows 版创建的磁盘。可以使用 MS-DOS 访问基本磁盘。动态磁盘是含有使用磁盘管理动态卷的物理磁盘。动态磁盘不能含有分区和逻辑驱动器,也不能使用 MS-DOS 访问。

(2)常用的概念和术语

◇ 分区:是物理磁盘的一部分,其作用如同一个物理分隔单元。分区通常指主分区或扩展分区。

◇ 主分区:是标记为由操作系统使用的一部分物理磁盘。

◇ 扩展分区:是从硬盘的可用空间上创建的分区,而且可以将其再划分为逻辑驱动器。

◇ 卷:是格式化后由文件系统使用的分区或分区集合。

◇ 卷集:是作为严格逻辑驱动器出现的分区组合。

◇ 磁盘分区:就是将硬盘分割成几个部分,而每一部分都可以单独使用。

◇ 引导分区:包含 Windows XP 操作系统文件,这些文件位于 Windows 根目录的 System32 目录中。

3.6.2　磁盘文件系统

所谓文件系统，是指与文件管理有关的软件和被管理的文件（包括目录和子目录等）的总体。

Windows XP 支持的文件系统包括：

（1）标准文件分配表 FAT：Windows 2000、Windows NT、Windows 98、Windows 95、MS－DOS 或 OS/2 可以存取主分区或逻辑分区 FAT 上的文件。

（2）增强的文件分配表 FAT32：是在大型磁盘驱动器（超过 512 MB）上存储文件的极有效的文件系统。

（3）新技术文件系统 NTFS：只有运行 Windows 2000、Windows NT 或 Windows XP 的计算机才可以存取 NTF 卷中的文件。

（4）加密文件系统 EFS：只有在配置 NTFS 文件系统硬盘、运行 Windows 2000 或 Windows XP 的机器上才可以使用。

用户在安装 XP 前首先需要决定选择哪种文件系统。Windows XP 支持使用 NTFS 文件系统和文件分配表文件系统 FAT 或 FAT32。

3.6.3　磁盘碎片整理程序

"磁盘碎片整理"工具是个特殊的磁盘工具，能把文件碎片重新组合在一起，实际上是把文件重新写回到硬盘中，让 Windows 更有效地访问它们。有时候，对碎片很多的磁盘进行整理，可以显著提高磁盘的性能。

运行磁盘碎片整理程序的步骤如下：

（1）双击"我的电脑"。

（2）右键单击 C:盘（也可以是其他的磁盘，包括 A:盘）。

（3）从菜单中选择"属性"。

（4）单击"工具"选项卡。用户会看到列出的三个工具，如图 3-39 所示。

（5）单击"开始整理"。

Windows 开始工作（见图 3-40）。完成这个操作需要一个小时或更长的时间，这取决于硬盘碎片的分布程度。

（6）显示"碎片整理完毕"对话框。该对话框，显示了在后台的碎片整理结果。原来杂乱地排放在一起的红色、蓝色和白色的小方块，现在已经按颜色重新组合在一起了。

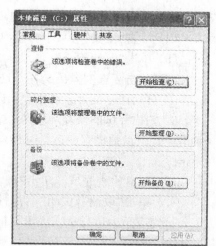

图 3-39

（7）单击"查看报告"，可以看到计算机的报告，单击右边的滚动条还可以看到更多的内容。

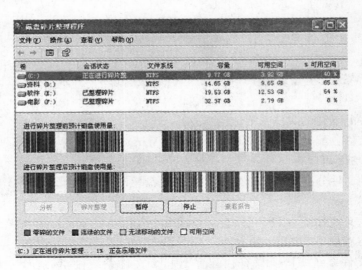

图 3-40　磁盘碎片整理程序

3.6.4　磁盘扫描程序

Windows 还有另外一种工具叫做磁盘扫描程序(也叫做"检查磁盘"程序),用于修复一些细微的文件错误。

运行磁盘扫描程序的步骤如下:

(1) 打开桌面上"我的电脑"图标。

(2) 右键单击 C:盘(也可以是其他的磁盘,包括 A:盘)。

(3) 从快捷菜单中选择"属性"。显示"C:属性"对话框。

(4) 单击"工具"选项卡。用户会看到列出的三个工具。

(5) 单击"开始检查"。

(6) 单击复选框做出选择。这里有两个选择:

① 自动修复文件系统错误:让磁盘扫描程序检查和修复磁盘引导区出现的任何错误。

② 扫描并试图恢复坏扇区:扫描磁盘的其余部分(除了文件系统外),并修复出现的任何错误。磁盘扫描程序运行时很少出现异常,对话框内的进程条显示检查的进度,直到完成为止。

(7) 磁盘检查完成。单击"确定"。

(8) 单击"取消",关闭"C:属性"对话框。

每周应至少运行一次磁盘扫描程序,硬盘越忙就更应该运行这个程序。

3.6.5　磁盘复制

磁盘复制主要是用于软盘的全盘复制,也就是说用户通过使用复制磁盘可以制作出两张内容完全一样的软盘。

磁盘复制的步骤如下:

（1）将源盘插入软驱中。

（2）双击"我的电脑"。

（3）右键单击 A:盘。

（4）从菜单中选择"复制磁盘"，出现如图 3-41 所示的对话框。

（5）单击"开始"按钮。在运行的过程中，会出现提示用户取出源盘，插入目标盘的信息。这时，取出源盘，插入目标盘后按"确定"按钮，开始复制。

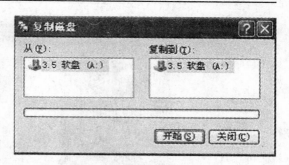

图 3-41　复制磁盘

3.6.6　格式化磁盘

所有的磁盘（包括软盘和硬盘）都必须在格式化后才能够使用。不过经过格式化的磁盘，其中原有的文件会全部丢失，所以在磁盘格式化前一定要考虑清楚。

格式化磁盘的步骤如下：

（1）双击"我的电脑"。

（2）右键单击要格式化的磁盘图标，比如 A:盘。

（3）从菜单中选择"格式化"。

（4）在"格式化"对话框中，可以对磁盘的格式化进行一些设置。

在"容量"下拉列表中选择要格式化磁盘的容量。

在"格式化类型"中选择格式化磁盘的方式："快速"方式只删除磁盘上的文件，不对磁盘进行检查；"完全"方式不仅删除磁盘上的文件，还要对磁盘进行检查；"仅复制系统文件"方式只复制一些系统文件到磁盘中。

在"其他选项"中："卷标"选项用来设定磁盘的标识；选择"不要卷标"选项，则不设定该磁盘的标识；选择"完成时显示摘要"选项，在格式化完成后，会显示"格式化结果"对话框；选择"复制系统文件"选项，在格式化后，还要复制一些系统文件到磁盘中，供启动 DOS 系统使用。

（5）单击"开始"按钮，开始对磁盘进行格式化。如果选择了"完成时显示摘要"，格式化完成后会显示一个对话框，告诉用户这次格式化的有关信息。

（6）单击"关闭"按钮，完成格式化。

3.7　Windows XP 打印机管理

Windows XP 使用 NetCrawler 技术使得添加新的打印机变得更加容易。Windows XP 在系统启动时可以自动地搜索网络中的打印机，无论是连接到本地的打印机还是连接在网络中的共享打印机均可自动地被 Windows XP 检测到，这就给用户安装网络打印机提供了极大的方便。

在 Windows XP 中，可以通过添加打印机向导来添加新的打印机。具体步骤如下：

（1）单击"开始"选择"打印机和传真"命令，打开"打印机和传真"窗口。

（2）单击任务列表中的"添加打印机"图标。打开"添加打印机向导"对话框，如图 3-42 所示。

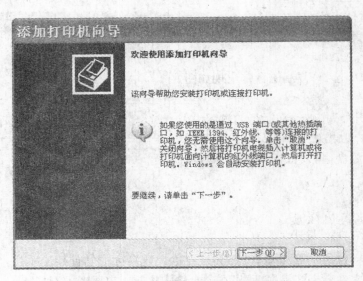

图 3-42 "添加打印机向导"对话框之一

(3) 通过"添加打印机"向导可以引导用户安装打印机。单击"下一步"按钮,在打开"添加打印机向导"对话框中选择安装本地打印机或者网络打印机,如图 3-43 所示。

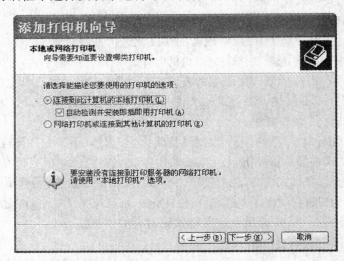

图 3-43 "添加打印机向导"对话框之二

(4) 如果要安装本地打印机,需要在计算机关闭的状态下,将打印机连接到计算机的打印口(一般是 LPT1)上,然后选中"连接到这台计算机的本地打印机"单选框。如果需要让计算机对打印机进行检测,还需要选中"自动检测并安装我的即插即用打印机"复选框。如果要安装网络打印机则需要选中"网络打印机,或连接到另一台计算机的打印机"单选框。安装本地打印机时用户可以按照说明书进行或参考其他书籍中的介绍(步骤基本相同)。在此以添加网络打印机为例说明添加打印机的过程,所以要选择"网络打印机或连接到另一台计算机的打印机"单选框。

(5) 单击"下一步"按钮,打开向导的下一个对话框,选择具体打印机的位置。在此选择

"浏览打印机"单选框,出现如图 3-44 所示的窗口。

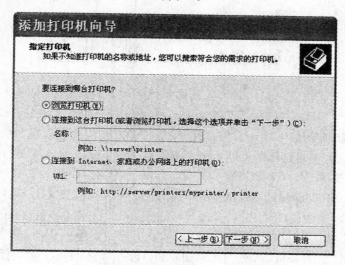

图 3-44 "添加打印机向导"对话框之三

(6)然后单击"下一步"按钮,在打开的共享打印机列表中选择打印机的网络位置,如图 3-45 所示。

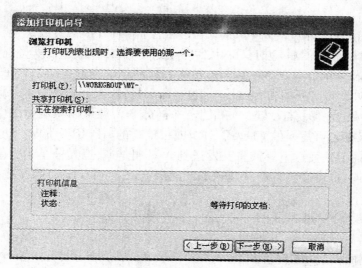

图 3-45 "添加打印机向导"对话框之四

(7)如果共享打印机已经安装了适合 Windows XP 使用的打印机驱动程序,则系统将直接连接成功。

(8)单击"完成"按钮,完成打印机的安装。

3.8 Windows XP 的多媒体功能

在 Windows XP 中,微软在娱乐功能方面做的引人注目的改进有两个:一个是推出了媒体播放器 Windows Media Player 9.0;另一个是推出了 Windows Movie Maker。本节对它们做简单的介绍。

3.8.1 Windows Media Player

Windows Media Player 是一种通用的多媒体播放器,可用于播放当前流行格式制作的音频、视频和混合型多媒体文件。使用 Microsoft Windows Media Player,可以播放和组织计算机及 Internet 上的数字媒体文件。此外,您还可以使用此播放机收听全世界的电台广播、播放和复制 CD、创建自己的 CD、播放 DVD 以及将音乐或视频复制到便携设备(如便携式数字音频播放机和 Pocket PC)中。在 Windows XP 中内置了 Media Player 的最新版本——Windows XP Media Player 9.0。默认情况下可以播放几乎所有的音频和视频文件:MPEG 文件、MP3 文件、MIDI 文件、ATFF 格式声音、AU 格式声音、Quick Time 文件、CD 曲目,并增加了直接播放 DVD 视频的功能。如果用户需要播放其他形式的媒体文件,可以安装相应的插件。此外,Windows XP Media Player 9.0 还增强了在线播放功能,成为 Internet Explorer 6.0 的一个内建媒体播放程序。

3.8.2 Windows Movie Maker

您可以使用 Windows Movie Maker 通过摄像机、Web 摄像机或其他视频源将音频和视频捕获到计算机上,然后将捕获的内容应用到电影中。您也可以将现有的音频、视频或静止图片导入 Windows Movie Maker,然后在您制作的电影中使用。在 Windows Movie Maker 中完成对音频与视频内容的编辑(包括添加标题、视频过渡或效果等等)后,您就可以保存最终完成的电影,然后与家人和朋友一同分享。您可以将制作的电影保存到计算机上,也可以保存到可写入的 CD(CD-R)或可重写的 CD(CD-RW)上。您还可以通过电子邮件附件的形式发送电影或将其发送到 Web 上与其他人分享。如果您有 DV 摄像机与计算机相连,也可以将电影录制到 DV 磁带上,然后在 DV 摄像机或电视机上播放。

3.8.3 设置多媒体属性

双击"控制面板"中的"声音和音频设备"选项,可帮助用户设置这些属性。

(1)音频设置

在"声音和音频设备"对话框中,单击"音频"选项卡,如图 3-46 所示。在该对话框中,用户可以为"声音播放"、"录音"和"MIDI 音乐播放"选择首选设备,还可以单独调节音量或进行高级设置。

(2)语声设置

在"声音和音频设备属性"对话框中,单击"语声"选项卡,如图 3-47 所示。在该对话框中,用户可以设置语音播放和语言捕获所使用的首选设置。

图 3-46　"音频"选项卡

图 3-47　"语声"选项卡

（3）硬件设置

在"声音和音频设备属性"对话框中，单击"硬件"选项卡，如图 3-48 所示。在该对话框中，用户可以查看、修改和删除多媒体设备。

（4）"音量"设置

在音量选项卡中可以对系统的音量高低进行设置。"音量"选项卡如图 3-49 所示。拖动滑块可以调节系统的音量。系统音量包括声音适配器的音量和扬声器的音量。单击图 3-49 中的"高级"按钮，可以打开相应的音量控制窗口。

（5）"声音"选项卡

如果用户对系统的各种事件的声音不满意，可以在此选项卡中进行更改。用户可以在"无声"、"Windows 默认"和用户自定义声音方案中进行选择，如图 3-50 所示。

图 3-48　"硬件"选项卡

图 3-49　"音量"选项卡

图 3-50　"声音"选项卡

第 4 章
文字处理软件 Word 2003

- ● Word 概述
- ● 文档的创建、打开、保存和关闭
- ● 文本的操作
- ● 文档的排版
- ● 表格处理
- ● 图片编辑
- ● 打印预览及打印

2003 年 11 月 13 日功能更强大的新版 Microsoft Office 2003 中文版正式面世。Microsoft Office System 是一个综合性的大型软件包，它包括 Word 2003 文字处理程序，Excel 2003 电子表格程序，Powerpoint 2003 演示文稿程序，Access 2003 数据库管理程序，Frontpage 2003 创建和管理 Web 站点的程序。在以后的章节中将陆续介绍以上内容，本章介绍文字处理程序 Word 2003。

4.1　Word 概述

进入 20 世纪 90 年代，随着 Windows 平台的问世，具有 Windows 风格的应用软件层出不穷。Word 是 Microsoft 公司推出的 Windows 环境下的文字处理软件，经过不断的改进和完善，其版本从 Word 5.0、Word 6.0 发展到现在的 Word 97、Word 2000、Word 2002、Word 2003。

4.1.1　Word 2003 传统功能

Word 2003 具有较强的文字处理功能，其主要功能如下：

（1）编辑修改功能

Word 2003 充分利用 Windows 提供的图形界面，大量使用菜单、对话框、快捷方式和帮助系统，使操作变得简单，可方便地进行复制、移动、删除、恢复、撤销、查找、替换等基本编辑操作。使用鼠标，可以在任何位置输入文字，实现了"即点即输入"，这是 Word 2003 新增的功能。

（2）格式设置功能

Word 具有丰富的文字修饰效果功能，可以设置文字的多种格式，如字体、大小、颜色等，还可以设置空心、阴文、阳文、加粗、加下划线等效果。使用格式刷快速复制格式；可直接套用各种标题格式；附带多种模板和样式，用户可以通过模板及样式，直接引用自己喜欢的格式。对文档排版后，在屏幕上能立即看到排版效果。Word 能准确地显示出文档打印的效果，真正做到"所见即所得"。

（3）自动化功能

自动更正功能在输入的同时，自动更正单词的拼写、语法错误。语法、拼写自动检查功能在输入的同时，会自动检查语法和拼写错误。自动输入功能会自动创建编号列表、项目符号表，并自动套用格式、缩进量。当输入当前日期，一周七天的名称、月份、用户的姓名和所在单位名称时会自动提示输入内容。另外，Word 提供了自动更正、自动套用格式、信函向导等一套丰富的自动功能，使用户可以轻轻松松地完成日常工作。

（4）表格处理功能

Word 2003 具有较强的表格处理功能，能任意地对表格的大小、位置进行调整，表格中可以包含图形或其他表格，可以创建、编辑复杂的表格等。可以使用公式对表格数据进行简单的计算、排序，并根据数据创建图表。在 Word 2003 中，用户还可以绘制一些复杂的、灵活可变的表格。表格是由行和列的单元格组成，允许在这些单元格中输入文字信息和插入图片信息。

（5）图文混排功能

提供一套绘制图形和图片功能，可以十分方便地创建多种效果的文本和图形。绘图功能提供了 100 多种自选图形和 4 种填充效果。增强了图文混排功能，使图片的拖放、插入等操作更加简单。崭新的剪贴库提供了更加丰富的图片资料。充分利用 Word 2003 提供的这些图文混排功能，可以编排出形式多样的文档。

（6）边框和底纹

提供了 100 多种边框样式用于改变文档的外观包括三维效果，集中了多种用于专业文档的流行样式，特别适合于制作专业化的文档。

（7）Web 工具

Word 提供了一套内容丰富的功能，以便使用全球广域网。可以将 Word 2003 作为电子邮件编辑器，利用电子邮件在 Internet 上发送文档，利用网页模板可以方便地制作出精美的网页，使用"Web Folders"功能可以管理用户存放在网络服务器上的文件。

（8）联机用户共享

使用 Word 2003，与他人合作将变得更方便。联机用户可以使用批注和屏幕提示功能对共享文件进行审阅，可以在网上开展 Web 讨论。

4.1.2　Word 2003 新特性

（1）全新的文档保护功能

全新的文档保护功能不单是为文件设置一个访问口令，它采用了全新的 IRM（信息权限管理）技术，除了可以限制他人对文件内容及格式的修改，还可以允许你对一个文档中的部分内容进行保护；通过定义被授权用户列表，还可以只让指定的部分用户拥有编辑受保护部分的权限。

（2）阅读视图

改进后的阅读视图将更加便于文档的阅读。文字更大，每一行会更短，所有页面大小将与显示器屏幕相适应。Microsoft ClearType 用于改变字体，更加便于阅读，还可以通过一个缩略图视图快速访问指定页。

（3）合并和审阅功能的增强

通过客户的反馈信息，增强了 Word 中的审阅功能，使得审阅的内容更加可视化。审阅功能可以通过多种方式让用户在组织中跟踪文档变化和管理审阅内容。

（4）格式及样式的编辑限制

在 Word 2003 中通过锁定样式和可编辑范围限制功能保护文档的修改，并减小内容冲突的几率。可以指定文档中的某一段内容由特定的人员编辑，以防止他人修改其内容，或者可以将整个文档更改为只读属性，只有专门人员才能对其进行修改。同时，还可以保护文档的格式及样式。

（5）Word XML 的支持

Word 2003 支持 XML，可以作为本地文件格式和处理的强大的 XML 编辑器。另外，用户可以保存和打开 XML 文件，与组织中的关键业务数据进行整合。

（6）有趣的墨迹输入设备支持

如果你拥有 Tablet PC,就可以使用 Tablet 笔,在 Word 2003 中利用"墨迹选择"命令对文档手写标记,就像在纸上写字那样随意。

（7）更加完善的智能标记

智能标记是一种能被 Office 识别并标记的特殊数据。以前当我们使用复制/粘贴操作时,智能标记就会自动显示出来,以便我们能够灵活选择粘贴的目标格式。在 Word 2003 中,智能标记得到进一步扩展,除新增了"多语言人名识别"和"中文日期"（仅用于 Word）智能标记外,如果输入某些带有数字和某种单位的短语,智能标记甚至允许你对其进行中文量度单位换算。

（8）更加简单方便的邮件合并功能

邮件合并是快速将文档与数据库进行合并,从而快速批量的生成带有数据库内容的 Word 文档。与以前版本操作凌乱的"邮件合并"向导相比,新版本除邮件合并工具栏,还可以显示一个邮件合并的任务窗格,用户只需根据向导的提示一步步轻松地完成整个操作过程。

（9）使用方便的比较功能

同时打开两个 Word 文档,通过选择"窗口"选择"并排比较"菜单命令,可以让两个文档窗口左右并排打开,尤其方便的是,这两个并排窗口可以同步上下滚动,非常适合文档的比较和编辑。

（10）更加清晰易用的批注和修改功能

Word 2003 中的批注和修改标记功能得到了加强,新的修订标记清晰易读,更加适合文档的跟踪、合并和审阅。用户可以在不遮盖原始文件或影响其布局的情况下查看修订和审阅的批注,并可以轻松控制是接受还是拒绝所做的修订。

4.1.3　Word 2003 窗口的组成

成功地启动 Word 后,屏幕上就会出现如图 4-1 所示的窗口。Word 窗口由标题栏、菜单栏、工具栏、标尺、编辑区、滚动条、状态栏等组成。

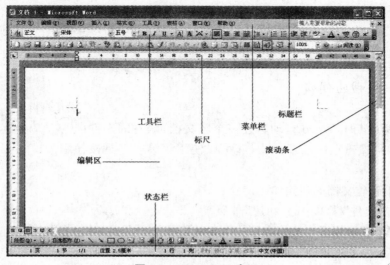

图 4-1　Word 2003 窗口

（1）标题栏

标题栏位于屏幕窗口的最顶部，显示正在编辑的文档名（例如，文档1）和应用程序名（Microsoft Word）。

（2）菜单栏

位于标题栏的下方。菜单栏提供了9个菜单：文件、编辑、视图、插入、格式、工具、表格、窗口、帮助。每个菜单中包含的菜单项是Word可执行的命令。要执行菜单中的命令，可以用鼠标单击菜单栏上的菜单，然后在下拉菜单中单击相应的命令；也可以使用键盘，按下Alt键和菜单后带下划线的字母键来打开相应的菜单，然后用方向键选择菜单命令。在Word 2003中菜单命令分为两个级别：常用和非常用命令。单击菜单后在下拉菜单中出现的命令为常用命令。

（3）工具栏

工具栏是为了方便用户使用鼠标而设计的，是执行菜单命令的快捷方式，利用鼠标单击工具栏上的小图标按钮就可以执行一条Word命令。Word提供了多种工具栏，启动Word后窗口中显示"常用"工具栏和"格式"工具栏。此外，用户可以根据不同需要点击"视图"，点击"工具栏"同时打开多个工具栏，也可以关闭一些不常用的工具栏。

（4）标尺

标尺位于编辑区的上方（水平标尺）和左侧（垂直标尺）。利用标尺可以查看或设置页边距，表格的行高、列宽及插入点所在的段落缩进等。

（5）滚动条

分为水平滚动条和垂直滚动条。

（6）编辑区

编辑区是输入文本和编辑文本的区域，位于工具栏的下方。编辑区中闪烁的光标叫插入点，插入点表示输入时正文出现的位置。

（7）状态栏

状态栏位于Word窗口底部，显示Word文档的有关信息，如页号、节号、行号、列号等。

4.2 文档的创建、打开、保存和关闭

4.2.1 文档的创建

在启动Word时，Word自动新建一个空文档，缺省的文件名为"文档1"。如果想建立一篇新的文档，可以使用菜单或工具按钮新建文档。

利用菜单新建文档的步骤如下：

（1）单击"文件"菜单中的"新建"命令。

（2）在Word编辑区右边将出现一个新的区域——任务窗格，如图4-2所示。

（3）单击"空白文档"图标，就新建了一个文档。

图4-2　新建文档

利用工具栏按钮新建文档的方法是：单击常用工具栏上的"新建"按钮，Word 将创建一篇新文档。

Word 2003 主要提供了以下 4 种新建文档的方式：

（1）新建空白文档，本质上就是利用标准模板新建了一个空白文档。

（2）利用模板（包括本机和网络上的模板）新建文档。

（3）根据现有的文档副本创建新的文档。

（4）直接在 Word 中创建 XML 文档、网页及电子邮件。

4.2.2　打开文档

编辑一篇已存在的文档，必须先打开文档。Word 提供了多种打开文档的方法，这些方法大致可以分为两类。一类是在启动 Word 时同时打开文档。另一类是已打开 Word 应用程序，再打开文档，这时可以有以下几种方法打开一个文档：

方法 1：单击常用工具栏上的"打开"按钮。

方法 2：单击"文件"菜单中的"打开"命令，弹出"打开"对话框，在对话框中选择文档所在的驱动器、文件夹及文件名。

方法 3：要打开最近使用过的文档，请单击"文件"菜单底部的文件名。

4.2.3　保存文档

在文档中输入内容后，要将其保存在磁盘上，便于以后查看文档或再次对文档进行编辑、打印。Word 文档的扩展名为. doc。在 Word 中可保存正在编辑的活动文档，也可以同时保存打开的所有文档，还可以用不同的名称或在不同的位置保存文档的副本。另外，还可以其他文件格式保存文档，以便在其他的应用程序中使用。

（1）保存 Word 文档

① 保存新的、未命名的文档

单击常用工具栏上的"保存"按钮或"文件"菜单中的"保存"命令。My Documents 是 Word 保存文档的默认文件夹。如果要在其他的文件夹中保存文档，请选择"保存位置"框中的其他驱动器、文件夹；如果要在一个新的文件夹中保存文档，请单击"新建文件夹"按钮。单击对话框左边框中的图标，可以快速转换到相应的文件夹。在"文件名"框中，输入文档的名称，中文、英文名称都可以。单击"保存"按钮保存文件。

② 保存已有文档

为了防止停电、死机等意外事件导致信息的丢失，在文档的编辑过程中经常要保存文档。单击常用工具栏上的"保存"按钮，或者单击"文件"菜单中的"保存"命令，或者按 Ctrl＋S快捷键都可以保存当前的活动文档。如果同时打开了多个文档，按下 Shift 键再单击"文件"菜单中的"全部保存"命令，将同时保存所有打开的文档。

（2）保存非 Word 文档

Word 允许将文档保存为其他文件类型，以便在其他软件中使用。其步骤是：

① 单击常用工具栏上的"保存"按钮或"文件"菜单中的"保存"命令，打开"另存为"对话

框,如图 4-3 所示。

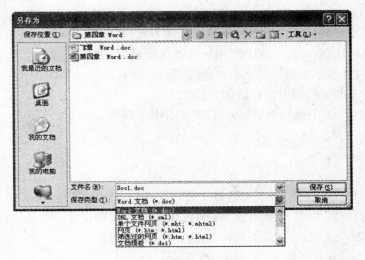

图 4-3　保存非 Word 文档

② 单击"保存类型"框中的其他类型。

③ 在"文件名"框中,输入文档的名称。

④ 单击"保存"按钮。

(3) 文档的自动保存

虽然 Windows 的稳定性在不断提高,但程序错误、冲突、意外死机、断电等任何导致无法正常运行的突发事件都将导致 Word 2003 的强制终止,这类意外常常导致长时间的工作成果付诸东流。为此 Word 2003 中专门提供了文档的自动保存功能,每隔固定时间自动将文档内容保存为各临时文件,减少断电、死机等意外事故造成的损失。具体设置如下:

点击"工具"中的"选项",打开对话框,如图 4-4,然后选择"保存"选项卡,就可以设置自动保存的时间了。

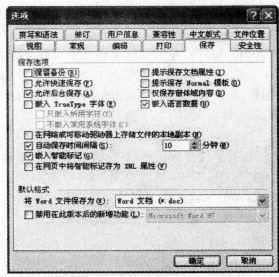

图 4-4　"选项"对话框

4.2.4　关闭文档

文档的关闭有如下几种方法：
(1) 快捷键 Ctrl＋F4，区别于 Word 应用程序关闭的快捷键 Alt＋F4。
(2) 点击"文件"中的"关闭"。
(3) 双击标题栏上的 Word 图标。
(4) 单击菜单栏最右上角的"关闭"按钮。

4.3　文本的操作

4.3.1　输入文本

启动 Word 后，就可以直接在空文档中输入文本。英文字符直接从键盘输入，中文字符的输入方法与 Windows 中的输入方法相同，中文和英文输入法的互换(Ctrl＋空格 Space)、不同中文输入法之间的转换(Ctrl＋Shift)。当输入到行尾时，不要按 Enter 键，系统会自动换行。输入到段落结尾时，应按 Enter 键，表示段落结束。如果在某段落中需要强行换行，可以使用 Shift＋Enter 快捷键。

(1) 插入和改写

"插入"和"改写"是 Word 的两种编辑方式。插入是指将输入的文本添加到插入点所在位置，插入点以后的文本依次往后移动；改写是指输入的文本将替换插入点所在位置的文本。插入和改写两种编辑方式是可以转换的，其转换方法是按 Ins 键或用鼠标双击状态栏上的"改写"标志。通常缺省的编辑状态为"插入"，"改写"标志为灰色；如果处于"改写"状态，"改写"标志就为黑色。

如果要在文档中进行编辑，用户可以使用鼠标或键盘找到文本的修改处，若文本较长，可以使用滚动条将插入点移到编辑区内，将鼠标指针移到插入地点处单击，这时插入点移到指定位置。其中常用按键及其功能如下：

按键	功能	按键	功能
→	向右移动一个字符	Home	移动到当前行首
←	向左移动一个字符	End	移动到当前行尾
↑	向上移动一行	PgUp	移动到上一屏
↓	向下移动一行	PgDn	移动到下一屏
Ctrl＋→	向右移动一个单词	Ctrl＋PgUp	移动到屏幕的顶部
Ctrl＋←	向左移动一个单词	Ctrl＋PgDn	移动到屏幕的底部
Ctrl＋↑	向上移动一个段落	Ctrl＋Home	移动到文档的开头
Ctrl＋↓	向下移动一个段落	Ctrl＋End	移动到文档的末尾

(2) 插入符号或特殊字符

用户在处理文档时可能需要输入一些特殊字符，如希腊字母、俄文字母、数字序号等。

这些符号不能直接从键盘键入,用户可以使用"插入"菜单中的"符号"命令或使用中文输入法提供的软键盘功能。

使用菜单的操作步骤:

① 将插入点移到要插入符号的位置。

② 单击"插入"菜单中的"符号"命令,弹出"符号"对话框,如图 4-5 所示。

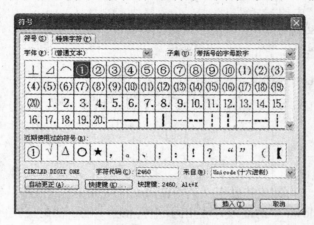

图 4-5 "符号"对话框

③ 单击"符号"选项卡,选择"字体"下拉列表中的项目,将出现不同的符号集。

④ 单击要插入的符号或字符,再单击"插入"按钮(或双击要插入的符号或字符)。

⑤ 插入多个符号可重复步骤④,最后,单击"关闭"按钮,关闭对话框。

4.3.2 选定文本

用户如果需要对某段文本进行移动、复制、删除等操作时,必须先选定它们,然后再进行相应的处理。当文本被选中后,所选文本呈反相显示。如果想要取消选择,可以将鼠标移至选定文本外的任何区域单击即可。选定文本的方式有:

(1)鼠标选定文本

将鼠标指针移到要选定文本的首部,按下鼠标左键并拖曳到所选文本的末端,然后松开鼠标。所选文本可以是一个字符、一个句子、一行文字、一个段落、多行文字甚至是整篇文档。选定一个句子:按住 Ctrl 键,然后在句子的任何地方单击。

选定一行文字:将鼠标移动到该行的左侧,直到鼠标变成一个指向右边的箭头,然后单击。

选定一个段落:将鼠标移动到该段落的左侧,直到鼠标变成一个指向右边的箭头,然后双击。

整篇文档:将鼠标移动到任何文档正文的左侧,直到鼠标变成一个指向右边的箭头,然后三击。

选定一大块文字:将光标移至所选文本的起始处,用滚动条滚动到所选内容的结束处,然后按住 Shift 键,并单击。

选定列块(垂直的一块文字):按住 Alt 键后,将光标移至所选文本的起始处,按下鼠标左键并拖曳到所选文本的末端,然后松开鼠标和 Alt 键。

（2）组合键选定文本

先将光标移到要选定的文本之前,然后用组合键选择文本。常用组合键及功能：

组合键	功　能
Shift＋→	向右选取一个字符或一个汉字
Shift＋←	向左选取一个字符或一个汉字
Shift＋↓	选取至下一行
Shift＋↑	选取至上一行
Shift＋Home	由光标处选取至当前行行首
Shift＋End	由光标处选取至当前行行尾
Ctrl＋Shift＋→	向右选取一个单词
Ctrl＋Shift＋←	向左选取一个单词
Ctrl＋A	选取整篇文档

4.3.3　删除、复制和移动

在纸上写文章时,一定有这样的经验：一篇文章不是一次就能写得非常好,而总是需要反复修改,删去一句或一段,或者把一个自然段移到另一个地方。那么,用计算机处理文档时也需要进行删除、移动等操作。

（1）删除

删除是将字符或图形从文档中去掉。删除插入点左侧的一个字符用 BackSpace 键；删除插入点右侧的一个字符用 Del 键。删除较多连续的字符或成段的文字,用 BackSpace 键和 Del 键显然很繁琐,可以用如下方法：

方法 1：选定要删除的文本块后,按 Del 键。

方法 2：选定要删除的文本块后,选择"编辑"菜单中的"剪切"命令。

方法 3：选定要删除的文本块后,单击常用工具栏上的"剪切"按钮。

删除和剪切操作都能将选定的文本从文档中去掉,但功能不完全相同。它们的区别是：使用剪切操作时删除的内容会保存到剪贴板上；使用删除操作时删除的内容则不会保存到剪贴板上。

（2）复制

在编辑过程中,当文档出现重复内容或段落时,使用复制命令进行编辑是提高工作效率的有效方法。用户不仅可以在同一篇文档内,也可以在不同文档之间复制内容,甚至可以将内容复制到其他应用程序的文档中,常用的有两种方法。

方法一操作步骤如下：

① 选定要复制的文本块。

② 单击常用工具栏上的"复制"按钮或执行"编辑"菜单中的"复制"命令,此时选定的文本块被放入剪贴板中。

③ 将插入点移到新位置,单击常用工具栏上的"粘贴"按钮或执行"编辑"菜单中的"粘贴"命令,此时剪贴板中的内容复制到新位置。

④ 如果要进行多次复制，只需重复步骤③。

方法二使用键盘操作的操作步骤如下：

首先选定要复制的文本块，按下 Ctrl 键，用鼠标拖曳选定的文本块到新位置，同时放开 Ctrl 键和鼠标左键。使用这种方法，复制的文本块不被放入剪贴板中。

（3）移动

移动是将字符或图形从原来的位置删除，插入到另一个新位置。

移动文本操作：首先要把鼠标指针移到选定的文本块中，按下鼠标的左键将文本拖曳到新位置，然后放开鼠标左键。这种操作方法适合较短距离的移动，例如移动的范围在一屏之内。

文本远距离的移动可以使用剪切和粘贴命令来完成：

① 选定要移动的文本。

② 单击工具栏上的"剪切"按钮。

③ 将插入点移到要插入的新位置。

④ 单击工具栏上的"粘贴"按钮。

当然，也可以使用菜单或快捷键来完成该操作。剪切命令的快捷键为 Ctrl＋X，复制命令的快捷键为 Ctrl＋C，粘贴命令的快捷键为 Ctrl＋V。在具体操作时可以使用命令的快捷键代替菜单命令和工具栏按钮的使用。在文档的编辑过程中，要灵活使用剪切、复制和粘贴命令。

短距离移动的简捷方法是利用"拖曳"特性。

4.3.4 剪贴板

Office 2003 提供了功能更为强大的剪贴板，该剪贴板中的内容可在 Word、Excel、PowerPoint 等 Office 2003 应用程序间共享。在以前的 Office 应用程序中使用的是 Windows 剪贴板，它只能暂时存储一个对象（如一段文本、一张图片等）。当用户再次做剪切或复制操作后，新的对象将替换 Windows 剪贴板中原有的对象。Office 2003 新增了多对象剪贴板功能，可以最多暂时存储 12 个对象，用户可以根据需要粘贴剪贴板中的任意一个对象。利用剪贴板进行复制操作，只需将插入点移到要复制的位置，然后用鼠标单击剪贴板工具栏上的某个要粘贴的对象，该对象就会被复制到插入点所在的位置。

4.3.5 撤销和重复

在编辑的过程中难免会出现误操作，Word 提供了撤销功能，用于取消最近对文档进行的误操作。撤销最近的一次误操作可以直接单击工具栏上的撤销"按钮或执行"编辑"菜单中的"撤销"命令。撤销多次误操作的步骤是：

（1）单击常用工具栏上"撤销"按钮旁边的小三角，查看最近进行的可撤销操作列表。

（2）单击要撤销的操作。如果该操作不可见，可滚动列表。撤销某操作的同时，也撤销了列表中所有位于它之前的所有操作。重复功能用于恢复被撤销的操作，其操作方法与撤销操作基本类似。

4.3.6　查找和替换、自动更正、拼写检查

在编辑文件时,有些工作不一定都要我们自己做,换句话说,让计算机自动来做,会方便、快捷、准确得多。例如,在文本中,多次出现"按钮",现在要将其查找并修改,尽管可以使用滚动条滚动文本,凭眼睛来查找错误,但如果让计算机自动查找,既节省时间又准确得多。Word 2003 提供了许多自动功能,查找和替换就是其中之一。查找的功能主要用于在当前文档中搜索指定的文本或特殊字符。

（1）查找文本的方法

① 单击"编辑"菜单中的"查找"命令,弹出"查找和替换"对话框,如图 4-6 所示。

② 在"查找内容"框内键入要搜索的文本,例如:"老师"。

③ 单击"查找下一处"按钮,则开始在文档中查找。

此时,Word 自动从当前光标处开始向下搜索文档,查找"老师"字符串,如果直到文档结尾没有找到"老师"字符串,则继续从文档开始处查找,直到当前光标处为止。查找到"老师"字符串后,光标停在找出的文本位置,并使其置于选中状态,这时在"查找"对话框外单击鼠标,就可以对该文本进行编辑,如图 4-6。

图 4-6　"查找"对话框

（2）查找特定格式的文本的方法

① 单击"编辑"菜单中的"查找"命令。

② 若当前是如图 4-6 所示的常规格式对话框,则单击其中的"高级"按钮,如图 4-7。

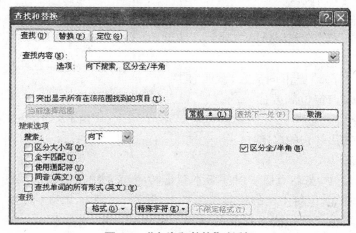

图 4-7　"查找和替换"对话框

85

③ 在"查找内容"框内输入要查找的文字,例如:"计算机"。

④ 单击"格式"按钮,在弹出菜单中选择"格式"命令,在"格式"对话框中输入所需格式,例如:"楷体,四号"。

⑤ 单击"查找下一处"按钮,则开始在文档中查找。

例如:"本章主要介绍计算机基本组成和各个部分的主要功能,计算机病毒、计算机网络和计算机产业等基本知识。"这句话中,有四个"计算机",但符合格式"楷体,四号"的"计算机"只有两个。

（3）替换文本的方法

① 单击"编辑"菜单中的"替换"命令。

② 在"查找内容"框内输入文字,例如:"中国"。

③ 在"替换为"框内输入要替换的文字,例如:"中华人民共和国"。

如果在文本中,确定要将查找的全部字符串进行替换,按"全部替换"按钮,计算机会将查找到的字符串自动进行替换。

如果"替换为"框为空,操作后的实际效果是将查找的内容从文档中删除了。若是替换特殊格式的文本,其操作步骤与特殊格式文本的查找类似。

（4）自动更正

Word 2003 提供的自动更正功能可以帮助用户更正一些常见的键入错误、拼写和语法错误等,这对英文输入是很有帮助的,对中文输入更大的用处是将一些常用的长词句定义为自动更正的词条,再用一个缩写词条名来取代它。

建立自动更正词条步骤如下:

① 选择要建立为自动更正词条的文本。

② 选择"工具",选中"自动更正"命令,显示如图 4-8 所示的对话框,并选中"自动更正"标签,选中的文本出现在"替换为"框中。

③ 在"替换"框中输入词条名。

④ 如果用户选择的文本含有格式,可以选择"带格式文本"选项;若要去除格式,选择"纯文本"选项。

⑤ 单击"添加"按钮,该词条就添加到自动更正的列表框。

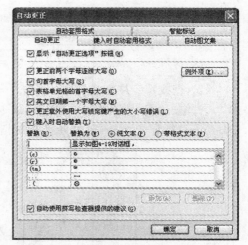

图 4-8 "自动更正"对话框

当建立了一个自动更正词条后,就可使用它。使用方法是将插入点定位到要插入的位置,然后输入词条名,按空格键或逗号之类的标点符号,Word 就将相应的词条来代替它的名字。

（5）拼写检查

在 Word 2003 中,虽然克服了以往版本只能检查英文拼写错误的局限,增加了对简体中文进行校对的功能,但对中文的校对作用不大,漏判、误判常出现。真正有用的还是对英文文档的校对。当在文档中输入错误的或者不可识别的单词时,Word 会在该单词下面用红色波浪线标识;对有语法错误的用绿色波浪线标识。用户可使用拼写检查功能对整篇英文文章进行快速而彻底的校对。

在进行校对时，Word 是将文件中的每个英文单词与一个标准词典中的词进行比较。因此，检验器有时也会将文件中的一些拼写正确的词（如人名、公司或专业名称的缩写等）作为错误列出来。原因是这些词在 Word 使用的标准词典中没有。碰到这种情况时，只要忽略跳过这些词便可。

图 4-9 就是单击"拼写和语法"按钮，发现错误后弹出的对话框，提醒用户处理。如果有错，可直接输入正确的词，也可在"建议"列表框中选择合适的词，然后按"更改"按钮。当然，对一些并非拼写错误，而 Word 标准词典中又没有的那些词，可以选择"忽略"按钮跳过该词的检查。

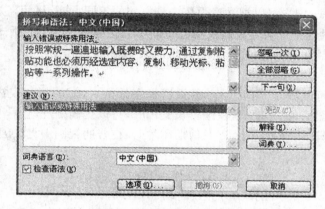

图 4-9　"拼写和语法"对话框

4.3.7　中文简繁转换

Word 2003 提供了不用单独安装繁体字库就可以将中文简体字转换为繁体字的功能，反之亦然。

操作时首先选中要转换的文字，单击"常用"工具栏的"中文简繁转换"按钮，或点击"工具"→点击"语言"→点击"中文简繁转换"命令。

在转换的过程中有时会改变原文字。例如，"计算机文化基础"转换为繁体后为"電腦文化基礎"。

4.3.8　重复输入

在编辑文档时，某些内容需要反复输入。按照常规一遍遍地输入既费时又费力，通过复制粘贴功能也必须历经选定内容、复制、移动光标、粘贴等一系列操作。在输入文字时，Word 2003 提供了一种随时记忆功能，它能将刚刚输入的文字暂时存入缓冲区，当下一步需要输入的还是这些内容时就可以使用"重复"命令。

Word 提供了实现"重复"命令的方法：

（1）使用 Ctrl＋Y 组合键。

（2）选择"编辑"→点击"重复键入"命令。

4.4 文档的排版

通过设置丰富多彩的文字、段落、页面格式,可以使文档看起来更美观、更舒适。Word的排版操作主要有字符排版、段落排版和页面设置等。

4.4.1 视图

Word 提供了多种在屏幕上显示 Word 文档的方式。每一种显示方式称为一种视图。使用不同的显示方式,用户可以把注意力集中到文档的不同方面,从而高效、快捷地查看、编辑文档。Word 提供的视图有:普通视图、页面视图、大纲视图、Web 版式视图。其中普通视图和页面视图是最常用的两种方式。

(1) 普通视图

在普通视图中可以输入、编辑文字,并设置文字的格式,对图形和表格可以进行一些基本的操作。普通视图简单、方便,且在编排长文档时,可以提高处理速度,节省时间。但是当需要编辑页眉和页脚、调整页边距,以及剪切图片时,在普通视图中无法编辑,这时应该使用页面视图。

(2) 页面视图

页面视图是 Word 2003 的缺省视图,启动 Word 2003 后,文档的显示方式就是页面视图方式。页面视图可以显示整个页面的分布情况和文档中的所有元素,例如正文、图形、表格、图文框、页眉、页脚、脚注、页码等,并能对它们进行编辑。在页面视图方式下,显示效果反映了打印后的真实效果,即"所见即所得"功能。

(3) 大纲视图

大纲视图使得查看长篇文档的结构变得很容易,并且可以通过拖动标题来移动、复制或重新组织正文。在大纲视图中,可以折叠文档,只查看主标题;或者扩展文档,以便查看整个文档。在后面目录制作中将详细讲解使用方法。

(4) Web 版式视图

Web 版式视图优化了布局,使文档具有最佳屏幕外观,使得联机阅读更容易。

(5) 阅读版式

Word 2003 新增的阅读版式视图提供了更方便的文档阅读方式。该视图将自动化要在屏幕上阅读你的文档,其中包括放大文字、缩短行的长度等,使页面恰好适合屏幕。用户可以通过左侧的缩略图窗格来快速找到需要浏览的页面,实现快速定位。用户还可以在对文档不作实质变动的前提下临时更改文档显示风格,如改变字体、对段落重定格式。

普通视图、页面视图、大纲视图、Web 版式视图之间可以方便地相互转换,通过执行"视图"菜单中的"普通"、"页面"、"大纲"、"Web 版式"命令来转换到其他的视图方式,或单击编辑区下方水平滚动条左侧的相应按钮,也可以在"视图"菜单下选择。

在 Word 中对字符、段落和页面进行排版主要通过使用"格式"工具栏上的按钮或"格式"菜单中的命令。使用"格式"工具栏方便、快捷,但提供的按钮有限;使用"格式"菜单中的命令可以进行复杂的格式设置,能满足各种不同的排版需求。

4.4.2　字体排版

字体排版是对字符的字体、大小、颜色、显示效果等格式进行设置。通常使用"格式"工具栏按钮完成一般的字符排版,对格式要求较高的文档,则使用"格式"菜单进行设置。

Word 2003 中实现文本格式化主要用到以下工具:"字体"对话框、"格式"工具栏和"其他格式"工具栏。三者之间的部分功能存在重复,用户可以根据自己的习惯选择实现这些功能的方式。

(1) 设置字体

字体,是文字的一种书写风格。常用的中文字体有宋体、楷体、黑体、隶书等。在书籍、报刊的排版上,人们已形成了一种规范,例如:书的正文用宋体,显得正规;一些标题用黑体,起到强调作用;在一段文字中使用不同的字体是为了表示区分、强调。Word 2003 提供了数十种中英文字体,允许用户自由设定所需的中、英文字体,并能在中英文混合输入时自动以相应的字体排列。

图 4-10　设置字体

选定要设置或改变字体的字符,单击"格式"工具栏的"字体"下拉按钮,从列表中选择所需的字体名称如图 4-10 所示。

(2) 设置字号

汉字的大小用字号表示,字号从初号、小初号……,直到八号字,对应的文字越来越小。一般书籍、报刊的正文为五号字。英文的大小用"磅"的数值表示,1 磅等于 1/12 英寸。数值越小表示的英文字符越小。选定要设置或改变字号的字符,单击"格式"工具栏的"字号"下拉按钮,从列表中选择所需的字号,如图 4-11 所示。

(3) 设置字符的其他格式

利用"格式"工具栏还可以设置字符的"加粗"、"斜体"、"下划线"、"字符底纹"、"字符边框"、"字符缩放"等格式。其中"下划线"、"字符缩放"具有下拉框,可以从中选择一项。

图 4-11　设置字号

选定要进行格式设置的字符,单击"格式"菜单,选择"字体"命令,出现"字体"对话框,如图 4-12 所示。在"字体"对话框中有三个选项卡:"字体"、"字符间距"和"文字效果"。"字体"选项卡中的"中文字体"和"西文字体"分别用来对中、英文字符设置字体;"字号"用来设置字符大小;"下划线"给选定的字符添加各种下划线;"字体颜色"为选定的字符设置不同的颜色;"效果"给选定的字符设置特殊的显示效果;"预览"窗口可以随时观察设置后的字符效果;"默认"按钮是将当前的设定值作为默认值保存。

图 4-12　"字体"对话框

"字符间距"选项卡中的"缩放"是指字符在屏幕上显示的大小与真实大小之间的比例。

"间距"是指字符间的距离，"位置"是指字符相对于基准线的位置。

"文字效果"选项卡用来设置字符的动态效果。文字效果是 Word 提供的一种文字修饰方法，它主要是为了在 Web 版式或用计算机演示文档时增加文档的动感和美感。字符的动态效果无法打印出来。

在 Word 2003 中，可以将"上标"、"下标"按钮添加到"格式"工具栏上。那么，就可以使用"格式"工具栏设置上标或下标。

4.4.3　段落排版

在 Word 中，段落是指以段落标记作为结束符的文字、图形或其他对象的集合。Word 在输入回车键的地方插入一个段落标记，可以通过"常用"工具栏上的"显示/隐藏"按钮查看段落标记。段落标记不仅表示一个段落的结束，还包含了本段的格式信息，如果删除了段落标记，该段的内容将成为其后段落的一部分，并采用下一段文本的格式。段落格式主要包括段落对齐、段落缩进、行距、段间距、段落的修饰等。

（1）段落对齐

在 Word 2003 中，可以从水平和垂直两个方向设置段落的对齐方式。水平对齐方式决定段落边缘的外观，垂直对齐方式决定段落相对于上或下页边距的位置。Word 2003 提供了五种水平对齐方式：左对齐、居中、右对齐、分散对齐和两端对齐。也提供了四种垂直对齐方式，即顶端对齐、居中、两端对齐和底端对齐。

两端对齐是 Word 的默认设置；居中对齐常用于文章的标题、页眉、诗歌等的格式设置；右对齐适合于书信、通知等文稿落款、日期的格式设置；分散对齐可以使段落中的字符等距排列在左右边界之间，在编排英文文档时可以使左右边界对齐，使文档整齐、美观。段落对齐方式的设置：选定要进行设置的段落（可以多段），单击"格式"工具栏上的相应按钮（如"居中"按钮）。

（2）段落缩进

段落缩进是指文本与页边距之间的距离。段落缩进包括左缩进、右缩进、首行缩进、悬挂缩进。设置段落缩进一般有两种方法：利用标尺和利用"段落"对话框。用水平标尺设置左、右缩进的步骤如下：

① 将光标移到需要设置缩进的段落中。

② 如果看不到水平标尺，可单击"视图"菜单中的"标尺"命令。

③ 拖动水平标尺左端的"首行缩进"标记，可改变文本第一行的左缩进。

拖动"左缩进"标记，可改变文本第二行的缩进。

拖动"左缩进"标记下的方框，可改变该段中所有文本的左缩进。

拖动"右缩进"标记，可改变所有文本的右缩进。

段落缩进标记符如图 4-13 所示，图中显示的第二段段落缩进格式为首行缩进、左缩进、右缩进。

图 4-13　标尺

用菜单设置缩进的方法如下：

① 在需要调整缩进的段落中单击。

② 打开"格式"菜单，选择"段落"命令，打开"段落"对话框，如图 4-14 所示。

③ 选择"缩进和间距"选项卡，按需要设置左、右、悬挂、首行缩进中的某一项。

④ 单击"确定"按钮。

（3）段落间距

段落间距表示行与行、段与段之间的距离。行距决定段落中各行文本间的垂直距离，其默认值是单倍行距，Word 将自动调整行距以容纳该行中最大的字体和最高的图形。段落间距决定段落的前后空白距离的大小，其默认值为 0 行。在默认情况下，Word 采用单倍行距。所选行距将影响所选段落或插入点所在段落的所有文本行。

改变段落间距的方法如下：

① 将光标移到需要改变间距的段落中。

② 单击"格式"菜单中的"段落"命令，弹出"段落"对话框，如图 4-14 所示。

③ 单击"缩进和间距"选项卡，在"间距"选项的"段前"和"段后"框中键入所需间距值，可调节段前和段后的间距；在"行距"框中选择所需间距值可修改段落内各行之间的距离。"段前"和"段后"间距是指当前段与前一段或后一段之间的距离。

图 4-14　缩进和间距

（4）制表位

制表位的作用是使一列数据对齐。制表符类型有左对齐式制表符、居中式制表符、右对齐式制表符、小数点对齐式制表符、竖线对齐式制表符。

使用鼠标设置制表位：

① 将光标移到需要设置制表位的段落中。

② 单击水平标尺最左端的制表符按钮，直到出现所需制表符。

③ 将鼠标移到水平标尺上，在需要设置制表符号的位置单击。

④ 在一段中需要设置多个制表符时，重复步骤②、③。

使用"格式"菜单设置制表位：

① 将光标移到需要设置制表位的段落中。

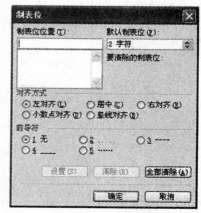

② 单击"格式"菜单中的"制表位"命令（非常用命令），弹出"制表位"对话框，如图 4-15 所示。

③ 在"制表位位置"框中键入新制表位的位置，或选择已有的制表位。

④ 在"对齐方式"下选择制表位文本的对齐方式。

⑤ 如果需要设置前导符字符，单击"前导符"下的某个字符，然后单击"设置"按钮。前导符字符是填充制表符所在的空白的实线、虚线或点划线。前导符字符经常用在目录中，引导读者的视线穿过章节名称和开始页的页码之

图 4-15　制表位

间的空白。

删除或移动制表位的方法如下：

① 将光标移到需要删除或移动制表位的段落中。

② 单击制表位并拖离水平标尺即可删除该制表位，在水平标尺上左右拖动制表位标记即可移动该制表位。

（5）首字下沉

在报刊文章中，经常看到文章第一个段落的第一个字都使用"首字下沉"的方式来表现，其目的就是希望引起读者的注意，并由该字开始阅读。

建立"首字下沉"方法如下：

① 插入点定位在要设定为"首字下沉"的段落中。

② 选择"格式"，然后点击"首字下沉"命令，显示其对话框见图 4-16。

③ 按照自己的需要选择"下沉"或"悬挂"位置，还可为首字设置字体、下沉的行数及正文的距离。设置完成后单击"确定"按钮。

图 4-16　"首字下沉"对话框

如果要去除已有的首字下沉，操作方法与建立"首字下沉"方法相同，只要在对话框的"位置"选项中选择"无"即可。

4.4.4　添加边框和底纹

Word 提供了为文档中的段落或表格添加边框和底纹的功能。添加边框和底纹既能增加文档的美观性，又能控制浏览用户的注意力。

（1）添加边框

选定要添加边框的内容，或把插入点定位到所在的段落处；选择"格式"，单击"边框和底纹"命令，屏幕显示该对话框，单击"边框"标签，如图 4-17 所示。

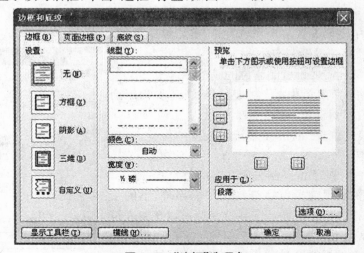

图 4-17　"边框"选项卡

◇"设置"边框：选择预设置的边框形式，要取消边框线选择"无"。

◇设置"线型"、"颜色"、"宽度"给出框线的外观效果。

◇"预览"显示设置后的效果，也可以单击某边改变该边的框线设置。

同样可以利用"页面边框"标签（见图 4-18）对页面设置边框，各项设置同"边框"标签，仅增加了"艺术型"下拉式列表框，其应用范围针对整篇文档或节。

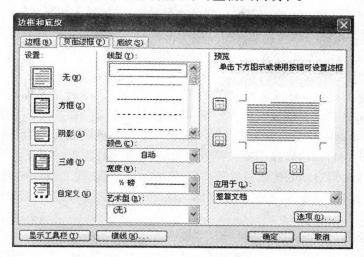

图 4-18　"页面边框"选项卡

（2）添加底纹

添加底纹的目的是为了使内容更加醒目突出。给段落添加底纹与添加边框一样，是从段落的左缩进延伸到右缩进。

选定要添加底纹的段落，或把插入点定位到所在的段落处；选择"边框和底纹"命令，在该对话框中，单击"底纹"标签，见图 4-19。

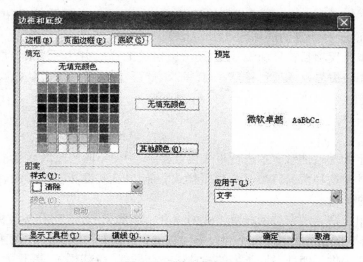

图 4-19　"底纹"选项卡

◇"填充"框：底纹的颜色，即背景色。

◇ "样式"列表框：底纹的样式，即底纹的百分比和图案。

◇ "颜色"列表框：选择底纹内填充点的颜色，即前景色。

4.4.5 项目编号

在 Word 中可以快速地给列表添加项目符号和编号，使得文档更有层次感，易于阅读和理解。在 Word 2003 中，还可在输入时自动产生带项目符号和编号的列表：项目符号除了使用"符号"外，还可以使用"图片"。

(1) 自动创建项目符号和编号

如果在段落的开始前输入诸如"1."、"a)"、"一、"等格式的起始编号，然后输入文本，当按回车键时，Word 自动将该段转换为列表，同时将下一个编号加入到下一段的开始。

同样，当在段落的开始前输入诸如" * "后跟一个空格或制表符，然后输入文本，当按回车键时，Word 自动将该段转换为项目符号列表，星号转换成黑色的圆点。

若要设置或取消自动创建项目符号和编号功能，可以选择"工具"→"自动更正"命令的"输入时自动套用格式"标签，对复选框"自动项目符号列表"进行相应的设置。

(2) 添加编号

对已有的文本，可以方便地通过"编号"按钮自动转换成编号列表。

选定要设置编号的段落，单击"格式"工具栏中的"编号"按钮，就在这些段落前加上了数字编号。

(3) 添加项目符号

项目符号与编号最大的不同是前者为一连续的数字或字母，而后者都使用相同的符号。操作方法相同。

同样，对 Word 提供的项目符号不满意时，也可单击"自定义"按钮，在"自定义项目符号列表"对话框中选择"项目符号"按钮，用户选择所需的符号即可。

在 Word 2003 中，可以将图片代替符号，只要在"格式"→"项目符号和编号"对话框中单击"图片"按钮，选择所需的图片即可。

除了用菜单设置项目符号和编号外，还可用格式工具栏中"编号"或"项目符号"按钮来设置。当用户想将编号改成项目符号，只要按"项目符号"按钮，反之亦然。

4.4.6 样式

以往的文字处理软件对文本进行格式化设置时，为使不同的段落具有相同的格式，必须重复地设置。针对这种情况，Word 提供了样式功能，从而提高了工作效率。

(1) 样式的概念

样式是一组已命名的字符和段落格式的组合。例如，一篇文档有各级标题、正文、页眉和页脚等，它们都有各自的字体大小和段落间距等，各以其样式名存储以便使用。

Word 2003 提供了四种不同类型的样式：字符样式、段落样式、表格样式和列表样式。字符样式是保存了对字符的格式化，如文本的字体和大小、粗体和斜体、大小写以及其他效果等；段落样式是保存了字符和段落的格式，如字体和大小、对齐方式、行间距和段间距以及

边框等。列表样式可为列表应用相似的对齐方式、编号或项目符号以及字体。Word 2003
不但提供了许多内建样式,还能自动保存用户自定义的样式。其操作方法为:选择"工具",
点击"选项"命令,弹出"选项"对话框,切换到"编辑"标签,选中"保持格式跟踪"复选框即可。
这样,自定义的样式就能和内建样式一样被重复应用了。

　　使用样式有两个好处:若文档中有多个段落使用了某个样式,当修改了该样式后,即可
改变文档中带有此样式的文本格式;有利于构造大纲和目录等。

　　(2) 应用样式

　　Word 中,已存储了大量的标准样式和用户定义的样式,如"格
式"工具栏的"样式和格式"列表框列出了当前文档所使用的样式,见
图 4-20。

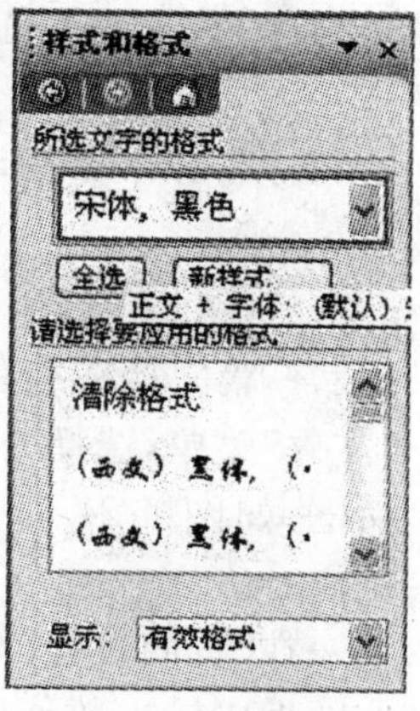

　　应用样式有两种情况:对于应用段落样式,将插入点置于该段落
中的任意位置,单击或选定任意数量的文字;对于应用字符样式,则选
定所要设置的文字。然后在"格式"工具栏中的"样式"框(或在"格式"
菜单中选择"样式"命令)中选择所需的样式名字即可。

　　(3) 样式的建立

　　若用户想建立自己的样式,使用"格式"工具栏的"样式"列表框是
最简单快速的方法,但只能建立段落样式。要建立字符样式,则要选
择"格式"菜单中的"样式"命令。

　　(4) 修改和删除样式

图 4-20　样式和格式

　　若要改变文本的外观,只要修改应用于该文本的样式格式,即可使使用该样式的全部文
本都随着样式的更新而更新。修改样式的步骤如下:

　　① 选定要修改样式设置的段落(段落样式)或字符(字符样式)。

　　② 在"格式"工具栏的"样式"框中选择要修改的样式名字。

　　③ 更改样式的格式。

　　④ 单击"格式"工具栏的"样式"框,按回车键。

　　⑤ 显示"重新应用样式"对话框,选择"以选定内容为模板重新定义样式"。

　　也可在"格式"菜单中选择"样式"命令,在样式框内选择想修改的样式,然后再按"更改"
按钮即可对样式的格式进行修改。

　　要删除已有的样式,选择"格式"菜单中的"样式"命令,再选择要删除的样式名后单击
"删除"命令按钮即可。这时,带有此样式的段落自动应用"正文"样式。

4.4.7　模板

　　样式为输入的文档中不同的段落具有相同格式的设置提供了便利。而 Word 的模板功
能为菜单类形式相同、具体内容有所不同的文档的建立提供了便利,以提高工作效率。

　　模板决定文档的基本结构和文档设置,包括自动图文集词条、字体、快捷键指定方案、
宏、菜单、页面设置、特殊格式和样式等。空白文档就是由 Normal 模板创建而来的。其实,
对于报告、备忘录、手册、通讯录等这些比较常用且严格的文档,用户可以直接套用 Word
2003 所提供的众多通用模板以加速文件制作的效率。

模板分为普通模板和向导模板两种。普通模板文件的扩展名为.dot,而向导模板文件的扩展名为.wiz。

Word 提供的模板包括以下几大类:信函与传真、备忘录、简历、新闻稿、议事日程、Web 主页等,它们以.dot 存放在 Template 文件夹下。

用户利用"文件"菜单中的"新建"命令,选择所需模板。在默认情况下选择的"空白文档"使用的是 Normal.dot 模板。

除了使用 Word 提供的模板,用户也可以把一个已存在的文档创建成模板,以"保存类型"为"文档模板(.dot)"就可创建一个新模板。

4.4.8 页面排版

(1) 页面设置

一篇文档在准备打印之前应进行页面设置。打开"文件"菜单,选择"页面设置"命令,弹出"页面设置"对话框,如图 4-21 所示。页边距指正文与纸张边缘的距离。

在"页面设置"对话框中单击"页边距"选项卡,在相应的框中输入数值即可。若只修改文档中一部分文本的页边距,可在"应用于"框中选择"所选文字"选项。Word 会自动在设置了新页边距的文本前后插入分节符。如果文档已划分为若干节,可以单击某节中的任意位置或选定多个节,然后修改页边距。

另外,简单的页边距设置可以通过标尺和鼠标来完成,这时必须转换到页面视图。水平标尺改变左右页边距,垂直标尺改变上下页边距。使用鼠标设置页边距的

图 4-21　页面设置——页边距

方法为:将鼠标指针指向水平标尺上的页边距边界,待鼠标指针变为双向箭头后拖动页边距边界到新的位置。如果要改变上下页边距,可用鼠标指向垂直标尺上的页边距边界,待鼠标指针变为双向箭头后拖动页边距边界到新位置。

(2) 页眉、页脚

页眉或页脚通常包含公司徽标、书名、章节名、页码、日期等信息文字或图形,页眉打印在顶边上,而页脚打印在底边上。在文档中可自始至终用同一个页眉或页脚,也可在文档的不同部分用不同的页眉或页脚。例如,第一页的页眉用徽标,而在以后的页面中用文档名做页眉。

在普通视图方式下,不显示页眉/页脚。因此,要想查看页眉/页脚必须使用打印预览、页面设置、页眉/页脚命令或将文档打印出来。编辑页眉/页脚应在页面视图下,当选择了页眉/页脚命令后,Word 会自动转换到页面视图方式。单击"视图"菜单中的"页眉和页脚"命令,文档转换到页面视图方式,显示页眉、页脚,同时显示"页眉/页脚"工具栏。

创建页眉或页脚:

① 单击"视图"菜单中的"页眉和页脚"命令。

② 要创建一个页眉,可在页眉区输入文字或图形,也可单击"页眉和页脚"工具栏上的按钮插入页数、日期等。

③ 要创建一个页脚,可单击"在页眉和页脚间切换"按钮,以便插入点移到页脚区。

④ 单击"关闭"按钮。

在某一页设置了页眉和页脚后,观察文档可以发现,虽然只在文档资料的某页中设置了页眉和页脚,但是相同的页眉和页脚却显示在文档的每一页。如果编辑文档时,要求奇数页与偶数页具有不同的页眉或页脚,这时要执行以下操作:

① 单击"视图"菜单中的"页眉和页脚"命令。

② 单击"页眉和页脚"工具栏上的"页面设置"按钮。

③ 单击"版式"选项卡,如图 4-22 所示。

④ 选中"奇偶页不同"复选框,然后单击"确定"按钮,应注意左下角"应用于"列表框中范围的选定。

⑤ 如果需要,可将光标移至"偶页页眉"区或"偶页页脚"区。

创建文档不同部分的不同页眉或页脚:

Word 允许将文档分为若干节,每一节具有不同的页面设置,如不同的页眉、页脚、页码格式等。为文档的不同部分建立不同的页眉或页脚,只需将文档分成多节,然后断开当前节和前一节页眉或页脚间的连接。

图 4-22 "版式"选项卡

为文档分节要在新节处插入一个分节符,分节符是表示节结束而插入的标记。在普通视图下,分节符显示为含有"分节符"字样的双虚线,用删除字符的方法可以删除分节符。

插入一个分节符的步骤如下:

① 将光标移到需要分节的位置。

② 选择"插入"菜单中的"分隔符"命令,弹出"分隔符"对话框,如图 4-23 所示。

③ 在"分节符类型"选择框中选择下一节的起始位置:"下一页"表示从分节线处开始分页;"连续"表示从上、下节内容紧接;"偶数页"表示从下一个偶数页开始新节;"奇数页"表示从下一个奇数页开始新节。

④ 单击"确定"按钮。

图 4-23 分隔符

(3) 设置页码

可以使用"插入"菜单中的"页码"命令或"页眉/页脚"工具栏上的"插入页码"按钮来插入页码。无论哪一种情况,页码均添加于页面的上部(页眉)或下部(页脚)。如果在页眉或页脚中只需要包含页码,则"页码"命令是最简单的方法,而且"页码"对话框中的"格式"按钮提供了多种自定义页码的格式。例如,可以使用罗马数字作为目录的页码,而使用阿拉伯数字作为文档其余部分的页码。

插入页码的操作步骤如下:

① 单击"插入"菜单中的"页码"命令,弹出如图 4-24 所示的"页码"对话框。

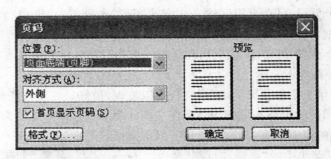

图 4-24　页码

② 用"位置"框指定是将页码置于页面的页眉还是页面的页脚。

③ 用"格式"按钮设置页码的格式是采用罗马数字还是阿拉伯数字等。

④ 单击"确定"按钮。

4.4.9　编制目录

大纲级别：用于为文档中的段落指定等级结构（1～9 级）的段落格式。例如，指定了大纲级别后，就可在大纲视图或文档结构图中处理文档。

标题样式：应用于标题的格式设置。Microsoft Word 有 9 个不同的内置样式：标题 1 到标题 9。

编制目录最简单的方法是使用内置的大纲级别或标题样式。如果已经使用了大纲级别或内置标题样式，请按下列步骤操作：

① 单击要插入目录的位置。

② 指向"插入"菜单上的"引用"，再单击"索引和目录"。

③ 单击"目录"选项卡。

④ 若要使用现有的设计，请在"格式"框中单击进行选择。

⑤ 根据需要，选择其他与目录有关的选项。

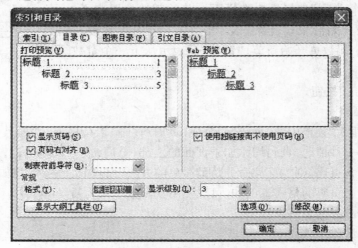

图 4-25　编制目录

如果目前未使用大纲级别或内置样式,请进行下列操作:

(1) 用大纲级别创建目录

① 指向"视图"菜单上的"工具栏",再单击"大纲"。

② 选择希望在目录中显示的第一个标题。

③ 在"大纲"工具栏上,选择与选定段落相关的大纲级别。

④ 对希望包含在目录中的每个标题重复进行步骤②和步骤③。

⑤ 单击要插入目录的位置。

⑥ 指向"插入"菜单上的"引用",再单击"索引和目录"。

⑦ 单击"目录"选项卡。

⑧ 若要使用现有的设计,请在"格式"框中单击进行选择。

⑨ 根据需要,选择其他与目录有关的选项。

(2) 用自定义样式创建目录

如果已将自定义样式应用于标题,则可以指定 Microsoft Word 在编制目录时使用的样式设置。

① 单击要插入目录的位置。

② 指向"插入"菜单上的"引用",再单击"索引和目录"。

③ 单击"目录"选项卡。

④ 单击"选项"按钮。

⑤ 在"有效样式"下查找应用于文档的标题样式。

⑥ 在样式名右边的"目录级别"下键入 1～9 的数字,表示每种标题样式所代表的级别。

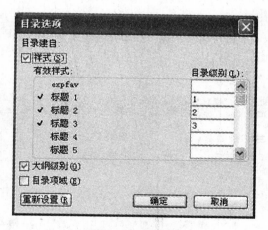

图 4-26　目录选项

注意:如果仅使用自定义样式,请删除内置样式的目录级别数字,例如"标题 1"。

⑦ 对于每个要包括在目录中的标题样式重复步骤⑤和步骤⑥。

⑧ 单击"确定"。

⑨ 若要使用现有的设计,请在"格式"框中单击一种设计。

⑩ 根据需要,选择其他与目录有关的选项。

（3）用自己标记的条目编制目录

使用"标记目录项"框将目录域插入文档。

域：指示 Microsoft Word 在文档中自动插入文字、图形、页码和其他资料的一组代码。例如，DATE 域用于插入当前日期。

① 请选择要包含在目录中的第一部分文本。

② 按 Alt+Shift+O。

③ 在"级别"框中，选择级别并单击"标记"。

④ 若要标记其他条目，可选择文本，单击"条目"框，再单击"标记"按钮。添加条目结束后，请单击"关闭"按钮。

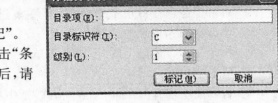

图 4-27　标记目录项

⑤ 单击要插入目录的位置。

⑥ 指向"插入"菜单上的"引用"，再单击"索引和目录"。

⑦ 单击"目录"选项卡。

⑧ 单击"选项"按钮。

⑨ 在"目录选项"框中，选中"目录项域"复选框。

⑩ 清除"样式"和"大纲级别"复选框。

4.4.10　编制索引

索引项就是标记索引中特定文字的域代码。将文字标记为索引项时，Microsoft Word 将插入一个具有隐藏文字格式的 XE（索引项）域。

（1）标记单词或短语

① 若要使用原有文本作为索引项，选择该文本；若要输入自己的文本作为索引项，请在要插入索引项的位置单击。

② 请按 Alt+Shift+X。

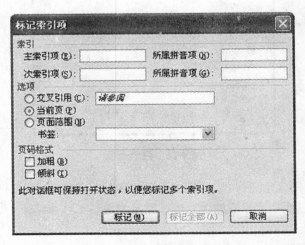

图 4-28　标记索引项

③ 若要编制主索引项，请在"主索引项"框中键入或编辑文本。可以通过编制次索引项（次索引项：更大范围标题下的索引项。例如，索引项"行星"可具有次索引项"火星"和"金星"），或编制到另一个索引项的交叉引用来自定义索引项。

若要包括第三级索引项，请在次索引项文本后键入冒号（:），然后键入第三级索引项文本。

如果要在索引项中使用符号，例如，@，请键入"；#"（分号在数字符号之后），后面接符号。

④ 若要选择出现在索引中的页码的格式，请单击已选中"页码格式"下的"加粗"或"倾斜"复选框。如果要设置索引文本的格式，请在"主索引项"或"次索引项"框中用鼠标右键单击，再单击"字体"。请选择要使用的格式选项。

⑤ 若要标记索引项，请单击"标记"。若要标记文档中与此文本相同的所有文本，请单击"标记全部"。

⑥ 若要标记其他的索引项，请选择文本，在"标记索引项"对话框中单击。然后重复步骤③到步骤⑤。

（2）为延续数页的文本标记索引项

① 选择需要索引项引用的文本范围。

② 单击"插入"菜单中的"书签"命令。

③ 在"书签名"框中，键入名称，再单击"添加"。

④ 在文档中，在要用书签标记的文本结尾处单击。

⑤ 请按 Alt＋Shift＋X。

⑥ 在"主索引项"框中，键入标记文本的索引项。

⑦ 若要选择出现在索引中的页码的格式，请单击已选中"页码格式"下的"加粗"或"倾斜"复选框；如果要设置索引文本的格式，请在"主索引项"或"次索引项"框中用鼠标右键单击，再单击"字体"，请选择要使用的格式选项。

⑧ 在"选项"下，单击"页面范围"。

⑨ 在"书签"框中，键入或选择您在步骤③中键入的书签名。

⑩ 单击"标记"。

（3）使用索引文件自动标记索引项

① 创建索引文件。

索引文件：索引中包括的单词列表。在 Microsoft Word 中使用索引文件可快速标记索引项。

◇ 单击"常用"工具栏上的"插入表格"。

◇ 拖动以选择两列。

◇ 在第一列中键入要 Microsoft Word 搜索并标记为索引项的文字。请确认键入的文字和它在文档中出现的形式完全一致，然后按 Tab 键。

◇ 在第二列中键入第一列中文字的索引项，然后按 Tab 键。如果要创建次索引项。

◇ 请对每个索引引用和索引项，重复（1）中步骤③和步骤④。

◇ 保存索引文件。

② 打开要编制索引的文档。

③ 在"插入"菜单上,指向"引用",单击"索引和目录",再单击"索引"选项卡。

④ 单击"自动标记"。

⑤ 在"文件名"框中输入要使用的索引文件的名称。

⑥ 单击"打开"。

4.5 表格处理

在 Word 2003 中,用户不但可以插入一些固定格式的表格,而且还可以绘制一些复杂的表格。表格是由行和列的单元格组成,允许在这些单元格中输入文字信息和插入图片信息。在 Word 2003 中,不但可以插入普通表格,而且还可以插入 Excel 电子表格。

表格是由许多行和列的单元格组成的。在表格的单元格中可以随意添加文字或图形,也可以对表格中的数字数据进行排序和计算。在 Word 2003 中,新增了一些处理表格、边框和底纹的功能,以便能更加轻松地使用表格、边框及底纹工具。如更完善的"绘制表格"功能,可以如同用笔一样随心所欲地绘制复杂的表格;"擦除"工具可以方便地清除任何单元格、行、列边框等。Word 2003"表格与边框"工具栏上的按钮如图 4-29 所示。

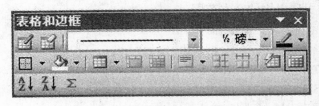

图 4-29　表格和边框

编辑表格的一般过程:

(1) 建立(插入)一张表格:可以在文档中新建表格,然后输入内容;也可以将现有文字转换为表格。

(2) 调整表格格式:通常创建的表格并不能符合我们的要求,例如,可能行数、列数不够,或者表格的格式比较复杂,需要调整和修改。

(3) 输入表格内容:像输入正文一样输入及排版单元格中的内容。

(4) 表格的计算、排序、创建图标:对于表格中的数据指定计算公式、进行排序、制作直观的统计图表等。

调整表格格式和输入表格内容没有严格的前后顺序,可以一边输入表格内容一边调整表格格式。

4.5.1 建立表格

Word 提供了多种创建表格的方法,下面分别介绍。

(1) 使用工具栏按钮创建表格

① 移动光标到要插入表格的位置。

② 单击常用工具栏上的"插入表格"按钮。

③ 按住鼠标左键并拖动指针,拉出一个带阴影的表格,如图 4-30 所示。

④ 释放鼠标左键,表格插入到文档中。

（2）使用"表格"菜单创建表格

① 移动光标到要插入表格的位置。

② 单击"表格"菜单,选择"插入"级联菜单中的"表格"项,打开"插入表格"对话框。

③ 在对话框中输入列数、行数,例如输入列数为 5、行数为 2,如图 4-31 所示。

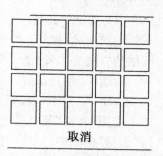

图 4-30 表格和边框

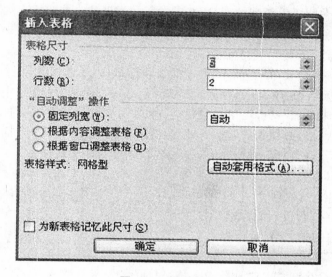

图 4-31 插入表格

④ 单击"确定"按钮。

（3）手工绘制表格

对一些较复杂的表格可以采用手工绘制:

① 单击要创建表格的位置。

② 如果屏幕上没有"表格和边框"工具栏,单击常用工具栏上的"表格和边框"按钮,将显示该工具栏。如果已显示"表格和边框"工具栏,则单击"绘制表格"按钮,指针变为笔形。

③ 确定表格的外围边框,可以从表格的一角拖动到其对角,然后再绘制各行各列。如果要擦除框线,单击"擦除"按钮,指针变为橡皮擦形,将其移到要擦除的框线上双击。

4.5.2 编辑表格

在 Word 文档中插入一个空表格后,将插入点定位在某单元格,即可进行文本输入。若想将光标移动到相邻的右边单元格就按 Tab 键,移动光标到相邻的左边单元格则按 Shift＋Tab 键。对于单元格中已输入的文本内容进行移动、删除操作,与一般文本的操作是一样的。

103

（1）选定单元格

如前所述，在对一个对象进行操作之前必须先将它选定，表格也是如此。选择表格中单元格的方法有多种。

方法1：使用鼠标在表格中进行选定。

方法2：使用"表格"菜单选定单元格、行、列或整个表格。

使用"表格"菜单选定单元格、行、列或整个表格的方法是：单击表格内任意位置，再执行"表格"菜单中的"选定单元格"、"选定行"、"选定列"或"选定表格"命令。

（2）插入行或列、单元格

如果要在表格中插入一整行或一整列，必须先选定要在其上方或下方插入新行的行，或选定要在其左侧或右侧插入新列的列，所选定的行数或列数应与要插入的行数或列数相同。

插入方法有多种。

方法1：单击常用工具栏上的"插入"按钮。

方法2：单击"表格"菜单中"插入"命令的级联菜单，再选择相应命令。

方法3：单击"表格和边框"工具栏上插入按钮旁的小三角，从下拉菜单中选择合适的选项。

如果要在表格末添加一行，可单击最后一行的最后一个单元格，再按下 Tab 键或 Enter 键。如果要插入单元格，必须先选定插入地点，然后单击"表格"菜单中"插入"命令的级联菜单，再选择"插入单元格"命令，弹出"插入单元格"对话框，利用对话框选择插入单元格的方式后按"确定"按钮即可。

（3）删除单元格、行或列

删除表格单元格、行或列的操作步骤如下：

① 选定要删除的单元格、行或列。

② 单击"表格"菜单中"删除"级联菜单的相应命令。如果选择的是"删除单元格"命令，将弹出"删除单元格"对话框，如图 4-32 所示，选择需要的方式后按"确定"按钮即可。

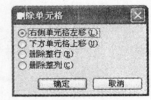

图 4-32　删除单元格

（4）拆分单元格

拆分单元格是将表格中的一个单元格拆分成多个单元格。使用"表格"菜单拆分单元格：先选定要拆分的单元格，执行"表格"菜单中的"拆分单元格"命令后，弹出"拆分单元格"对话框，在"列数"框中输入要拆分的列数，在"行数"框中输入要拆分的行数，如果选择了多个单元格，"拆分前合并单元格"复选框处于选中状态，如图 4-33 所示，根据实际需求确定是否要此项。此外还可以使用"表格和边框"工具栏上的"绘制"按钮在要拆分的单元格内添加框线。

图 4-33　拆分单元格

（5）合并单元格

合并单元格是将同一行或同一列中的两个或多个单元格合并为一个单元格。例如，可将若干横向的单元格合并成一个单元格。使用"表格"菜单合并单元格：选定单元格后选择"表格"菜单中"合并单元格"选项或"表格和边框"工具栏上的"合并单元格"按钮。此方法适合一次合并多个单元格。

此外，还可以通过单击"表格和边框"工具栏上的"擦除"按钮，再双击要删除的框线，实现合并单元格的操作。

4.5.3　表格属性设置

"表格属性"对话框如图 4-34 所示，它包括表格、行、列、单元格的属性。在 Word 中可以通过两种方式设置它们的属性：执行"表格"菜单中的"表格属性"命令或使用鼠标右键单击表格。

图 4-34　表格属性——表格

图 4-35　表格属性——行

（1）改变表格的行高

如果没有指定表格的行高，则各行的行高将取决于该行中单元格的内容以及段落文本前后间隔。使用菜单改变表格行高的步骤如下：

① 选定需要改变行高的一行或多行。

② 单击"表格"菜单中的"表格属性"命令，在"表格属性"对话框中单击"行"选项卡，如图 4-35 所示。

③ 选中"指定高度"复选框，在其后的数值框中输入设置值。

④ 单击"下一行"或"上一行"按钮，可以设置相邻行的行高。

⑤ 设置完后，单击"确定"按钮。

还可以用标尺来调整表格的行高，其方法是：将鼠标指针移到要调整行高的行边框上，当指针变为双向箭头时，按住鼠标左键拖动到理想的高度后，松开鼠标即可；或在表格内任意处单击，然后将鼠标指针移到要调整行高的行所对应的"调整表格行"标记上，按住鼠标左键柄拖动，这时编辑区会出现一条虚线，虚线随着鼠标拖动而移动，虚线的位置即是调整后行边框的新位置，达到理想的高度后松开鼠标即可。如果在拖动标尺上标记的同时按住 Alt 键，Word 将显示列宽数值。

（2）改变表格列宽

改变列宽的操作方法与修改行高的方法类似。

要使多行、多列或多个单元格具有相同的高度、宽度时，可选定这些行、列或单元格，再单击"表格"菜单中的"平均分布各行"命令或"平均分布各列"命令，Word 将按照整张表的宽度、高度自动调整行高、列宽。

（3）单元格中文本的对齐

① 选定要设置文本对齐方式的单元格。

② 单击"表格和边框"工具栏上的"对齐"按钮右侧的小三角，从弹出的菜单中选择需要的格式。

（4）改变文字方向

在 Word 中，可以将表格单元格内的文本显示为横向、纵向或其他方向。具体操作如下：

① 选择要改变文字方向的单元格。

② 单击"格式"菜单中的"文字方向"命令，弹出"文字方向"对话框，如图 4-36 所示。

③ 单击所需的文字方向。

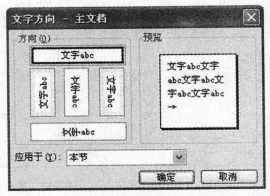

图 4-36　文字方向

（5）设置表格属性

通过"表格"菜单中的"表格属性"命令设置表格、单元格的属性。

① 选中表格或将光标置于表格中。

② 单击"表格"菜单中的"表格属性"命令，弹出"表格属性"对话框。

③ 在对话框中单击"表格"选项卡（如图 4-34），在此选项卡中可以设置表格的尺寸、对齐方式和文字环绕方式；"边框和底纹"按钮可设置表格的边框和底纹。

④ 设置完后，单击"确定"按钮。

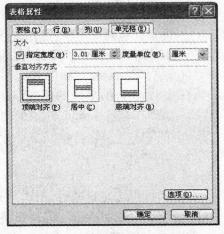

图 4-37　表格属性——单元格

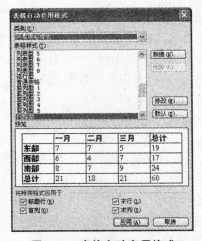

图 4-38　表格自动套用格式

（6）设置单元格属性

① 将光标置于表格中任意一个单元格。

② 单击"表格"菜单中的"表格属性"命令，弹出"表格属性"对话框，如图 4-37 所示。

③ 在对话框中单击"单元格"选项卡，在"指定宽度"框中输入单元格的宽度，在"垂直对齐方式"选区中选择单元格中文本的垂直对齐方式。

④ "选项"按钮可以设置相应的单元格选项。

⑤ 设置完后，单击"确定"按钮。

（7）表格自动套用格式

Word 2003 提供了多种已定义好的表格格式，用户可通过自动套用格式，快速格式化表格。操作方法如下：

① 在表格内任意处单击。

② 单击"表格"菜单中的"表格自动套用格式"命令，弹出如图 4-38 所示的"表格自动套用格式"对话框。

③ 在"表格样式"列表框中选择所需格式，在"预览"区中可浏览该样式的效果。

④ 在"表格样式"选择区和"将特殊格式应用于"选择区中选择所需选项。

⑤ 单击"应用"按钮，将选定的表格格式应用于当前表格。要取消自动套用格式，可在步骤③中"表格样式"列表框中选择"普通表格"。

4.5.4　转换表格和文本

将表格转换成文本，可以指定逗号、制表符、段落标记或其他字符作为转换时分隔文本的字符。具体操作如下：

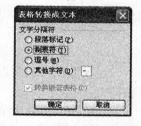

图 4-39　表格转换成文本

（1）选定要转换成段落的行或整个表格。

（2）单击"表格"菜单"转换"子菜单中"将表格转换成文字"命令，弹出"表格转换成文本"对话框，如图 4-39 所示。

（3）单击"文本分隔符"区中所需的字符前的单选钮。

（4）单击"确定"按钮。Word 用段落标记分隔各行，用所选的文本分隔符分隔各单元格内容。

在 Word 中，可以将已具有某种排列规则的文本转换成表格，转换时必须指定文本中的逗号、制表符、段落标记或其他字符作为文本的分隔符，操作步骤如下：

（1）选定要转换的文本。

（2）单击"表格"菜单"转换"子菜单中的"文字转换成表格"命令，弹出"将文字转换成表格"对话框，如图 4-40 所示。

（3）在"文字分隔位置"选项区内选定分隔符，用分隔符分开的各部分内容分别成为相邻的各个单元格的内容。

（4）单击"确定"按钮。

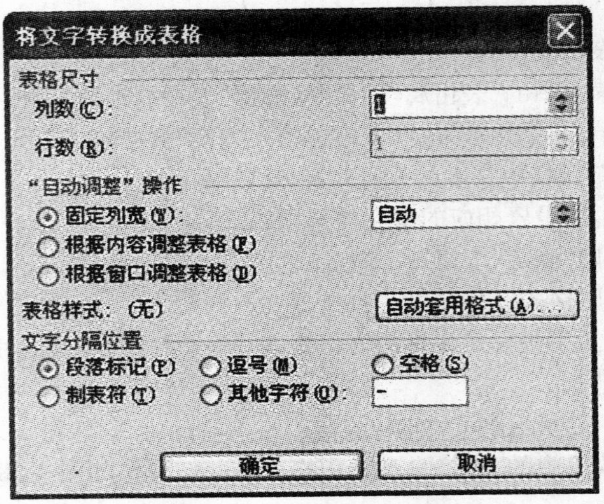

图 4-40　将文字转换成表格

4.5.5　表格计算

Word 中提供了在表格中可以快速地进行数值的加、减、乘、除及平均值等计算功能。同 Excel 软件一样，表中的单元格列号依次用 A、B、C 等字母，行号依次用 1、2、3 等数字表示。要表示表格的区域，形式如下：

左上角单元格：右下角单元格

有两种方式进行计算：

（1）利用"表格和边框"工具栏的"自动求和"按钮，对选定范围内或附近一行（或一列）的单元格求累加和。

（2）利用"表格"中的"公式"命令进行较复杂的运算。在"公式"对话框中（见图 4-41），Word 提供了许多常用数学函数在"粘贴函数"下拉式列表框供选用，也可以由用户直接输入自定义公式，对计算的结果可以通过"数字格式"框进行格式设置。

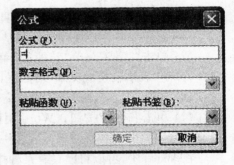

图 4-41　公式

4.6　图片编辑

利用 Word 提供的图文混排功能，用户可以在文档中插入图片，使文档更加赏心悦目。在 Word 中图片可以是剪贴画、图形文件、自选图形、艺术字或图表。

4.6.1　剪贴画

在 Word 2003 中能够轻松实现图片的插入，不但可以插入经过专业人员设计的"剪辑库"中的图片,而且还可以插入其他程序或位置的图片以及来自扫描仪和数码相机的图片。在 Word 2003 中插入图片一般有两种方式:复制(剪切)粘贴方式和菜单选择方式。复制(剪切)粘贴方式主要应用于文档间或文档内的简单插入。菜单选择方式主要用于剪贴画和用户收集图片资料的插入。

(1) 插入剪贴画

使用"插入"菜单插入图片的方法如下:

① 将插入点定位于想插入图片的位置。

② 选择"插入"菜单中的"图片"子菜单,单击"剪贴画"命令,弹出"插入剪贴画"窗口,如图 4-42 所示。

③ 在"结果类型"选项卡的类别框中选择所需类别。

图 4-42　插入剪贴画　　　　　图 4-43　选择剪贴画

④ 单击"搜索"按钮,窗口中将出现该类别中所有的剪贴画,如图 4-43 所示,这时如果想重新选择其他类别的剪贴画,请单击窗口左上角的后退按钮返回图 4-42 所示的窗口。

⑤ 在图 4-43 中单击一张剪贴画,剪贴画即可插入到文档中。

(2) 编辑剪贴画

选定要编辑的剪贴画,选择"图片"工具栏上合适的选项对剪贴画进行编辑。"图片"工具栏如图 4-44。

图 4-44　图片

图像控制:控制图像的色彩。有四个选项:自动、灰度、黑白、水印。

裁剪:用于裁剪图片。

线型:设置图片边框的线。

文字环绕:设置图片与文字的相对位置。

重设图片:从所选图片中删除裁剪,并返回初始设置的颜色、亮度和对比度。即撤销对图片的编辑,恢复图片原状。

对图片进行移动操作:单击图片,当指针为十字形时,拖动鼠标到新位置,放开鼠标即可。

调整图片的大小：单击图片后,图片周围出现八个小方块,小方块称为图片的控制点,将鼠标指针移到任意一个控制点上,指针形状变为双箭头,拖动鼠标就可以改变图片的大小。

4.6.2 插入艺术字

插入艺术字的步骤如下：

(1) 将插入点定位于想插入艺术字的位置。

(2) 选择"插入"菜单中的"图片"子菜单,单击"艺术字"命令,弹出"艺术字库"对话框,如图 4-45 所示。

(3) 用鼠标单击其中一种样式,再单击"确定"按钮,弹出"编辑艺术字文字"对话框,在"文字"框中输入内容,单击"确定"按钮。

图 4-45 艺术字库

4.6.3 绘制图形

除了利用 Word 提供的剪贴画外,还可以借助 Word 提供的绘图工具绘制一些简单的图形。

(1) "绘图"工具栏

"绘图"工具栏包括绘图、自选图形、文本框、填充颜色、阴影、三维效果等,其中绘图是对图形对象进行组合、旋转或翻转、调整叠放层次等。自选图形是指插入自选图形,如线条、箭头、流程图、标注等。文本框是指插入文本框,竖排文本框中文字竖排。填充颜色指设置图形对象内部的颜色。阴影、三维效果是设置图形对象的阴影效果或三维效果。

例如,在文档中插入直线的方法如下：

① 单击"绘图"工具栏上的"直线"按钮,按钮变亮。

② 将鼠标指针移到编辑区,指针成十字形,在需要画线的地方按住左键不放,然后拖动鼠标向某方向移动,直到合适的长度,放开左键。

在文档中插入自选图形、箭头、矩形、椭圆、文本框、竖排文本框的方法类似。

（2）修改图形

在 Word 中可以对图形的大小、颜色、阴影、三维效果等进行修改。修改前先选定图形对象，然后单击"绘图"工具栏上的相应按钮即可。下面以一个例子来说明具体操作方法。

① 单击"绘图"工具栏上的"矩形"按钮，按钮呈凹下状态。

② 光标在编辑区内，显示为十字形。将光标移至需要插入矩形的位置，按住左键并拖动，屏幕上显示一矩形框，矩形随着鼠标的移动改变大小。

③ 在合适的地方松开左键，一个被选中的矩形显示在屏幕上，这时可立即对矩形进行其他操作。

④ 单击"绘图"工具栏上的"线型"按钮，选择"3 磅"选项。

⑤ 单击"绘图"工具栏上的"虚线线型"按钮，选择一种虚线的样式。

设置颜色、阴影、三维效果的方法与设置线型、虚线线型类似。值得注意的是，在进行设置时，矩形一定要处于选中状态，否则，单击按钮后出现的弹出菜单为灰色。

（3）在文档中插入文件

剪贴库和绘图工具可以满足大多数用户的要求。但有的时候，需要在文档中加入其他图形软件生成的文件。例如，某公司用图形软件 Photoshop 制作了一个本公司的标志，以文件的形式存放在磁盘上，现在要将该文件插入到 Word 文档中，具体操作方法是：

① 单击"插入"菜单，在下拉菜单中，选择"图片"命令，在级联菜单中选择"来自文件"。

② 在弹出的对话框中选择要插入的文件名，文件将插入到文档中。

当然，在打开相应的图形软件的前提下，使用 Windows 的剪贴板，也可以实现在 Word 文档中插入图形。这时，图形不是作为文件插入的。

4.6.4　插入文本框

在 Word 2003 中，文本框的功能大大提高，取代了以前 Word 版本中经常使用的图文框。文本框是将文字、表格、图形精确定位的有力工具。它如同容器，任何文档中的内容，不论是一段文字、一个表格、一幅图形或者它们的混合物，只要被装进这个方框，就如同被装进了一个容器，可以随时被鼠标带到页面的任何地方并占据地盘，还可让正文从它的四周围绕而过。它们还可以很方便地进行缩小、放大等编辑操作。

在对文本框进行编排时，应在页面显示模式下工作，才能看到效果。

（1）建立文本框

建立文本框有两种方法：

① 把现有的内容纳入文本框

选取欲纳入文本框的所有内容；选择"插入\文本框"命令或在"绘图"工具栏中单击"插入文本框"按钮，同时选择文字排列方式。

② 插入空文本框

在无内容选择时，单击"插入文本框"按钮，鼠标指针变成"十"字形，按住鼠标左键拖动文本框到所需的大小与形状之后再放开即可。这时插入点已移到空文本框处，用户即可输入文本框内容。

（2）编辑文本框

文本框具有图形的属性，所以对其编辑同图形的格式设置，即利用"格式"→"设置文本框格式"命令或快捷菜单的"设置文本框格式"进行颜色和线条、大小、位置、环绕等设置；也可利用鼠标拖动文本框的八个方向句柄进行缩放、定位等操作。

（3）将文本框转换成图文框

虽然文本框的功能已很强，但文本框有时会出现在页眉或页脚处，影响了排版效果，这就需要将文本框转换为图文框。

转换方法：选中要转换的文本框，在"设置文本框格式"对话框的"文本框"标签中单击"转换为文本框"按钮即可。

4.6.5　公式编辑器

在写论文时经常要用到数学公式、数学符号，利用公式编辑器可方便地实现，并能自动调整公式中各元素的大小、间距和格式编排等。产生的数学公式也可以和前面介绍的图形处理方法进行各种图形编辑操作。

操作步骤如下：

将插入点定位于要加入公式的位置；选择"插入"→"对象"命令，显示"对象"对话框。

在对话框中选择"Microsoft 公式 3.0"选项，单击"确定"按钮，进入编辑状态，显示"公式"工具栏和菜单栏，如图 4-46。其中，"公式"工具栏上一行是符号，插入各种数学字符；下一行是模板，模板里有一个或多个槽，插入一些积分、矩阵等公式符号。

图 4-46　公式编辑器对话框

用户根据需要在工具栏的符号和模板中选择相应的内容。数学公式建立结束后，在 Word 文档窗口中单击，即可回到文本编辑状态，建立的数学公式图形插入到插入点所在的位置。

如果对建立的公式图形编辑，则单击该图形，出现带有八个方向的句柄的虚框，进行图形移动、缩放等操作；双击该图形，进入该图形的 Equation Editor 环境，可重新对公式修改。

4.7　打印预览及打印

4.7.1　打印预览

在正式打印之前，通常应按照设置好的页面格式进行打印预览，以查看最后的打印效果，这样做可以节省时间和纸张。进行打印预览的方法如下：

单击工具栏上的"打印预览"按钮。选择"文件"菜单中的"打印预览"命令，屏幕上显示

"打印预览"的窗口。

4.7.2　打印

文档排版完成后,经打印预览查看满意后就可打印文档。打印文档必须在硬件和软件上得到保证。硬件上,要确保打印机已经连接到主机端口上,电源接通并开启,打印纸已装好;软件上,要确保所用打印机的打印驱动程序已经安装好,并连接到相应的端口上。这可通过 Windows 的控制面板中的"打印机"选项来查看软件的安装情况。

当上述准备工作就绪后,就可选择"文件",点击"打印"命令或单击"常用"工具栏的"打印"按钮,显示"打印"对话框,见图 4-47。

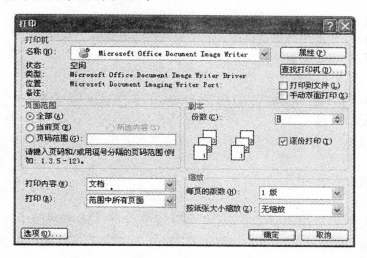

图 4-47　"打印"对话框

在"打印"对话框中:

◇ "打印机"框显示了当前打印机的类型、打印驱动程序、连接的端口等信息。

◇ "页面范围"框提供了打印的范围,有全部,也可指定某些页码范围。

◇ "副本"框表示打印的份数。

◇ "打印到文件"复选框选中,表示将打印的文档输出到文件中,并要求用户输入文件存放的目录及文件名。

◇ "缩放"框可以将几页(通过每页的版数设置)的内容缩小至一页中打印,这如同"打印预览"时一屏可以显示几页内容。

◇ "打印"选择框,可以选择"奇数页"或"偶数页",可以实现双面打印。

习题

一、思考题

1. Word 窗口有哪些主要组成元素? 简述常用工具栏和格式工具栏按钮的功能。

2. 在 Word 窗口中如何显示和隐藏各种工具栏、符号栏和标尺?

3. 如何利用滚动条逐行、逐屏或到文首、文尾查看文档？

4. 选定文本块的方法有哪些？

5. 字符格式设置和段落设置格式的含义分别是什么？如何进行字符格式和段落格式的设置？

6. Word 的"编辑"菜单中，"清除"和"剪切"的区别是什么？"复制"和"剪切"又有何区别？如何实现选定文本块的长距离移动或复制？

7. Word 提供了几种视图方式？它们之间有何区别？

8. 在 Word 文档的排版中使用格式工具栏按钮有何优越性？

9. 什么是模板？如何使用模板？

10. 简述在 Word 文档中插入图形，并实现图文环绕的方法。

二、操作题

1. 正确地输入指定文档以及供插入的图片、表格、公式等。

2. 排版完成后将其存到规定位置。

3. 排版要求：

（1）文档标题：字体、字型、字号、颜色、位置、底纹、文字效果、修饰等。

（2）文档正文：字体、字型、字号、颜色、分段、分栏、底纹、文字效果、修饰、字符及行间距等。

（3）OLE 技术的应用：在文稿中按给定要求插入图片、剪贴画、表格、公式。

（4）绘图、自选图形、阴影、三维效果等功能。

［Word 排版要求］

1. 输入文档

电子表格是用于管理和显示数据，并能对数据进行各种复杂的运算、统计的表格。Excel 2000 是用于创建和维护电子表格的应用软件，运用其打印功能可以将数据以各种统计报表和统计图的形式打印出来。

本章将向读者介绍 Excel 2000 的主要特点、窗口的组成、对表格的基本操作以及数据清单、数据透视表等操作。Excel 2000 具有强大的电子表格操作功能，用户可以在计算机提供的巨大表格上随意设计、修改自己的报表，并且可以方便地一次打开多个文件和快速存取它们。

Excel 2000 作为一种电子表格工具，对数据库进行管理是其最有特色的功能之一。工作表中的数据是按照相应行和列保存的，加上 Excel 2000 提供的相关处理数据库的命令和函数，使 Excel 2000 具备了组织和管理大量数据的能力。

2. 插入的图形

3．排版要求

（1）用华文行楷 5 号输入文档存放在 A 盘新建 JS 文件夹中，起名 EDIT.RTF，按下列要求进行排版。

（2）文章标题："Excel 2000 概述"，居中、黑体、粗体、蓝色、三号字、缩放 150%。段前及段后均为 2 行。

（3）将正文中所有的"数据"替换为"Data"。

（4）将第一段首字"电"下沉 3 行，且设置 25% 天蓝色的底纹。

（5）将第二、三段首行缩进 2 个汉字，并设置第二段为 1.5 倍行间距。

（6）在第二段的中部以四周型插入 3 cm×3 cm 的图片。

（7）将第三段内容分为 4 栏显示，且加分隔线。

4．排版后的文档

Excel 2000 概述

子表格是用于管理和显示 Data，并能对 Data 进行各种复杂的运算、统计的表格。Excel 2000 是用于创建和维护电子表格的应用软件，运用其打印功能可以将 Data 以各种统计报表和统计图的形式打印出来。

本章将向读者介绍 Excel 2000 的主要特点、窗口的组成、对表格的基本操作以及 Data 清单、Data 透视表等操作。Excel 2000 具有强大的  电子表格操作功能，用户可以在计算机提供的巨大表格上，随意设计、修改自己的报表，并且可以方便地一次打开多个文件和快速存取它们。

Excel 2000 作为一种电子表格工具，对 Data 库进行管理是其最有特色的功能之一。工作表中的 Data 是按照相应行和列保存的，加上 Excel 2000 提供的相关处理 Data 库的命令和函数，使 Excel 2000 具备了组织和管理大量 Data 的能力。

第 5 章
电子表格软件 Excel 2003

● Excel 概述
● Excel 2003 的基本操作
● 工作表的编辑
● 数据图表
● 数据清单的管理
● 数据保护
● 页面设置和打印

随着办公自动化程度的不断提高,Excel 办公软件在国内外得到了越来越多的应用。Excel 具有极高的使用价值,用它可以方便地制作各种美观的表格,也可以用来组织、计算和分析各种类型的数据,制作复杂的图表和财务统计表。总之,Excel 的灵活性、易用性、智能性和强大功能,使其成为制作表格和统计数据的绝对首选。

本章主要介绍 Excel 的主要特点、窗口的组成、Excel 2003 的基本操作、工作表的编辑、数据图表、数据清单的管理、数据保护以及页面设置和打印等操作。

5.1   Excel 概述

Excel 是制作表格的有力工具。通过 Excel,能够制作出集数据、图形、表格、图表等多种形式信息于一体的工作表,可以随心所欲地将工作表中的数据用公式和函数联系起来,并加以统计分析。在最新版本的 Excel 2003 中,增添了一些新的功能,例如智能标记支持、XML 文件格式,以及全新概念的信息管理权限等,使得 Excel 的功能越来越强,操作界面越来越好。

5.1.1   Excel 2003 新特性

Excel 2003 不仅继承并完善了 Excel 以前版本的所有功能,而且增加了很多新的功能,在外观、操作、网络功能、与 Office 其他组件的结合、与 Web 的结合等方面有很大的改进和提高。下面介绍一下 Excel 2003 的各项新功能。

(1) 列表功能

在 Microsoft Office Excel 2003 中,您可在工作表中创建列表以分组或操作相关数据。可在现有数据中创建列表或在空白区域中创建列表。将某一区域指定为列表后,您可方便地管理和分析列表数据而不必理会列表之外的其他数据。另外,通过与 Microsoft Windows SharePoint Services 进行集成还可与其他人员共享列表中的信息。

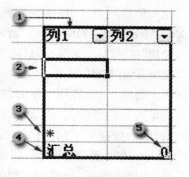

图 5-1   列表的区域

为指定为列表的区域采用新的用户界面和相应的功能。

① 默认情况下,在标题行中为列表中的所有列启用自动筛选功能,从而允许您快速筛选或排序数据。

② 深蓝色的列表边框清晰地界定出组成列表的单元格区域。

③ 列表框架中包含有星号的行,又称为插入行。在该行中键入信息将自动将数据添加到列表中。

④ 可以为列表添加汇总行。单击汇总行中的单元格时,可从下拉列表中选择聚合函数。

⑤ 通过拖动列表边框右下角的调整手柄,可修改列表大小。

(2) 改进的统计函数

对统计函数的许多特性(包括取整和精度)进行了改进,统计函数的结果可能与在以前版本的 Microsoft Excel 中的计算结果不同。

（3）XML 支持

通过在 Microsoft Office Word 2003、Microsoft Office Excel 2003 和 Microsoft Office Access 2003 中支持工业标准的 XML，可使在计算机和后端系统之间访问和获取信息、解除信息锁定以及允许跨组织在商业伙伴之间创建集成企业解决方案的过程更加方便。

（4）智能文档

智能文档是一种可编程文档，通过动态响应您的操作上下文来扩展工作簿的功能。

一些类型的工作簿（例如表单和模板）的功能类似于智能文档。智能文档特别适用于过程中的工作簿。例如，您的公司可能存在一个填写年度员工开支表的过程，并且您已为此使用了 Microsoft Office Excel 2003 模板。如果将该模板转换为智能文档，则可连接到一个数据库，该数据库可自动填写某些所需信息，例如您的姓名、员工编号、经理姓名等。填写完开支报表后，智能文档将显示一个按钮，您可以使用该按钮将此报表发送到过程的下一步骤。由于智能文档能够识别谁是您的经理，它可自动将自己发送给此人。并且，无论谁正在处理此文档，智能文档都能确定其在开支审阅过程中的位置以及下一步所要进行的操作。智能文档可帮助您重复使用现有内容。例如，会计可在创建账单结算表使用现有样板文件。

智能文档可使共享信息更加容易。它们可与多种数据库进行交互，并使用 BizTalk 跟踪工作流程。甚至它们可与其他 Microsoft Office 应用程序进行交互。例如，您可使用智能文档通过 Microsoft Outlook 发送电子邮件，而无需离开工作簿或启动 Outlook。

（5）文档工作区

使用"文档工作区"可简化在实时环境中通过 Microsoft Office Word 2003、Microsoft Office Excel 2003、Microsoft Office PowerPoint 2003 或 Microsoft Office Visio 2003 与其他人员协同创作、编辑和审阅文档的过程。"文档工作区"网站是集中保存一篇或多篇文档的 Microsoft Windows SharePoint Services 网站。人们可以很容易地同时处理文档：直接处理"文档工作区"副本或处理自己的副本，可定期将保存到"文档工作区"网站上的副本更改更新到本地副本中。

通常，当您使用电子邮件将文档作为共享附件发送时，您就创建了"文档工作区"。作为共享附件的发件人，您将成为"文档工作区"的管理员，所有收件人将成为"文档工作区"的成员，他们被授予了向网站投稿的权限。创建"文档工作区"的另一常用方法是在 Microsoft Office 2003 程序中使用"共享工作区"任务窗格，使用 Word、Excel、PowerPoint 或 Visio 打开"文档工作区"所基于文档的本地副本时，Office 程序将定期从文档工作区获取并应用更新。如果对工作区副本所做的更改与您对本地副本所做的更改有冲突，您可选择要保留的副本。完成对本地副本的编辑后，则可将您的更改保存到"文档工作区"，从而使其他成员可将文档工作区中的这些更改合并到他们自己的文档副本中。

（6）信息权限管理

现在，敏感性信息只能通过限制对存储这些信息的网络或计算机的访问来进行控制。但是，一旦用户获得访问权限，就无法限制他们对内容所进行的操作或将这些信息发给谁。这种信息分发方式很容易使敏感性信息到达那些不再希望接收它的人那里。Microsoft Office 2003 提供一种名为信息权限管理（IRM）的新功能，可帮助防止因为意外或粗心将敏感性信息发给不该收到它的人。使用"权限"对话框（点击"文件"，点击"权限"，点击"不能分发"，或者常用工具栏上的"权限"（⬛）赋予用户"读取"和"更改"权限，并为内容设置到期日期。作者可通过单击"权限"子菜单上的"无限制的访问"，或者单击"常用"工具栏上的"权限"⬛ 从文档、工作簿或演示文稿中删除受限制的权限。此外，管理员可在"权限"子菜单上创建在 Microsoft Office Word 2003、Microsoft Office Excel 2003 和 Microsoft Office PowerPoint 2003 中可用的权限策略，并指定可访问信息的人和编辑级别，或者用户对文档、工作簿或演示文稿可使用的 Office 功能。收到包含限制权限内容的用户只需像打开不包含限制权限的内容一样打开文档、工作簿或演示文稿。如果用户计算机上没有安装 Office 2003 或更高版本，则可下载查看此内容所需的程序。

（7）并排比较工作簿

使用一张工作簿查看多名用户所做的更改非常困难，但是，现在有一种新的比较工作簿的方法——并排比较工作簿。您可使用并排比较工作簿（使用"窗口"菜单上的"并排比较"命令）更方便地查看两个工作簿之间的差异，而不必将所有更改合并到一张工作簿中。可在两个工作簿中同时滚动以确定两个工作簿之间的差异。

（8）Office 新外观

Microsoft Office 2003 具有开放的、充满活力的新外观。另外，还提供了许多新增或改良的任务窗格。新增任务窗格包括："开始工作"、"帮助"、"搜索结果"、"共享工作区"、"文档更新"和"信息检索"。

（9）Tablet PC 支持

在 Tablet PC 上可直接为 Office 文档进行快速手写输入，就像使用钢笔和打印输出一样。另外，现在可以水平查看任务窗格以便按照您所喜欢的方式在 Tablet PC 上工作。

（10）信息检索任务窗格

如果您已连接到 Internet 上，新增的"信息检索"任务窗格可提供更广泛的参考信息和扩展资源。您可使用百科全书、Web 搜索或通过访问第三方内容来执行主题检索。

（11）Microsoft Office Online

Microsoft Office Online 比所有 Microsoft Office 程序的集成更加完善，在工作时，您可以充分利用该网站所提供的便利。您可以直接从 Web 浏览器中访问 Microsoft Office Online，或者使用 Office 程序的各种任务窗格和菜单上的链接来访问文章、提示、剪贴画、模板、联机培训、下载和服务，以丰富您对 Office 程序的使用。网站将会根据您和其他 Office 用户的反馈意见和特殊请求定期更新内容。

（12）改善客户服务质量

Microsoft 一直在努力提高 Microsoft 软件和服务的质量、可靠性和性能。Microsoft 通过"客户体验改善计划"收集您的硬件配置信息以及您如何使用 Microsoft Office 程序和服务的信息，以分析需求和使用模式。是否参与计划是可选的，并且数据收集也是完全匿名的。另外，还对错误报告和错误信息进行了改进，以便于您在遇到问题时可使用最简便的方法报告错误并提供最有价值的警告信息。最后，通过 Internet 连接，您可以返回对 Office 程序、帮助内容或 Microsoft Office Online 内容的 Microsoft 客户反馈意见。Microsoft 将会根据您的反馈意见不断添加或改进内容。

5.1.2 启动与退出

（1）启动 Excel 2003

在 Windows 的界面下，用鼠标单击"开始"，选择"程序"下的 Microsoft Excel，单击进入 Excel 2003，启动后的窗口如图 5-2 所示。

图 5-2　Excel 主窗口

在 Windows 桌面上，直接用鼠标双击桌面上的 Excel 2003 快捷图标，也可以进入到图 5-2 所示的初始画面。

双击一个 Excel 文件，可以直接启动 Excel 2003，同时打开这个电子表格文件。Excel 2003 的主窗口如图 5-2。

（2）退出 Excel 2003

Excel 的退出方式与 Windows 中其他应用程序的退出基本相同。

5.2　Excel 2003 的基本操作

5.2.1 工作簿、工作表、单元格

所谓工作簿是指在 Excel 中用来保存并处理工作数据的文件，它的扩展名是. xls。它的基本操作包括打开工作簿、创建工作簿、保存工作簿与关闭工作簿。

工作簿中的每一张表称为工作表。如果把一个工作簿比作一个账本，一张工作表就相当于账本中的一页。在一个工作簿中，可以最多拥有 255 个工作表。每张工作表都有一个名称，显示在工作表标签上，在图 5-2 中可以看到，新建的第一张工作表默认的标签为 Sheet1，第二张工作表为 Sheet2，以此类推。新建的工作簿文件会同时新建 3 张空工作表，用户可以根据需要增加或删除工作表。每张工作表是由 65536 行和 256 列所构成的一个表格，行号的编号在屏幕中自上而下从"1"到"65536"，列号则由左到右采用字母"A"、"B"、…、

"Z"、"AA"、"AB"、…、"AZ"、…，"IA"、"IB"、…，直到"IV"作为编号。

工作表中的每个格子称为单元格，单元格是工作表的最小单位，也是 Excel 用于保存数据的最小单位。单元格中输入的各种数据，可以是一组数字、一个字符串、一个公式，也可以是一个图形或一个声音等。若要表示一个连续的单元格，可用该区域左上角和右下角单元格行列位置名来表示，中间用冒号表示。

单击单元格可使其成为活动单元格，其四周有一个粗黑框，右下角有一黑色填充柄。活动单元格名称显示在名称框中。只有在活动单元格中方可输入字符、日期、数字等数据。一个活动单元格中最多可容纳 32000 个字符。

5.2.2　工作簿的建立

工作簿的建立常用方法如下：

（1）利用任务窗格或窗口菜单

单击任务窗格中"新建"下的"空白工作簿"，即可得到新工作簿并且默认 Sheet1 为当前空白工作表。

（2）利用现有的工作簿

选择任务窗格中"新建"下的"根据现有工作簿"，即可得到新工作簿并且默认 Sheet1 为当前空白工作表。

（3）选择任务窗格中"新建"下的"根据模板新建"，选择"本机上的模板"，即可得到新工作簿并且默认 Sheet1 为当前空白工作表。

5.2.3　数据输入

在工作表中输入数据有许多方法，可以通过手工单个输入，也可以利用 Excel 2003 的功能在单元格中自动填充数据或在多张工作表中输入相同数据，如在相关的单元格或区域之间建立公式或引用函数。当一个单元格的内容输入完毕后，可用方向键、回车键或者 Tab 键使相邻的单元格成为活动单元格。

（1）单元格、单元格区域的选定

在输入和编辑单元格内容之前，必须先选定单元格，选定的单元格称为活动单元格。

（2）数据的输入

① 数字输入

默认数值输入后右对齐。正数可直接输入；负数输入时加负号，或者加圆括号。例如－6.6 与（6.6）同义。输入数字位数太多，系统会自动改成科学计数法表示。当输入分数或小数时，通过设置单元格格式里的选项达到你所要求的目标。

在 Excel 中，可以向活动单元格输入数据，也可以通过编辑栏向当前活动单元格输入数据。两

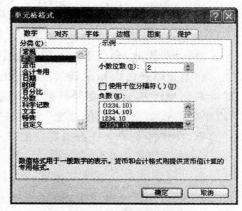

图 5-3　单元格格式

种输入方法的效果是相同的,可以根据实际情况选择。也可以通过设定,不允许直接编辑单元格。

◇ 在"工具"菜单上,单击"选项",再单击"编辑"选项卡。

◇ 若要直接在单元格中进行编辑或输入数据,可选中"单元格内部直接编辑"复选框。

◇ 若只允许在编辑栏上进行编辑或输入数据,则应该清除该复选框。

② 文本输入

文本是指字母、汉字以及非计算性的数字等。

默认输入文本左对齐。如输入学号"20021308120"等数字型信息时,必须在第一个数字前输入一个单引号"'"。例如,'20021308120。

③ 日期和时间输入

Excel 将日期和时间视为数字处理,默认情况下也以右对齐方式显示。可用"/"和"－"来分隔年、月、日,如 1999/08/27。输入时间时,可用":"分隔时、分、秒。

在 Excel 中,可以为单元格输入两种类型的数据:常量和公式。常量是指没有以"＝"开头的单元格数值,包括数字、文字、日期、时间等。数字只能用下列字符:0、1、2、…、9 共十个数字及＋－＊/. $ ％Ee()等;为避免将输入的分数当作日期,应在分数前冠以 0,如 0 2/3。文本可以是数字、空格和非数字字符的组合。日期和时间在 Excel 中被视为数字来处理,日期可用斜杠或减号分隔年、月、日,如 1999/08/27。输入当前时间可以使用快捷键"Ctrl ＋ Shift ＋ ;"。

(3) 自动填充数据

通过 Excel 的自动填充数据功能为输入数据序列提供极大的便利。通过拖动单元格填充柄填充数据,可将选定单元格中的内容复制到同行或同列中的其他单元格;也可以通过"编辑"菜单上的"填充"命令按照指定的"序列"自动填充数据。

① 填充相同的数据

◇ 选定同一行(列)上包含复制数据的单元格或单元格区域。

◇ 将鼠标指针移到单元格或单元格区域填充柄上,将填充柄向需要填充数据的单元格方向拖动,然后松开鼠标,复制来的数据将填充在单元格或单元格区域里。

② 按序列填充数据

通过拖动单元格区域填充柄填充数据,Excel 还能预测填充趋势,然后按预测趋势自动填充数据。例如要建立学生登记表,在 A 列相邻两个单元格 A2、A3 中分别输入学号9913001 和 9913002,选中 A2、A3 单元格区域往下拖动填充柄时,Excel 在预测时认为它满足等差数列,因此,会在下面的单元格中依次填充 9913003、9913004 等值。

在填充时还可以精确地指定填充的序列类型,方法是:先选定序列的初始值,然后按住鼠标右键拖动填充柄,在松开鼠标按键后,会弹出快捷菜单,快捷菜单上有"复制单元格"、"以序列方式填充"、"以值填充"、"以格式填充"、"等差序列"、"等比序列"、"序列"等不同序列类型,在快捷菜单上选择所需要的填充序列即可自动填充数据。

③ 使用填充命令填充数据

通过使用填充命令填充数据,可以完成复杂的填充操作。当选择"编辑"菜单上的"填充"命令时会出现级联菜单,级联菜单上有"向下填充"、"向右填充"、"向上填充"、"向左填充"以及"序列"等命令,选择不同的命令可以将内容填充至不同位置的单元格,如果选定"序列"则以指定序列进行填充。

（4）自定义序列

虽然 Excel 自身带有一些填充序列，但用户还可以通过工作表中现有的数据项或自己输入一些新的数据项来创建自定义序列。操作步骤如下：

① 如果已输入了将要作为填充序列的数据序列，则先选定工作表中相应的数据区域。

② 在"工具"菜单上单击"选项"命令，出现选项窗口，在选项窗口上单击"自定义序列"选项卡，如图 5-4 所示。

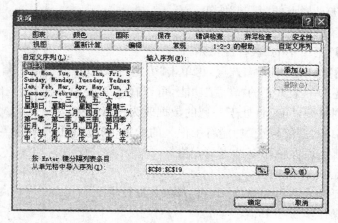

图 5-4 自定义序列

③ 单击"导入"按钮，即可使用选定的数据序列。如果要创建新的序列列表，应选择"自定义序列"列表框中的"新序列"选项，然后在"输入序列"编辑列表框中从第一个序列元素开始输入新的序列，每键入一个元素后，按 Enter 键，整个序列输入完毕后，单击"添加"按钮。

如果要更改或删除自定义序列，则在"自定义序列"列表框中选择要更改或删除的序列。如果要更改选中的序列，则在"输入序列"编辑列表框中进行改动，然后单击"添加"按钮；如果要删除所选中的序列，则单击"删除"按钮。

5.2.4 编辑单元格

工作表创建后，可能还要进一步编辑工作表。比如编辑单元格中的数据，复制、移动、插入、删除或清除单元格，以及在单元格中查找替换数据、拆分单元格等等。

编辑单元格包括对单元格及单元格内数据的操作。其中，对单元格的操作包括移动和复制单元格、插入单元格、插入行、插入列、删除单元格、删除行、删除列等；对单元格内数据的操作包括复制和删除单元格数据，清除单元格内容、格式等。

（1）移动和复制单元格

① 选定需要移动和复制的单元格。

② 将鼠标指向选定区域的选定框，此时鼠标形状为箭头。

③ 如果要移动选定的单元格，则用鼠标将选定区域拖到粘贴区域，然后松开鼠标，Excel 将以选定区域替换粘贴区域中现有数据。如果要复制单元格，则需要按住 Ctrl 键，再

拖动鼠标进行随后的操作。如果要在已有单元格间插入单元格,则需要按住 Shift 键,复制则需要按住 Shift＋Ctrl 键,再进行拖动。在这里要注意的是:必须先释放鼠标再松开按键。如果要将选定区域拖动到其他工作表上,应按住 Alt 键,然后拖动到目标工作表标签上。

（2）选择性粘贴

除了复制整个单元格外,Excel 还可以选择单元格中的特定内容进行复制,其步骤如下:

① 选定需要复制的单元格。

② 单击常用工具栏上的"复制"按钮。

③ 选定粘贴区域的左上角单元格。

④ 执行"编辑"菜单中的"选择性粘贴"命令。

⑤ 单击"粘贴"选项区中所需选项,再单击"确定"按钮。

选择性粘贴还有一个重要的"转置"功能,可以在工作表中互换行、列的位置,使处于一行的数据改为按列排列,同时将处于一列的数据改为按行排列。

Excel 2003 中的"智能标记"功能有了很大的增强,通过"智能标记",可以快捷地选择将选定单元格中的哪类属性粘贴至选定单元格。

（3）插入单元格、行或列

可以根据需要插入空单元格、行或列,并对其进行填充。

插入单元格操作步骤如下:

① 在需要插入空单元格处选定相应的单元格区域,选定的单元格数量应与待插入的空单元格的数量相等。

② 在"插入"菜单上单击"单元格"命令。

③ 在对话框中选定相应的"插入"方式选项。

④ 单击"确定"按钮。

插入行操作步骤如下:

① 如果需要插入一行,则单击需要插入的新行之下相邻行中的任意单元格;如果要插入多行,则选定需要插入的新行之下相邻的若干行,选定的行数应与待插入空行的数量相等。

② 在"插入"菜单上单击"行"命令。

可以用类似的方法在表格中插入列,方法是如果要插入一列,则单击需要插入的新列右侧相邻列中的任意单元格;如果要插入多列,则选定需要插入的新列右侧相邻的若干列,选定的列数应与待插入的新列数量相等。

（4）删除、清除单元格、行或列

删除单元格、行或列,是指将选定的单元格从工作表中移走,并自动调整周围的单元格,填补删除后的空格,操作步骤如下:

① 选定需要删除的单元格、行或列。

② 执行"编辑"菜单中的"删除"命令即可。

清除单元格、行或列,是指将选定的单元格中的内容、格式或批注等从工作表中删除,单元格仍保留在工作表中。操作步骤如下:

① 选定需要清除的单元格、行或列。

② 选中"编辑"菜单中的"清除"命令,在菜单中选择相应命令执行即可。

(5) 对单元格中数据进行编辑

首先使需要编辑的单元格成为活动单元格,如果重新输入内容,则直接输入新内容;若只是修改部分内容,用鼠标双击活动单元格,用→、←或 Del 等键对数据进行编辑,按 Enter 键或 Tab 键表示编辑结束。

现建立一个工作簿,在 Sheet1 工作表中建立学生成绩表,如图 5-5。

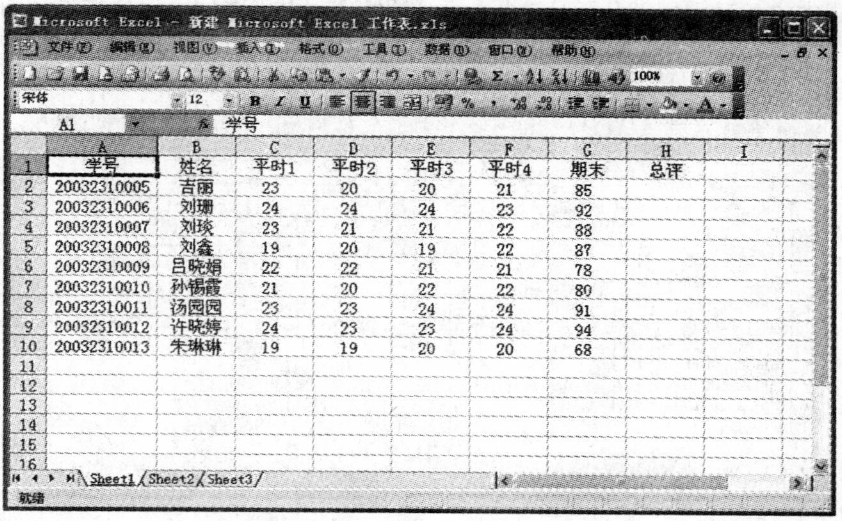

图 5-5　学生成绩表

5.2.5　使用公式和函数

函数和公式是 Excel 的核心。在单元格中输入正确的公式或函数后,会立即在单元格中显示计算出来的结果,如果改变了工作表中与公式有关或作为函数参数的单元格里的数据,Excel 会自动更新计算结果。实际工作中往往会有许多数据项是相关联的,通过规定多个单元格数据间关联的数学关系,能充分发挥电子表格的作用。

(1) 单元格地址及引用

单元格地址:每个单元格在工作表中都有一个固定的地址,这个地址一般通过指定其坐标来实现。单元格引用:"引用"是对工作表的一个或一组单元格进行标识,它告诉 Excel 公式使用哪些单元格的值。通过引用,可以在一个公式中使用工作表不同部分的数据,或者在几个公式中使用同一单元格中的数值。同样,可以对工作簿的其他工作表中的单元格进行引用,甚至对其他工作簿或其他应用程序中的数据进行引用。引用有三种:相对引用、绝对引用和混合引用。

◇ 相对引用:用字母表示列,用数字表示行。它仅指出引用的相对位置。当把一个含有相对引用的公式复制到其他单元格式位置时,公式中的单元地址也随之改变。

例如,在 H3 内计算"=(C3+D3+E3+F3)＊0.3+G3＊0.7"。选中 H3 单元格,Ctrl +C,将它粘贴到 H6 单元格上,会看到刚才的公式"=(C3+D3+E3+F3)＊0.3+G3＊

0.7"在 H6 中变为"＝(C6＋D6＋E6＋F6)＊0.3＋G6＊0.7"。

◇ 绝对引用：在列表和行号前分别加上"＄"。例如，分别在 J5、J7 中输入成绩的比例 "30％"和"70％"，利用绝对引用重新计算总成绩，即向 H6 中输入"＝(C6＋D6＋E6＋F6)＊ ＄J＄5＋G6＊＄J＄7"，其中＄J＄5、＄J＄7采用了绝对引用。绝对引用中，单元格地址不 会改变。

◇ 混合引用：在行列的引用中，一个用相对引用，另一个用绝对引用，如＄E10 或 B＄6。公式中的相对引用部分随公式复制而变化，绝对引用部分不随公式复制而变化。

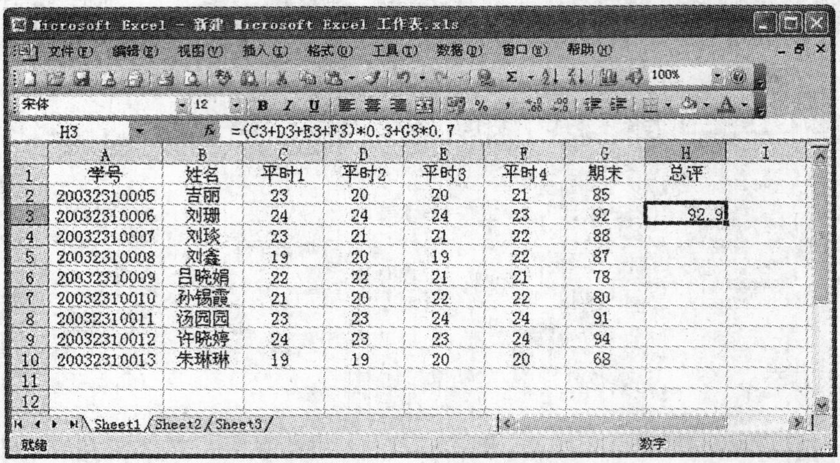

图 5-6　使用公式计算

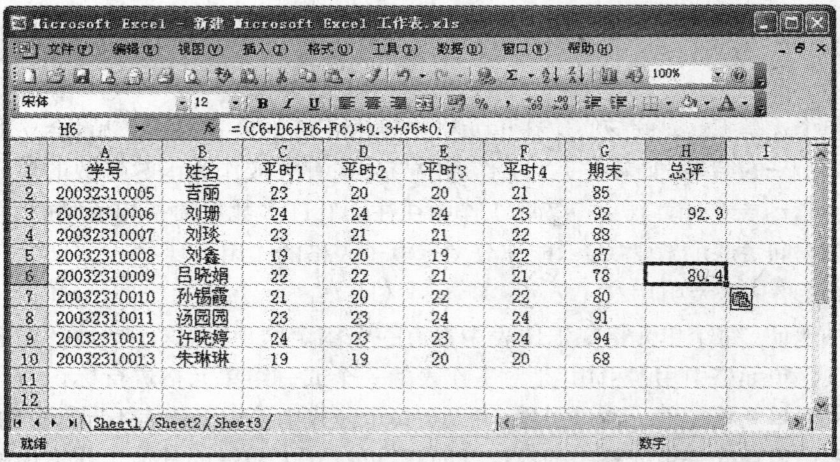

图 5-7　相对引用

由于一个工作簿文件可以有多个工作表，为了区分不同的工作表中的单元格，要在地址 前面增加工作表的名称，有时不同工作簿文件中的单元格之间要建立连接公式，前面还需要 加上工作簿的名称，例如：[Book1]Sheet1！B6 指定的就是"Book1"工作簿文件中"Sheet1" 工作表中的"B6"单元格。

（2）公式

公式是用户为了减少输入或方便计算而设置的计算式子，它可以对工作表中的数据进行加、减、乘、除等运算。公式可以由值、单元格引用、名称、函数或运算符组成，它可以引用同一个工作表中的其他单元格，同一个工作簿不同工作表中的单元格，或者其他工作簿的工作表中的单元格。

运算符：运算符对公式中的元素进行特定类型的运算，是公式中不可缺少的组成部分。Excel 包含 4 种类型的运算符：算术运算符、比较运算符、文本运算符和引用运算符。算术操作符包括：＋、－、*、/、% 以及^（幂），计算顺序为先乘除后加减。比较运算符包括＝、＞、＞＝、＜、＜＝、＜＞，比较运算符可以比较两个数值并产生一个逻辑值。文本运算符"&"将两个文本值连接起来产生一个连续的文本值。引用运算符包括冒号、逗号、空格，其中"："为区域运算符，如 C2：C10 是对单元格 C2 到 C10 之间（包括 C2 和 C10）的所有单元格的引用。"，"为联合运算符，可将多个引用合并为一个引用，如 SUM(B5,C2：C10)是对 B5 及 C2 至 C10 之间（包括 C2 和 C10）的所有单元格求和。空格为交叉运算符，产生对同时隶属于两个引用的单元格区域的引用，如 SUM(B5：E10 C2：D8)是对 C5：D8 区域求和。

运算符的优先级：Excel 中运算符的优先级如表 5-1 所示。

使用公式有一定的规则，即必须以"＝"开始。为单元格设置公式，应在单元格中或编辑栏中输入"＝"，然后直接输入所设置的公式。对公式中包含的单元格或单元格区域的引用，可以直接用鼠标拖动进行选定，或单击要引用的单元格输入引用单元格标志或名称，如"＝(C2＋D2＋E2)/3"表示将 C2、D2、E2 三个单元格中的数值求和并除以 3，把结果放入当前列中。在公式选项板中输入和编辑公式十分方便，公式选项板特别有助于输入工作表函数。

表 5-1　优先级

运算符（优先级高到低）
：
，
空格
－（负号）
％
^
* 和 /
＋ 和 －
&
＝,＞,＜,＞＝,＜＝,＜＞

输入公式的步骤如下：

① 选定要输入公式的单元格。

② 在单元格中或编辑栏中输入"＝"。

③ 输入设置的公式，按 Enter 键。

如果公式中含有函数，当输入函数时则可按照以下步骤操作：

① 直接输入公式函数名称格式文本，或在"函数"下拉列表框中选中函数名称，即出现公式选项板，选择所用到的函数名，如"SUM()"。

② 输入要引用的单元格或单元格区域，当添加好函数的各个参数后，再输入"()"。

③ 单击"确定"按钮。

（3）函数

Excel 含有大量的函数，可以帮助进行数据、文本、逻辑、在工作表内查找信息等计算工作，使用函数可以加快数据的录入和计算速度。Excel 2003 除了自身带有的内置函数外还允许用户自定义函数。函数的一般格式为：

函数名(参数 1,参数 2,参数 3)

在活动单元格中用到函数时需以"＝"开头,并指定函数计算时所需的参数。要使用函数可以单击"插入"菜单,再单击"函数"命令;也可直接单击工具栏中的"函数"按钮。下面介绍求和函数 SUM()和求平均值函数 AVERAGE()。

求和函数 SUM():

函数格式:SUM(number1,number2,…)

number1,number2,…是所求和的 1 至 30 个参数。该函数的功能是对所划定的单元格或区域进行求和,参数可以为一个常数、一个单元格引用、一个区域引用或者一个函数。例如要求图 5-6 中每个学生的四个平时成绩的总分,并把结果放在 I 列单元格中,操作步骤如下:

① 单击 I2 单元格使其变成活动单元格。

② 然后单击工具栏中的"函数"按钮,出现对话框如图 5-8 所示。

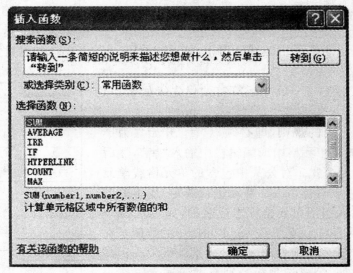

图 5-8　插入函数

③ 单击"选择函数"列表框中的"SUM"选项。

④ 单击"确定"按钮,显示如图 5-9 所示的函数对话框。

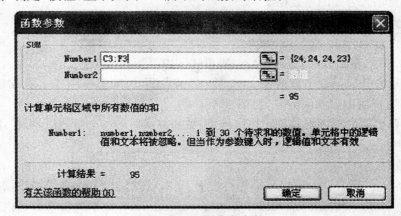

图 5-9　SUM 函数参数

⑤ Excel 2003 会根据活动单元格所在位置与行列的关系,自动赋予 Number1 一个求值范围。

求平均值函数 AVERAGE()：

函数格式：AVERAGE(number1,number2,…)

这是一个求平均值函数,要求参数必须是数值。如图 5-10 所示,要求 H 列的平均值并将其放入 H11 单元格中,求平均值的步骤同求和基本相同,可先按"函数"按钮,在"全部函数"中选择"AVERAGE"函数,按"确定"按钮后,系统将显示 Number1 为 H2：H10,再按"确定"按钮,就可得到结果。

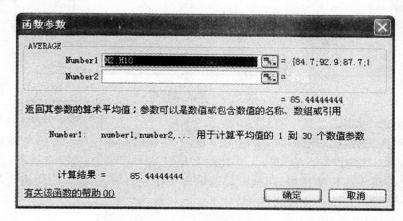

图 5-10　AVERAGE 函数参数

5.3　工作表的编辑

新建一个工作簿时,系统会同时新建三个空工作表,其名称为默认名"Sheet1"、"Sheet2"、"Sheet3",一个工作簿可以包含多个工作表。由于实际需要有时要增添工作表,有时要删除多余的工作表,有时还需要对工作表重命名。当工作表中的数据正确后,还要对工作表的格式进行设置,以使工作表版面更美观、更合理。

5.3.1　工作表的添加、删除和重命名

Excel 2003 具有很强的工作表管理功能,能够根据用户的需要十分方便地添加、删除和重命名工作表。

(1) 工作表的添加

在已存在的工作簿中可以添加新的工作表,添加方法有两种。

方法 1：单击"插入"菜单,选择"工作表"菜单项命令,如图 5-11 所示,Excel 2003 将在当前工作表前添加一个新的工作表。

方法 2：在工作表标签栏中,用鼠标右键单击工作表名字,出现一个弹出式菜单,选择"插入"菜单项,就可在当前工作表前插入一个新的工作表。

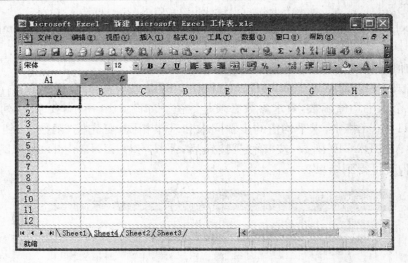

图 5-11 添加工作表

（2）工作表的删除

用户可以在工作簿中删除不需要的工作表，工作表的删除一般也有两种方式。

方法 1：单击"编辑"菜单，在下拉菜单中选择"删除工作表"命令，就完成删除工作表的操作。

方法 2：在工作表标签栏中，用鼠标右键单击工作表名字，出现一个弹出式菜单，再选择"删除"菜单项，就可将当前工作表删除。

（3）工作表的重命名

工作表的初始名称为 Sheet1、Sheet2、…，为了方便工作，用户需将工作表命名为自己易记的名字，因此，需要对工作表重命名。重命名的方法如下：

方法 1：单击"格式"菜单，选择"工作表"菜单项命令，出现级联菜单，单击"重命名"选项，工作表标签栏的当前工作表名称将会反相显示，即可修改工作表的名字。

方法 2：在工作表标签栏中，用鼠标右键单击工作表名字，出现弹出式菜单，选择"重命名"菜单项，工作表名字反相显示后就可将当前工作表重命名。

方法 3：双击需要重命名的工作表标签，键入新的名称覆盖原有名称。

5.3.2 工作表的移动或复制

实际应用中，有时需要将一个工作簿上的某个工作表移动到其他的工作簿中，或者需要将同一工作簿的工作表顺序进行重排，这时就需要进行工作表的移动和复制。在 Excel 2003 中，可以灵活地将工作表进行移动或者复制。复制或移动工作表的步骤如下：

（1）若需将工作表移动或复制到已有的工作簿上，要先打开用于接收工作表的工作簿。

（2）切换到需移动或复制的工作表上，在"编辑"菜单上，单击"移动或复制工作表"命令，系统会弹出对话

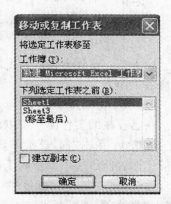

图 5-12 "移动或复制工作表"对话框

框，如图 5-12 所示。

（3）在"工作簿"下拉菜单中，选择用来接收工作表的工作簿。若单击"新工作簿"，即可将选定工作表移动或复制到新工作簿中。

（4）在"下列选定工作表之前"列表框中，单击以选择需要在其前面插入移动或复制的工作表。如果需要将工作表添加或移动到目标工作簿的最后，则选择"移到最后"列表项。

（5）如果只是复制而非移动工作表，选中对话框中的"建立副本"复选框即可。

（6）按"确定"按钮。

如果用户是在同一个工作簿中复制工作表，可以按下 Ctrl 键并用鼠标单击要复制的工作表标签将其拖动到新位置，同时松开 Ctrl 键和鼠标。在同一个工作簿中移动工作表只需用鼠标拖动工作表标签到新位置。

5.3.3　工作表窗口的拆分和冻结

工作表窗口的拆分：由于屏幕较小，当工作表很大时，往往只能看到工作表部分数据的情况，如果希望比较对照工作表中相距较远的数据，则可将工作表窗口按照水平或垂直方向分割成几个部分。例如，要将图 5-13 中表格窗口拆分成图中的式样，选择"窗口"菜单中的"拆分窗口"，屏幕中就出现了两个拆分线。

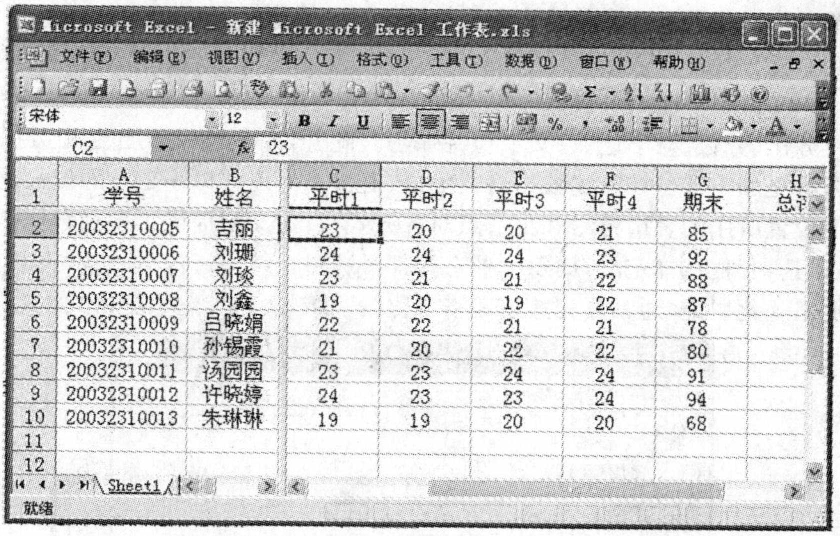

图 5-13　窗口拆分

为了在工作表滚动时保持行列标志或其他数据可见，可以"冻结"窗口顶部和左侧区域。窗口中被冻结的数据区域不会随工作表的其他部分一同移动，并始终保持可见。如在图 5-13 中，由于学生人数很多，在屏幕上一次显示不完，可将第一行全部"冻结"以便数据在屏幕上滚动时，始终能看得见第一行的标志，操作步骤如下：

（1）在第二行上选中一个单元格作为活动单元格。

（2）在"窗口"菜单上单击"冻结拆分窗口"命令，则在第一行下面出现一条黑色的冻结线，以后通过滚动条滚动屏幕查看数据时，第一行的提示标志始终冻结在屏幕上。

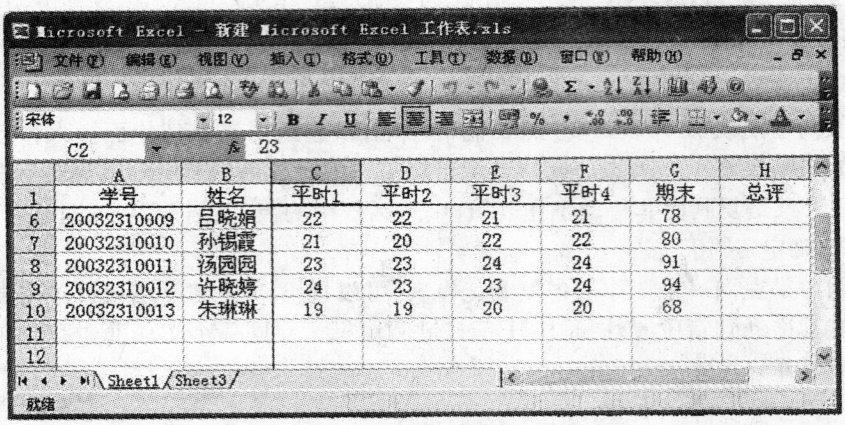

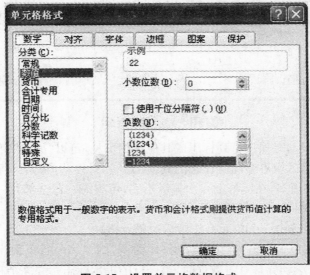

图 5-14　水平冻结

5.3.4　工作表的格式化

用户建立一张工作表后,需要对工作表进行格式设置,以便形成格式清晰、内容整齐、样式美观的工作表,通过设置工作表格式可以建立不同风格的数据表现形式。工作表格式的设置包括单元格格式的设置和单元格中的数据格式的设置。

（1）工作表中数据的格式化

Excel 2003 为用户提供了丰富的数据格式,它们包括:常规、数值、货币、会计专用、日期、时间、百分比、分数、科学记数、文字和特殊等。此外,用户还可以自定义数据格式,使工作表中的内容更加丰富。在上述数据格式中,数值格式可以选择小数点的位数;会计专用可对一列数值设置所用的货币符号和小数点对齐方式;自定义则提供了多种数据格式,用户可以通过"格式选项"框选择定义,而每一种选择都可通过系统即时提供的说明和实例来了解。在进行数据格式化以前,通常要先选定需格式化的区域,然后指定数据格式。

图 5-15　设置单元格数据格式

① 选中需要的单元格。

② 选择"格式",点击"单元格"命令,弹出"单元格格式"对话框。

③ 指定数据格式。

（2）单元格内容的对齐

Excel 中设置了默认的数据对齐方式,在新建的工作表中进行数据输入时,文本自动左对齐,数字自动右对齐。单元格的内容在水平和垂直方向都可以选择不同的对齐方向,Excel 2003 还为用户提供了单元格内容的缩进及旋转等功能。在水平方向,系统提供了左对齐、右对齐、居中对齐等功能,默认的情况是文字左对齐,数值右对齐,还可以使用缩进功能使内容不紧贴表格。垂直对齐具有靠上对齐、靠下对齐及居中对齐等方式,默认的对齐方式为靠下对齐。在"方向"框中,可以将选定的单元格内容完成从 -90° 到 +90° 的旋转,这样就可将表格内容由水平显示转换为各个角度的显示。在"文本控制栏"还允许设置为自动换行、合并单元格等功能。可以通过"格式"对话框中的"对齐"选项卡或"格式"工具栏上的相关按钮设置对齐方式。

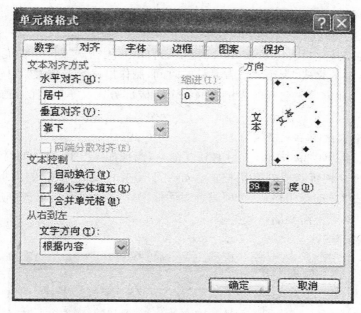

图 5-16　设置单元格对齐数字格式

（3）表格内容字体的设置

为了使表格的内容更加醒目,可以对一张工作表的各部分内容的字体做不同的设定。方法是先选定要设置字体的单元格或区域,然后在"单元格格式"对话框中打开"字体"选项卡,该选项卡同 Word 的字体设置选项卡类似,再根据报表要求进行各项设置,设置完毕后按"确定"按钮。

（4）表格边框的设置

在编辑电子表格时,显示的表格线是利用 Excel 本身提供的网格线,但在打印时 Excel 并不打印网格线。因此,用户需要自己给表格设置打印时所需的边框,使表格打印出来更加美观。首先选定所要设置的区域,激活"格式"菜单,单击"单元格"命令,在"单元格格式"对话框中打开"边框"选项卡,可以通过"边框"设置边框线或表格中的框线,在"样式"中列出了Excel 提供的各种样式的线型,还可通过"颜色"下拉列表框选择边框的色彩。

(5)底纹的设置

为了使表格各个部分的内容更加醒目、美观,Excel 2003 提供了在表格的不同部分设置不同的底纹图案或背景颜色的功能。首先选择需要设置底纹的表格区域,然后单击"格式"菜单的"单元格"命令,再在"单元格格式"对话框中打开"图案"选项卡,在"颜色"列表中选择背景颜色,还可在"图案"下拉列表框选择底纹图案,按"确定"按钮。

(6)表格列宽和行高的设置

由于系统会对表格的行高进行自动调整,一般不需人工干预。但当表格中的内容的宽度超过当前的列宽时,可以对列宽进行调整,步骤如下:

① 把鼠标移动到要调整宽度的列的标题右侧的边线上。

② 当鼠标的形状变为左右双箭头时,按住鼠标左键。

③ 在水平方向上拖动鼠标调整列宽。

④ 当列宽调整到满意的时候,释放鼠标左键。

(7)自动套用格式和样式

对工作表的格式化也可以通过 Excel 提供的自动套用格式或样式功能,从而快速设置单元格和数据清单的格式,为用户节省大量的时间,制作出优美的报表。自动套用格式是指内置的表格方案,在方案中已经对表格中的各个组成部分定义了特定的格式。自动套用格式使用方法如下:

① 选择要格式化的单元格区域。

② 在"格式"菜单中单击"自动套用格式"命令,出现如图 5-17 所示的对话框。

③ 单击选择一种所需要的套用格式。如果不需要自动套用格式中的某些格式,单击"选项"按钮,打开"自动套用格式"选项设置对话框,如图 5-17 所示,单击"应用格式种类"栏中的复选框可以清除不需要的格式类型。

④ 单击"确定"按钮。

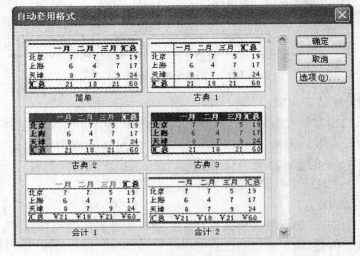

图 5-17 "自动套用格式"对话框

　　样式是保存多种已定义格式的集合,Excel 自身带有许多已定义的样式,用户也可以根据需要自定义样式。要一次应用多种格式,而且要保证单元格格式一致,就应该使用样式。应用样式的操作步骤如下:

① 选择要格式化的单元格。

② 单击"格式"中的"样式"命令,出现一个对话框。

③ 单击"样式名"框中所需的样式。

④ 单击"确定"按钮。

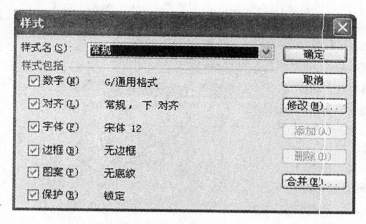

图 5-18　样式

5.4　数据图表

　　图表是 Excel 最常用的对象之一,它是依据选定的工作表单元格区域内的数据按照一定的数据系列而生成的,是工作表数据的图形表示方法。与工作表相比,图表能形象地反映出数据的对比关系及趋势,利用图表可以将抽象的数据形象化。当数据源发生变化时,图表中对应的数据也自动更新,使得数据更加直观,用户一目了然。

　　Excel 2003 提供了丰富的图表功能,可以利用其方便地绘制不同的图表。例如:柱形图、条形图、折线图、饼图等。利用数据生成图表时,要根据具体情况选用不同的图表,也就是说,您关心的重点是什么。例如:商场主管要了解商场每月的销售情况,他关心的是变化趋势,而不是具体的值,用折线图就一目了然;如果要分析各大彩电品牌在市场上的占有率,这时应该选用饼图,表明部分与整体之间的关系。了解 Excel 常用的图表及其用途,正确选用图表,可以使数据变得更加简单、清晰。

　　◇ 柱形图:用于一个或多个数据系列中的自得值的比较。

　　◇ 条形图:实际上是翻转了的柱形图。

　　◇ 折线图:显示一种趋势,在某一段时间内的相关值。

　　◇ 饼图:着重部分与整体间的相对大小关系,没有 X 轴、Y 轴。

　　◇ XY 闪点图:一般用于科学计算。

　　◇ 面积图:显示在某一段时间内累计变化。

◇ 圆环图：可显示部分与整体之间的关系，每个环代表一个数据系列。圆环图包括普通环图和分离型环图。

◇ 曲面图：曲面图类似于拓扑图形，曲面图中的颜色和图案用来指示同一取值范围内的区域。曲面图包括三维曲面图、三维曲面图框架图、俯视曲面图和俯视曲面框架图。

5.4.1 图表结构

Excel 的图表分为嵌入式图表和工作表图表两种。嵌入式图表是置于工作表中的图表对象，保存工作簿时该图表随工作表一起保存。工作表图表是工作簿中只包含图表的工作表。

图表的基本组成(图 5-19)如下：

(1) 图表区：整个图表及其包含的元素。

(2) 绘图区：在二维图表中，以坐标轴为界并包含全部数据系列的区域。在三维图表中，绘图区以坐标轴为界并包含数据系列、分类名称、刻度线和坐标轴标题。

(3) 图表标题：一般情况下，一个图表应该有一个文本标题，它可以自动与坐标轴对齐或在图表顶端居中。

(4) 数据分类：图表上的一组相关数据点，取自工作表的一行或一列。图表中的每个数据系列以不同的颜色和图案加以区别，在同一个图表上可以绘制一个以上的数据系列。

(5) 数据标记：图表中的条形面积圆点扇形或其他类似符号，来自于工作表单元格的单一数据点或数值。图表中所有相关的数据标记构成了数据系列。

(6) 数据标志：根据不同的图表类型，数据标志可以表示数值、数据系列名称、百分比等。

(7) 坐标轴：为图表提供计量和比较的参考线，一般包括 X 轴、Y 轴。

(8) 刻度线：坐标轴上的短度量线，用于区分图表上的数据分类数值或数据系列。

(9) 网格线：图表中从坐标轴刻度线延伸开来并贯穿整个绘图区的可选线条系列。

(10) 图例：是图例项和图例项标示的方框，用于标示图表中的数据系列。

(11) 图例项标示：图例中用于标示图表上相应数据系列的图案和颜色的方框。

(12) 背景墙及基底：三维图表中包含在三维图形周围的区域。用于显示维度和边角尺寸。

(13) 数据表：在图表下面的网格中显示每个数据系列的值。

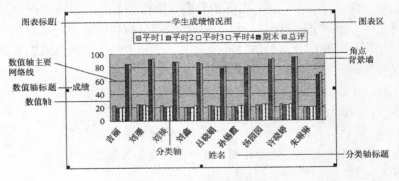

图 5-19　学生成绩情况图

5.4.2　创建图表

若在工作表数据附近插入图表，应创建嵌入式图表，若在工作簿的其他工作表上插入图表，应创建工作表图表。无论哪种图表都与创建它们的工作表数据相连接，当修改工作表数据时，图表会随之更新。

生成图表，首先必须有数据源。这些数据要求以列或行的方式存放在工作表的一个区域中，若以列的方式排列，通常要以区域的第一列数据库作为 X 轴的数据。若以行的方式排列，则要求区域的第一行数据作为 X 轴的数据。下面以图 5-20 中的数据为数据源来创建柱形图。

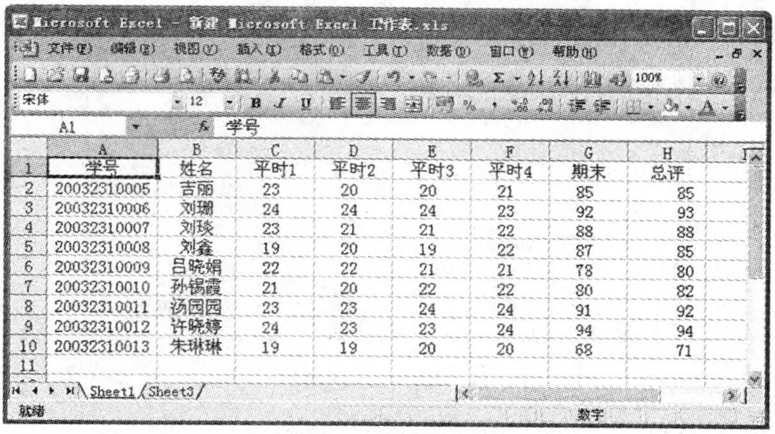

学号	姓名	平时1	平时2	平时3	平时4	期末	总评
20032310005	吉丽	23	20	20	21	85	85
20032310006	刘珊	24	24	24	23	92	93
20032310007	刘琰	23	21	21	22	88	88
20032310008	刘鑫	19	20	19	22	87	85
20032310009	吕晓娟	22	22	21	21	78	80
20032310010	孙锡霞	21	20	22	22	80	82
20032310011	汤园园	23	23	24	24	91	92
20032310012	许晓婷	24	23	23	24	94	94
20032310013	朱琳琳	19	19	20	20	68	71

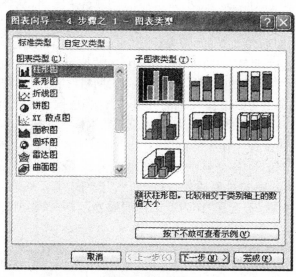

图 5-20　图表数据源

(1) 单击“插入”菜单，选择“图表”选项，或单击工具栏中的“图表”按钮，就可启动图表向导，如图 5-21 所示。

图 5-21　图表向导

（2）选择图表类型。在"标准类型"选项卡中的"图表类型"窗口中选择柱形图，在"子图表类型"复选框选择第一张图，然后单击"下一步"按钮，屏幕显示"图表向导—4 步骤之 2—图表源数据"（图 5-22）。

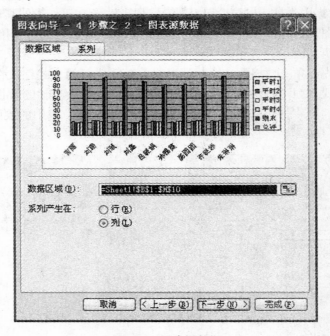

图 5-22　图表源数据

（3）选择图表数据源。在"数据区域"选项卡的"数据区域"编辑框中输入图表数据源的单元格区域，或直接由鼠标在工作表中选取数据区域 ＝Sheet1！B1：H10，选择"系列产生在"选项为"列"。再打开如图 5-22 所示的"系列"选项卡，通过"添加"按钮将计算机、打印机、复印机添加进添加"系列"小窗口，然后再按"下一步"按钮，屏幕则显示出如图 5-23 所示的"图表向导—4 步骤之 3—图表选项"对话框。

（4）在对话框"标题"标签页上的"图表标题"框中输入该图表的标题为"学生成绩情况图"，"分类（X）轴"中输入"姓名"，"数值（Y）轴"中输入"成绩"。另外，还可以看到在图 5-23 所示的对话框中，除了"标题"选项卡外，还有坐标轴、网格线、图例、数据标志、数据表等选项卡。其中，"坐标轴"选项卡可以选择 X 轴的分类；"图例"选项卡可以重新放置图例的位置；"数据标志"选项卡可以在图表的柱形上添加相应的数据标志；"数据表"选项卡，将在图表下添加一个完整的数据表，就像工作表的数据一样。

（5）按"下一步"按钮，屏幕会显示"图表向导—4 步骤之 4—图表位置"对话框，如图 5-24 所示。单击"作为其中的对象插入"，按"完成"按钮，那么系统会将图表自动附加到工作表中，如图 5-24 所示；若选择"作为新工作表插入"，则系统会将生成的图表另外单独作为一个图表工作表。

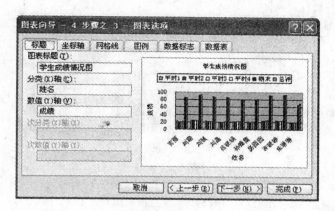

图 5-23　图表选项

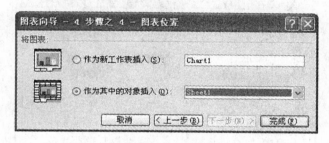

图 5-24　图表位置

5.4.3　图表的编辑与格式化

图表的编辑与格式化是指按用户的要求对图表内容、图表格式、图表布局和外观进行编辑和设置的操作,使图表的显示效果满足用户的需求。图表的编辑与格式化大都是针对图表的某个项或某些项进行的,图表项特点直接影响到图表的整体风格。

要对图表进行编辑与格式化,必须从工作表切换到图表即启动图表。嵌入式图表的启动只需在图表区任意处双击鼠标左键即可;工作表图表的启动只需单击图表工作表标签。启动图表以后就可以更改其中的图表项,如编辑或修改图表标题、为图表加上数据标志、把单元格的内容作为图表文字、删除图表文字等。图表的格式化包括图表文字的格式化、坐标轴刻度的格式化、数据标志的颜色改变、网格线的设置、图表格式的自动套用等。还可以对图表中的图例进行添加、删除和移动,对图表中的数据系列或数据点进行添加和删除等。可以改变当前的图表类型,或改变数据源,以及图表的位置等,通过选择相应的命令,执行后进行对应的取值,就可以做出期望的改变。

将鼠标移动到图表区域,单击鼠标右键,单击"图表区格式"命令,会出现一个对话框,打开其中的"字体"选项卡,会出现"字体"对话框(与 Word 的类似)。还可以对"图案"(图表区的颜色进行选择)以及"属性"(单元格的大小、位置)进行设置。

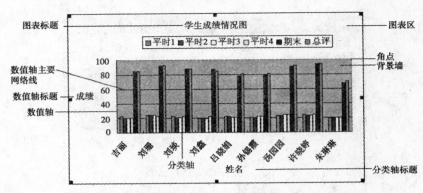

图 5-25　学生情况图

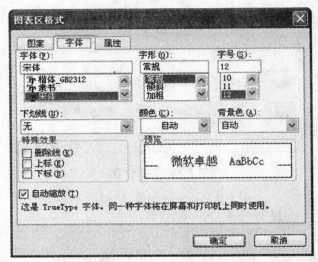

图 5-26　图表区格式

右键单击"分类轴",选择"坐标轴格式",就可以进行相关设置。如图 5-27 所示。

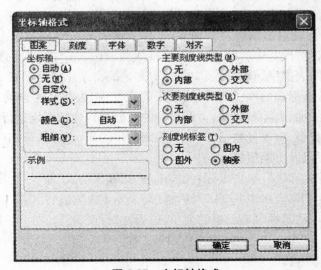

图 5-27　坐标轴格式

　　同样,将鼠标移至"图例"区域,单击鼠标右键,也可以得到"图例格式"对话框,选取适当的项后,就能达到编辑和格式化图例的目的。

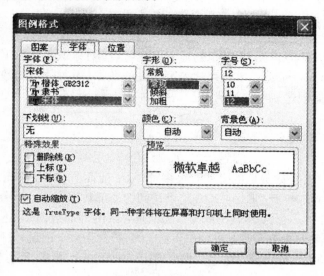

图 5-28　图例格式

　　指向一个柱体,单击右键选择"数据系列格式",如图 5-29,可以对"坐标轴"、"误差线 Y"、"数据标志"、"系列次序"等进行设置。

　　指向图表区点右键,可以对图表的"位置"、"类型"、"数据源"、"图表选项"、"设置三维视图格式"进行调整和设置。也可对图表背景、图区背景进行相关设置。

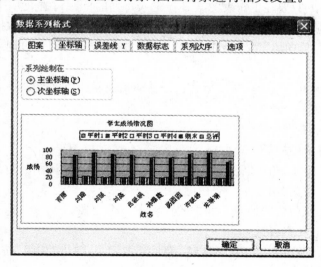

图 5-29　数据系列格式

5.5　数据清单的管理

　　Excel 2003 是一个强大的数据分析软件。在实际工作中常常面临着大量的数据且需要及时、准确地进行处理,这时可借助于数据清单技术来处理。

数据清单的管理一般是指对工作表进行排序、筛选、分类和汇总等操作。本节逐一介绍排序、筛选、分类和汇总等操作,以实现日常所需要的统计工作。

数据清单是典型的二维表,是由工作表、单元格构成的矩形区域。

矩形区域的第一行为表头,由多个列标识组成,这些列标识名在数据表中称作字段名,而字段名不能相同,所以数据清单的列就表示字段的数据,而每一行的数据表示一个记录。在一个工作表中只能创建一个数据清单。

5.5.1　数据导入

在 Excel 2003 中,获取数据的方式有很多种,除了前面所讲的直接输入方式外,还可以通过导入方式获取外部数据。Excel 2003 能够访问的外部数据库有 Access、FoxBase、FoxPro、Oracle、Paradox、SQL Server、文本数据库等。无论是导入的外部数据库,还是在 Excel 2003 中建立的数据库,都是按行和列组织起来的信息集合,每行称为一个记录,每列称为一个字段,可以利用 Excel 提供的数据库工具对这些数据库的记录进行查询、排序、汇总等工作。

5.5.2　数据清单的编辑

数据清单是位于工作表中的有组织的信息集合,可以精确地存储数据。也可以把数据清单看作是一个包括数据和描述性文字的数据库表格。数据清单包括字段名和数据两部分。

在 Excel 2003 中,只要在工作表的某一行键入每列的标题,在标题下面逐行输入每个记录,一个数据库就建好了。可以利用前面已经介绍过的数据输入方法向数据库中添加数据,在这里也可以通过记录单向已定义的数据清单中添加数据,同时还可通过记录单查找数据。

（1）添加记录

可以选中数据清单下方的空白单元格,将新的信息输入数据清单。也可以通过"记录"命令或"插入"命令实现这个目的。

添加记录的步骤如下:

① 单击数据清单中的任一单元格。

② 激活"数据"菜单,单击"记录单"命令后,出现如图 5-30 所示的对话框。

③ 单击"新建"按钮,出现一个空白记录。

④ 键入新记录所包含的信息。如果要移到下一个字段,按 Tab 键;如果要移到上一个字段,则按 Shift+Tab 组合键。

⑤ 当数据输入完毕后,按下 Enter 键,表示添加记录,单击"关闭"按钮完成新记录的添加并关闭记录单。

含有公式的字段将公式的结果显示为标志,这种标志不能在记录单中修改。如果添加了含有公式的记录,直到按下 Enter 键或单击"关闭"按钮添加记录之后,公式才被计算。

（2）删除记录

在图 5-30 所示的对话框中单击"删除"按钮,将从数据清单中删除当前显示的记录。

图 5-30　添加记录　　　　　　　　图 5-31　查找记录

（3）查找记录

如果要查找记录，可在图 5-30 所示的对话框中单击"条件"按钮，出现空白记录单，通过在该记录单中输入相应的检索条件"期末"＜＝85（图 5-31），单击"上一条"、"下一条"按钮就可以查看到符合给定条件的所有记录。

5.5.3　数据排序

在新建立的数据清单中，数据是依照输入的先后随机排列的。Excel 2003 数据的排序功能可以使用户非常容易地实现对记录进行排序，用户只要分别指定关键字及升降序，就可完成排序的操作。

排序前应将原始数据区复制到空白区域或另一个新工作表中，并在新的数据区上排序，以保护原始数据的完整。

首先激活作为排序标准的字段，数据中的任一单元格，单击升序或降序按钮，完成排序。

若选择的字段是日期型数据，则系统按照日期的先后排列。若是字符型，则按照其 ASCII 码值的大小排列。汉字则按照其拼音的顺序排列。

用户自定义排序的操作是：选择"数据"，点击"排序"，弹出"排序选项"对话框，如图 5-32。

设置"主要关键字"、"次要关键字"以及"第三关键字"，"升降序"方法，就完成了相关的"排序"。

若想将排序后的清单恢复到排序前的状态，仅通过使用"撤销"功能有时无法做到。排序前应将原始数据区

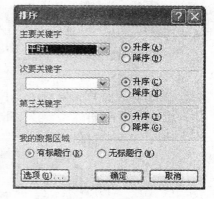

图 5-32　排序

复制到空白区域或另一个新工作表中，并在新的数据区上排序，以保护原始数据的完整。

5.5.4　数据筛选

对数据进行筛选，就是在数据库中查询满足特定条件的记录，它是一种用于查找数据清

单中的数据的快速方法。使用"筛选"可在数据清单中显示满足条件的数据行。对记录进行筛选有两种方式,一种是"自动筛选",另一种是"高级筛选"。

(1)自动筛选

使用自动筛选功能,一次只能对工作表中的一个数据清单使用筛选命令,对同一列数据最多可以应用两个条件,操作步骤如下:

① 单击工作表中数据区域的任一单元格。

② 激活"数据"菜单,选择"筛选"命令项,再选取"自动筛选"命令,这时在每个字段上会出现一个筛选按钮,单击下拉按钮,结果如图 5-33 所示。

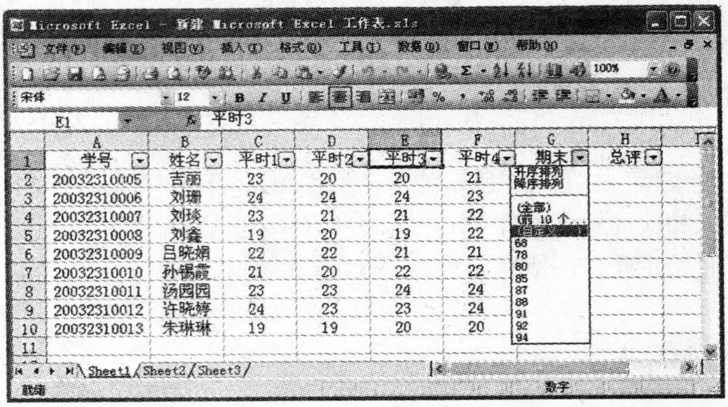

图 5-33　自动筛选

③ 如果要只显示含有特定值的数据行,可单击含有待显示数据的数据列上端的下拉箭头筛选按钮,然后选择所需的内容或分类。

④ 如果要使用基于另一列中数值的附加条件,可在另一列中重复步骤③。

有时候,用户为了特定的目的,会进行一些有条件的筛选,那么就需要在图 5-33 所示的筛选下拉列表框中选择"自定义"选项。例如要查看期末分数在 80～90 分之间的学生情况,就要用到这种筛选方法,步骤如下:

① 单击"期末"字段的筛选按钮,选择"自定义"选项,系统会出现"自定义自动筛选方式"对话框。

② 在对话框中,单击左上下拉列表框下拉箭头,选择"大于或等于",在其右边的下拉列表框中输入"80",再点击"与"逻辑选择,同样,在下面的下拉列表框中选择"小于或等于"项,在右边的下拉列表框中输入"90"。

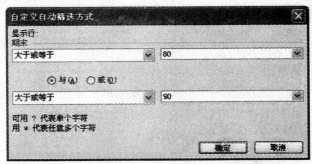

图 5-34　自定义自动筛选方式

③ 单击"确定"按钮,屏幕就会出现筛选的结果。

（2）高级筛选

使用自动筛选,可以在数据库表格中筛选出符合特定条件的值。但有时所设的条件较多,用自动筛选就有些麻烦,这时,就可以使用高级筛选来筛选数据。使用高级筛选,应在工作表的数据清单上方先建立至少有三个能被用作条件区域的空行,且数据清单必须有列标识。条件区域建立过程：先在第一个空行输入在筛选中必要的字段名,第二行输入筛选条件,第三行作为条件区域与数据清单的分隔线。

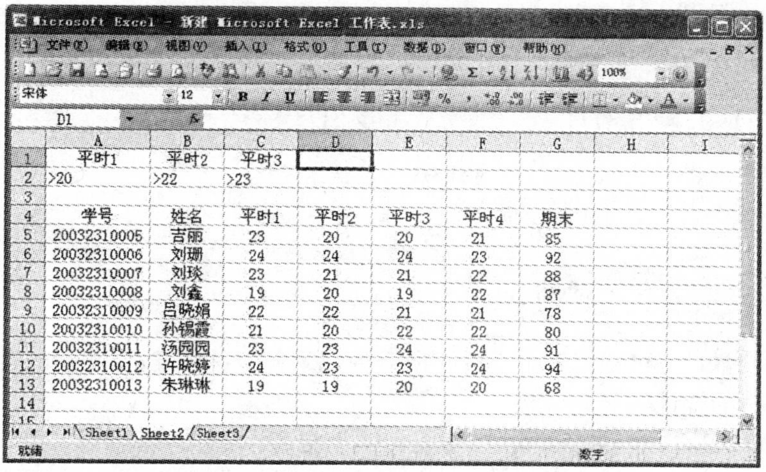

图 5-35　筛选条件

如果要找出图 5-35 中平时 1＞20、平时 2＞22、平时 3＞23 分以上的记录,就可以采取下面的方法：在数据列表中,与数据区隔一行建立条件区域,然后单击"数据"菜单,选择"筛选"命令项,单击"高级筛选"命令项,屏幕会出现如图 5-36 所示的对话框。

将"列表区域"和"条件区域"分别选定,再按"确定"按钮,就会在原数据区域显示出符合条件的记录,如图 5-37 所示。

如果想保留原始的数据列表,就须将符合条件的记录复制到其他位置,应在图 5-36 所示对话框中的"方式"选项中选择"将筛选结果复制到其他位置",并在"复制到"框中输入欲复制的位置。

图 5-36　高级筛选

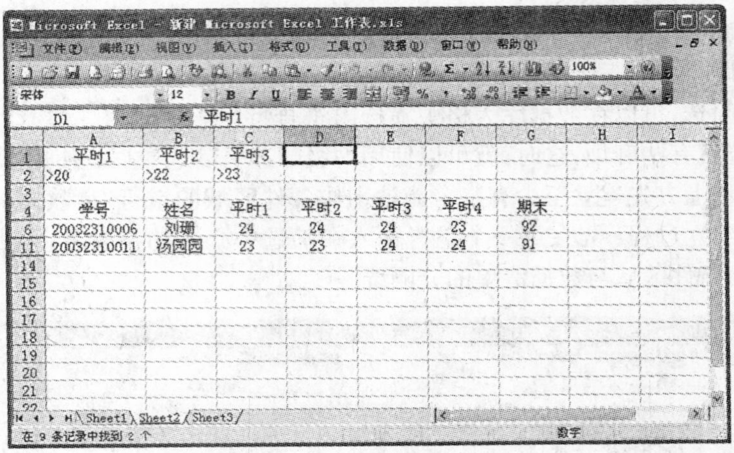

	A	B	C	D	E	F	G
1	平时1	平时2	平时3				
2	>20	>22	>23				
3							
4	学号	姓名	平时1	平时2	平时3	平时4	期末
6	20032310006	刘珊	24	24	24	23	92
11	20032310011	汤园园	23	23	24	24	91

图 5-37　筛选结果

5.5.5　分类汇总

建立数据清单后，可依据某个字段将所有的记录分类，把字段值相同的连续记录作为一类，得到每一类的统计信息。

Excel 2003 具备很强的分类汇总功能。使用分类汇总工具，可以分类求和、求平均值等。当然，也可以很方便地移去分类汇总的结果，恢复数据表格的原形。要进行分类汇总，首先要确定数据表格最主要的分类字段，并对数据表格进行排序。

(1) 创建分类汇总

以一份学生基本情况登记表为例，利用分类汇总显示整个生源情况，并统计各省学生入学成绩平均值。

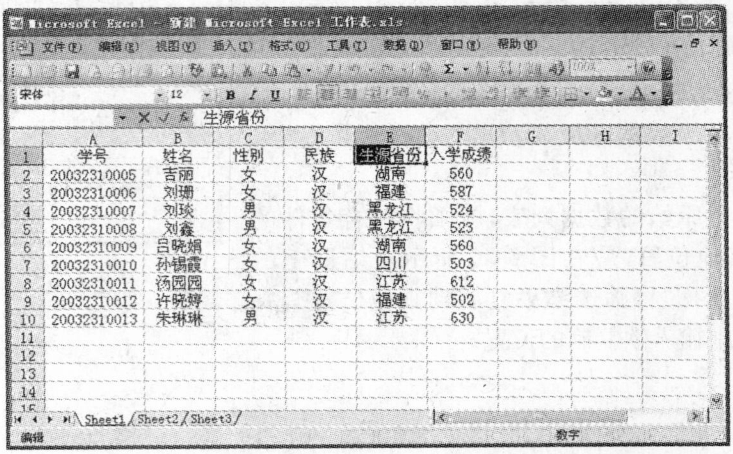

	A	B	C	D	E	F
1	学号	姓名	性别	民族	生源省份	入学成绩
2	20032310005	吉丽	女	汉	湖南	560
3	20032310006	刘珊	女	汉	福建	587
4	20032310007	刘琰	男	汉	黑龙江	524
5	20032310008	刘鑫	男	汉	黑龙江	523
6	20032310009	吕晓娟	女	汉	湖南	560
7	20032310010	孙锡霞	女	汉	四川	503
8	20032310011	汤园园	女	汉	江苏	612
9	20032310012	许晓婷	女	汉	福建	502
10	20032310013	朱琳琳	男	汉	江苏	630

图 5-38　学生基本情况登记表

单击“数据”菜单项，选择“分类汇总”命令，屏幕出现如图 5-39 的对话框。

图 5-39　分类汇总

设置"分类字段"为"生源省份","汇总方式"为"平均值","选定汇总项"为"入学成绩"。单击"确定"按钮便得到结果,如图 5-40。

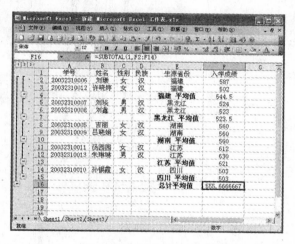

图 5-40　分类汇总结果

（2）创建嵌套分类汇总

在"生源省份"汇总的前提下,再按性别做进一步的分类汇总,则需要创建嵌套分类汇总。

① 首先对源数据清单按"生源省份"、"性别"两个字段进行排序,其中"生源省份"作为排序的主要关键字,"性别"作为次要关键字。

② 然后按前面的分类汇总过程,先对"生源省份"字段进行第一次分类汇总。

③ 再选择字段"性别",进行第二次分类汇总,如图 5-41。

注意,将系统默认的设置选取"替换当前分类汇总"复选框,改为取消选择,单击"确定",结果如图 5-42。

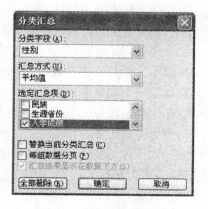

图 5-41　"性别"分类汇总

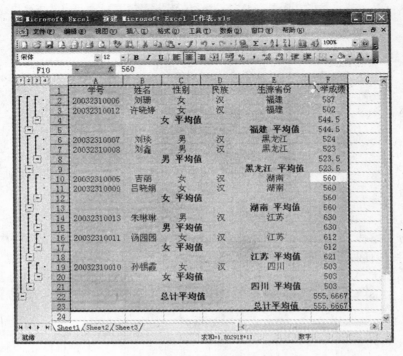

图 5-42　嵌套分类汇总结果

（3）分类汇总删除

选择"数据"，点击"分类汇总"，最后点击"全部删除"命令，即可删除分类汇总。

5.6　数据保护

5.6.1　设置工作簿的密码

在 Excel 中，可以设置打开文件密码和修改文件密码。

在打开文件时，要求输入密码可杜绝未经授权的用户打开一篇文档。修改文件时，要求输入密码，虽允许其他人打开文档，但是只有经授权的用户才可以对其进行修改。如果有人更改了文档却不拥有修改文档的密码，则仅能以其他名称保存文档。修改文件时要求输入密码并不会加密文件内容。

密码是区分大小写的，如果指定密码时使用了大小写混合的字母，用户输入密码时，输入的大小写形式必须与之完全一致。可以使用同时包含大小写字母、数字和符号的强密码。

当创建需要密码才可打开的文档时应当将密码记下并保存在安全的位置。如果丢失了密码，将无法打开或访问受密码保护的文件。

设置密码的步骤如下：

（1）首先打开需要添加密码的工作簿。

（2）然后选择菜单栏中的"工具"，点击"选项"命令，显示"选项"对话框。然后选择"安全性"选项,输入您所要设置的密码。"高级"选项中还可以选择加密方法。

(3)单击"确定"按钮,即可将密码添加到当前的工作簿。

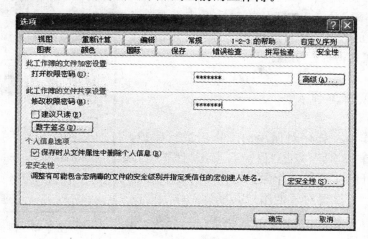

图 5-43　"选项"设置

5.6.2　设置信息管理权限

Microsoft Office 2003 提供了一种称为"信息权限管理 IRM"的新功能,它可以帮助防止敏感信息扩散到错误的人员手中,而不论是由于意外还是粗心。即使是在文件离开您的计算机桌面之后,IRM 也可有效地帮助控制文件。

IRM 使工作表的制作者可以创建具有受限的工作表,这种受限权限可以仅仅授予某些特定用户,但不能再次打开工作表。

在 Excel 2003 中,作者可以通过使用"权限"对话框,在每个用户或每份文档的基础上进行修改。

(1)读取。具有"读取"权限的用户可以读取文档、工作簿或工作表,但没有编辑工作簿和工作表的权限。

(2)更改。具有"更改"权限的用户可以读取、编辑和保存对文档、工作簿或工作表的更改,但没有打印权限。

(3)完全控制。具有"完全控制"权限的用户拥有完全的创作权限,并可以像原作者一样对文档、工作簿或工作表执行任何操作,包括设置内容的到期日期,禁止打印以及赋予用户权限。作者始终具有"完全控制"权限。

5.6.3　保护工作簿

保护工作簿分为保护结构和保护窗口。

保护工作簿结构是对工作簿不能进行移动、复制、删除、隐藏、新增工作表及改变表名称等操作。

保护工作簿窗口是对工作簿窗口不能执行移动、隐藏、

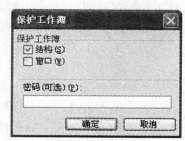

图 5-44　保护工作簿

关闭以及改变大小等操作。

保护结构和窗口操作为选择"工具",点击"保护",点击"保护工作簿"命令,在打开的对话框中选择"结构"或者"窗口"复选框。还可以设置"密码"。单击"确定"按钮,启动工作簿保护功能。

5.6.4 保护工作表

同保护工作簿一样可对使用的工作表进行保护。具体操作为选择"工具",点击"保护",点击"保护工作表"命令,在打开的对话框中作保护操作。默认设置锁定全部单元格。可设置对其他用户共享该工作表时的访问权限。还可以设置"密码"。单击"确定"按钮,启动工作表保护功能。

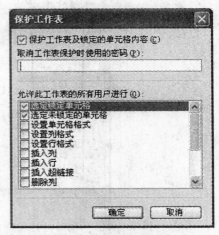

图 5-45　保护工作表

5.7　页面设置和打印

在制作完一张工作表后,根据需要可将它打印出来。在打印之前,首先要设置页面区域和做好分页工作。

5.7.1 设置页面区域和分页

(1) 设置页面区域

用户在打印前,首先要对打印的区域进行设置,否则,系统会把整个工作表作为打印区域。设置页面区域,可以使用户控制只将工作表的某一部分打印出来,设置页面区域的方法一般有两种。

方法 1:先选定打印区域所在的工作表,选定需要打印的区域,然后单击"文件"菜单中的"打印区域"命令,在弹出的菜单中选取"设置打印区域"项,Excel 2003 就会把选定的区域作为打印的区域。

方法 2:首先选定工作表,选择需要打印的区域,打开"文件"菜单,单击菜单中的"打印"命令,就会弹出一个打印设置对话框。在"打印"对话框中的"打印"框内,选择"选定区域",就可控制在打印时只打印指定的区域。

(2) 分页

一个 Excel 2003 工作表可能有很大,而能够用来打印的纸张面积都是有限的,对于超过一页信息的工作表,系统能够自动设置分页符,在分页符处将文件分页。而用户有时需要对工作表中的某些内容进行强制分页,因此,用户需要在打印工作表之前,先对工作表进行分页。对工作表进行人工分页,一般是在工作表中插入分页符,插入的分页符包括垂直的人工分页符和水平的人工分页符。插入分页符的方法是先选定要开始新页的单元格,然后选择"插入"菜单的"分页符"命令,以进行人工分页。

　　在插入分页符时,应注意开始新页的那个单元格的选定。如果是进行垂直分页,选定的单元格应属于"A"列;如果是进行水平分页,选定的单元格应属于第一行。否则,所插入的将是一个垂直的人工分页符或一个水平的人工分页符。当要删除一个人工分页符时,应选定人工分页符下面的第一行单元格(垂直分页符)或右边的第一列单元格(水平分页符),然后单击"插入"菜单,此时弹出的下拉菜单中的"分页符"命令将变为"删除分页符"命令,单击此命令就可删除这个人工分页符。如果要删除全部人工分页符,则应选中整个工作表,然后单击"插入"菜单下的"重设所有分页符"命令。

5.7.2　页面设置

　　工作表在打印之前,要进行页面的设置。单击"文件"菜单下的"页面设置"选项,就可激活"页面设置"对话框,在该对话框中可以对页面、页边距、页眉/页脚和工作表进行设置。

　　(1)"页面"选项卡中的选项

　　选择"页面设置"对话框中的"页面"选项卡。

　　在这个对话框中,用户可以将"方向"调整为纵向或横向;调整打印的"缩放比例",可选择 10%～400% 尺寸的效果打印,100% 为正常尺寸;设置"纸张大小",从下拉列表中可以选择用户需要的打印纸的类型;"打印质量"列表中有高、中、低和草稿四个选项供选择。如果用户只打印某一页码之后的部分,可以在"起始页码"中设定。

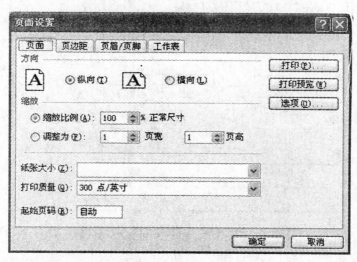

图 5-46　页面设置

　　(2)页边距的设置

　　打开"页边距"选项卡,可得到如图 5-47 所示的对话框。分别在"上"、"下"、"左"、"右"编辑框中设置页边距。在"页眉"、"页脚"编辑框中设置页眉、页脚的位置;在"居中方式"中,可选"水平居中"和"垂直居中"两种方式。

　　(3)页眉/页脚的设置

　　打开"页眉/页脚"选项卡,如图 5-48 所示。在"页眉/页脚"选项卡中单击"页眉"下拉列表可选定一些系统定义的页眉,同样,在"页脚"下拉列表中可以选定一些系统定义的页脚。

单击"自定义页眉"或"自定义页脚"就可以进入下一个对话框,进行用户自己定义的页眉、页脚的编辑。

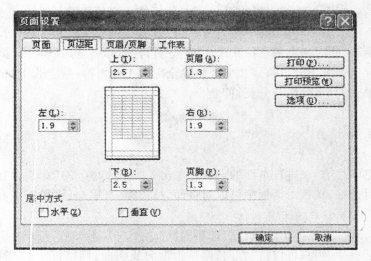

图 5-47　设置页边距

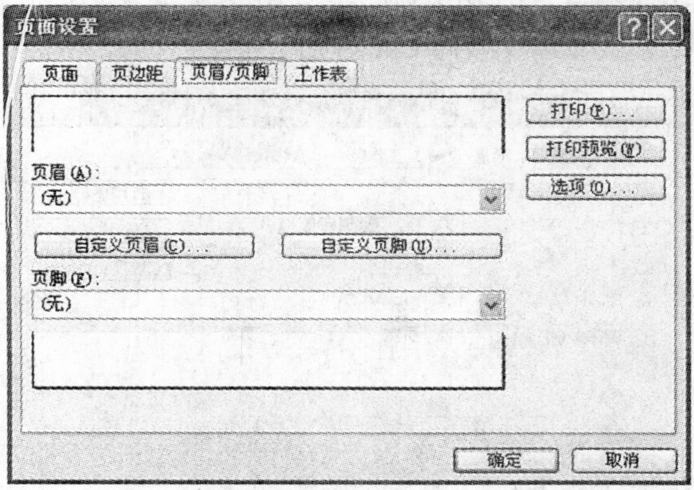

图 5-48　设置页眉/页脚

　　单击"自定义页眉"或"自定义页脚"按钮后,系统会弹出一个如图 5-49 所示的对话框。在这个对话框中,用户可以在"左"、"中"、"右"框中输入自己期望的页眉、页脚。另外,在上方还有七个不同的按钮,按 Ⓐ 按钮,可以对页眉、页脚进行字体的编辑。按 🔳 按钮和 🔳 按钮,表示在光标所在位置插入页码和总页码。按 🔳 按钮,在光标所在位置插入日期。按 🔳 按钮,在光标所在位置插入时间。按 🔳 按钮,表示在光标所在位置插入 Excel 2003 工作簿的名称。按 🔳 按钮,是在光标所在位置插入标签。

　　(4) 工作表的设置

　　选择"工作表"选项卡,得到如图 5-50 所示的对话框。如果要打印某个区域,则可在"打印区域"文本框中输入要打印的区域。如果打印的内容较长,要打印在两张纸上,而又要求在第二页上具有与第一页相同的行标题和列标题,则在"打印标题"框中的"标题行"、"标题列"指定标题行和标题列的行与列,还可以指定打印顺序等。

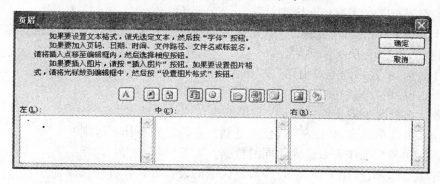

图 5-49　自定义设置框

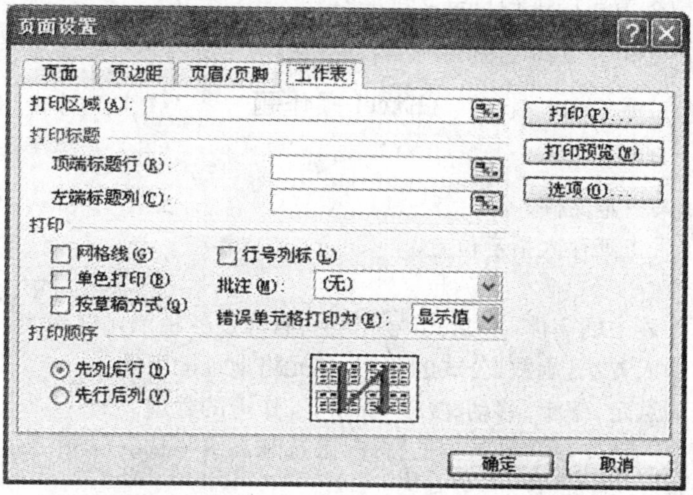

图 5-50　工作表设置

5.7.3　打印预览和打印

在打印前,一般都会先进行预览,因为打印预览看到的内容和打印到纸张上的结果是一模一样的,这样就可以防止由于没有设置好报表的外观使打印的报表不合要求而造成浪费。单击"文件"菜单,选择"打印预览"命令,或直接单击工具栏中的"打印预览"按钮。

预览完后,当设置符合用户要求时,可以单击"打印"按钮。用户可以在"打印机"栏的"名称"框中选择打印机类型。在"范围"栏中选择"全部",打印整张工作表,在"页"中设定需要打印的页的页码。在"份数"栏中选择要打印的份数。在"打印"栏中选择"选定区域"、"选定工作表"或"整个工作簿"。

习题

1. 工作簿与工作表有什么区别？

2. 什么是 Excel 的"单元格"？单元格名如何表示？什么是活动单元格？在窗口的何处能够得到活动单元格的特征信息？

3. 什么是"单元格的绝对引用"或"单元格的相对引用"？如何表示它们？

4. Excel 中的"公式"是什么？公式中可引用哪些单元格？

5. 在什么情况下需要使用 Excel 提供的窗口冻结功能？

6. 什么是数据填充、数据复制、公式复制？它们之间有什么区别？

7. 如何在多个工作表中输入相同的数据？

8. 打印工作簿、打印工作表、打印数据区域的设置方式各有什么区别？

9. 工作表中有多页数据，若想在每页上都留有标题，则在打印中应如何设置？

10. 如何在数据清单中进行自定义排序？

11. 如何在数据清单中进行数据筛选？数据的筛选和分类汇总有什么区别？

Excel 操作题

［要求］

1. 能正确调入指定文件。

2. 完成操作后将其存入指定位置。

3. 操作要求

（1）设置工作表中的字体、字型、字号、颜色、修饰及各种单元格格式。

（2）数据的输入方法，函数、公式的使用，单元格地址的引用。

（3）工作表的选定、编辑、移动、复制、保护，工作簿的管理。

（4）数据清单的建立、编辑，数据的排序、筛选和高级筛选、分类汇总、合并计算。

（5）图表的建立、编辑、移动、复制等。

［样题］

在 A 盘的 JS 文件夹中有文件 2001－12.xls，内容如下：

学生成绩统计表						
班级	姓名	数学	物理	化学	平均分	总分
计算机 97	钱千前	100	75	85		
	孙荪隼	81	84	74		
	赵兆朝	92	74	65		
计算机 98	周舟宙	94	91	86		
	武勿吾	75	79	85		
	李力理	82	62	71		

续表

学生成绩统计表						
班级	姓名	数学	物理	化学	平均分	总分
计算机 99	王罔望	68	86	92		
	冯风封	84	90	63		
	郑正帧	71	80	74		

在 Excel 中读入 A 盘 JS 文件夹中的 2001 - 12. xls,并按下列要求操作:

(1) 设置表格第一列标题为通栏、居中、16 号字、楷体、红色。

(2) 设置表格各列标题为黑体、14 号字、上下、水平居中。

(3) 设置表格外边框为粗线、内边框为细线。

(4) 求出每个同学的平均分和总分。

(5) 按班级分类统计出各班级的总平均分,并置于另一张工作表上,为该表取名为"分类统计"。

(6) 制作如图所示的三维簇状条形图,反映总分随姓名不同从高到低变化的情况。

(7) 将做好的表格以 CJB. xls 存于 A 盘的 WRITE 文件夹中。

学生成绩统计表						
班级	学号	数学	物理	化学	平均分	总分
计算机 97	11	92	74	65	77.0	231
计算机 97	12	100	75	85	86.7	260
计算机 97	13	81	84	74	79.7	239
计算机 97 平均值					81.1	
计算机 98	11	82	62	71	71.7	215
计算机 98	12	94	91	86	90.3	271
计算机 98	13	75	79	85	79.7	239
计算机 98 平均值					80.6	
计算机 99	21	71	80	74	75.0	225
计算机 99	22	68	86	92	82.0	246
计算机 99	23	84	90	63	79.0	237
计算机 99 平均值					78.7	
总计平均值					80.1	

学生成绩统计表						
班级	姓名	数学	物理	化学	平均分	总分
计算机 98	周舟宙	94	91	86	90.3	271
计算机 97	钱千前	100	75	85	86.7	260
计算机 99	王罔望	68	86	92	82.0	246
计算机 97	孙荪隼	81	84	74	79.7	239
计算机 98	武勿吾	75	79	85	79.7	239
计算机 99	冯风封	84	90	63	79.0	237
计算机 97	赵兆朝	92	74	65	77.0	231
计算机 99	郑正帧	71	80	74	75.0	225
计算机 98	李力理	82	62	71	71.7	215

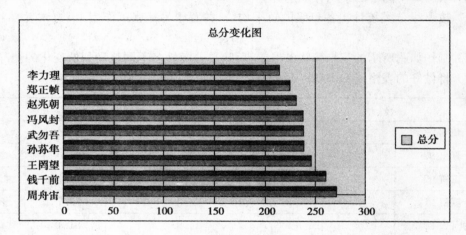

第 6 章
中文 PowerPoint 2003

- PowerPoint 2003 概述
- 演示文稿的创建
- 编辑演示文稿
- 幻灯片的放映和打印

利用 PowerPoint 创建的演示文稿称为电子演示文稿，一个电子演示文稿是由一张张的电子幻灯片组成的。PowerPoint 2003 是 Office 2003 的重要组件，它主要用来制作丰富多彩的幻灯片集，以便在计算机屏幕或者投影板上播放，或者用打印机打印出幻灯片或透明胶片等。如果需要，用户还可以使用 PowerPoint 2003 创建用于 Internet 上的 Web 页面。本章主要介绍 PowerPoint 2003 的基本概念与基本操作，演示文稿的制作，以及浏览、放映、打印演示文稿等方面的内容。

6.1　PowerPoint 2003 概述

6.1.1　PowerPoint 2003 新增功能

（1）更新的播放器

Microsoft Office PowerPoint 2003 播放器进行了改进，具有高保真输出功能，支持 PowerPoint 2003 图形、动画和媒体。新的播放器不需要安装。您的演示文稿文件用新增的"打包到 CD"功能打包后，在默认情况下将包含此播放器，您也可以从 Web 上下载此播放器。另外，此播放器支持查看和打印。更新的播放器需要在 Microsoft Windows 98 或更高版本平台上运行。

（2）打包成 CD

"打包成 CD"是 Microsoft Office PowerPoint 2003 有效分发演示文稿的新增方式。将演示文稿制作成 CD，以便在运行 Microsoft Windows 操作系统的计算机上查看。直接从 PowerPoint 中刻录 CD，需要 Microsoft Windows XP 或更高版本。不过，如果使用的是 Windows 2000，则可将一个或多个演示文稿打包到一个文件夹中，然后使用第三方 CD 刻录软件将演示文稿复制到 CD 中。

（3）改进的多媒体播放功能

使用 Microsoft Office PowerPoint 2003 可通过全屏演示方式观看和播放影片。方法是：右键单击影片，在快捷菜单上单击"编辑影片对象"，再选中"缩放至全屏"复选框。当安装了 Microsoft Windows Media Player 版本 8 或更高版本时，PowerPoint 2003 中改进的多媒体播放功能可支持其他媒体格式，包括 ASX、WMX、M3U、WVX、WAX 和 WMA。如果没有所需的媒体编码解码器，PowerPoint 2003 将尝试使用 Windows Media Player 技术进行下载。

（4）新增的幻灯片放映导航工具

新增的精致而典雅的"幻灯片放映"工具栏可在您制作演示文稿时提供对幻灯片放映导航的便捷访问。此外，直观方便的选项还简化了常规幻灯片放映任务。"幻灯片放映"工具栏使您能够在演示中方便地使用墨迹注释工具、笔和荧光笔选项以及"幻灯片放映"菜单。

（5）改进的幻灯片放映墨迹注释功能

利用 Microsoft Office PowerPoint 2003 中的墨迹功能，您可以在做演示的时候使用墨迹标记幻灯片或审阅幻灯片。您不仅能保留您在幻灯片放映演示文稿中留下的墨迹，而且当您将墨迹标记保存到演示文稿中之后，还能打开和关闭幻灯片放映标记。某些方面的墨迹功能需要在 Tablet PC 上运行 PowerPoint 2003 才可使用。

（6）新增的智能标记支持

Microsoft Office PowerPoint 2003 中新增了广受欢迎的智能标记支持功能。只需在"工具"菜单上选择"自动更正选项"，然后单击"智能标记"选项卡，即可在演示文稿中使用智能标记来标记文本。PowerPoint 2003 附带的智能标记识别器列表中包括日期、金融符号和人名。

（7）改进的位图导出功能

Microsoft Office PowerPoint 2003 中的位图更大，导出时分辨率更高。

（8）文档工作区

使用"文档工作区"可简化通过 Microsoft Office Word 2003、Microsoft Office Excel 2003、Microsoft Office PowerPoint 2003 或 Microsoft Office Visio 2003 与其他人实时地共同创作、编辑和审阅文档。文档工作区网站是 Microsoft Windows SharePoint Services 网站，可集中一个或多个文档。不管是通过直接处理文档工作区副本，还是通过处理自己的副本，人们都可以很容易地协同处理文档，他们可以使用已保存到文档工作区网站上副本的更改，定期更新他们自己的副本。

通常，使用电子邮件将文档作为共享附件发送时会创建文档工作区。作为共享附件的发件人，您将成为该文档工作区的管理员，而所有的收件人都会成为文档工作区的成员，他们会被授予参与该网站相关讨论的权限。另一个创建"文档工作区"的常见方法是使用 Microsoft Office 2003 程序中的"共享工作区"任务窗格（"工具"菜单）。在使用 Word、Excel、PowerPoint 或 Visio 打开"文档工作区"所基于文档的本地副本后，该 Office 程序将定期从"文档工作区"获取更新，并使其可供您使用。如果对工作区副本的更改与您对自己副本所做的更改有冲突，您可以选择保留哪个副本。当完成编辑您的副本时，您可将更改保存到文档工作区，在那里其他成员可获取这些更改并将它们合并到他们的文档副本中。

（9）信息权限管理

现在，敏感信息仅可以通过限制对存储信息的网络或计算机的访问来进行控制。但是，一旦赋予了用户访问权限，就会对如何处理内容或将内容发送给谁没有任何限制。这种内容分发很容易使敏感信息扩散到从未打算让其接收该信息的人员。Microsoft Office 2003 提供了一种称为"信息权限管理（IRM）"的新功能，可以帮助防止敏感信息扩散到错误的人员的手中，而不论是由于意外还是粗心。

使用"权限"对话框（单击"文件"，选择"权限"下的"不能分发"，或者常用工具栏上的"权限"）赋予用户"读取"和"更改"权限，并为内容设置到期日期。作者可通过单击"权限"子菜单上的"无限制的访问"，或者单击常用工具栏上的"权限"，从文档、工作簿或演示文稿中删除受限制的权限。

另外，公司的管理员可以在"权限"子菜单上创建在 Microsoft Office Word 2003、Microsoft Office Excel 2003 和 Microsoft Office PowerPoint 2003 中可用的权限策略，并定义谁可以访问信息及用户对文档、工作簿或演示文稿具有什么级别的编辑或 Office 功能。

6.1.2 启动 PowerPoint 2003

启动 PowerPoint 2003 的方法有多种,一般来说可以从"开始"菜单的"程序"项中启动,双击 PowerPoint 文件,或双击快捷图标启动,其操作与 Word 的启动类似。

启动 PowerPoint 后屏幕出现如图 6-1 所示的对话框。

其中,"根据内容提示向导"选项是指根据 PowerPoint 2003 提供的内容模板制作演示文稿;"根据设计模板"是指用 PowerPoint 2003 提供的设计模板制作演示文稿;"空演示文稿"是指完全自主地制作演示文稿。

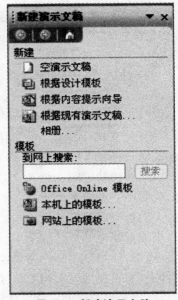

图 6-1 新建演示文稿

6.1.3 退出 PowerPoint 2003

退出 PowerPoint 2003 应用程序,释放其所占用的系统资源,返回桌面,可通过下列方法实现:

(1) 打开"文件"菜单,选择"退出"命令。

(2) 单击应用程序窗口标题栏上的"关闭"按钮。

(3) 双击应用程序窗口标题栏上的"控制菜单"按钮。

6.1.4 PowerPoint 2003 用户界面

PowerPoint 2003 用户界面类似于 Word 2003,由标题栏、菜单栏、工具栏、工作区、状态栏、任务窗格等组成。

6.1.5 视图切换按钮

演示文稿窗口的左下角有三个按钮▣器豆,称为视图方式切换按钮,用于快速切换到不同的视图。从左到右依次为:"普通视图"按钮、"幻灯片浏览视图"按钮、"幻灯片放映"按钮,下面分别介绍。

(1) 普通视图

普通视图包含三种窗格:大纲窗格、幻灯片窗格和备注窗格。

① 大纲窗格。其中有两个选项卡:大纲和幻灯片。"大纲"显示了幻灯片中的文本大纲,"幻灯片"显示了幻灯片的缩略图。

② 幻灯片窗格。在幻灯片窗格中,可以查看每张幻灯片的外观,是对幻灯片的主要编辑窗口。

③ 备注窗格。备注窗格使得用户可以添加与观众共享的演说者的备注或信息。如果需要在备注中含有图形,必须向备注页视图中添加备注。

（2）幻灯片浏览视图

在幻灯片浏览视图中，可以看到演示文稿中的所有幻灯片，这些幻灯片是以缩略图显示的。

（3）幻灯片放映

可分为两种：一种是从当前页开始放映，另一种是在幻灯片浏览视图中从所选幻灯片开始放映。

6.2　演示文稿的创建

由 PowerPoint 2003 生成的文件叫做演示文稿，演示文稿名就是文件名，其扩展名为.ppt。一个演示文稿包含若干张幻灯片，每一张幻灯片都是由对象及其版式组成的。

（1）演示文稿的创建

点击"文件"，点击"新建"，在屏幕上显示"新建演示文稿"任务窗格，如图 6-1，可以使用下列四种方法创建新演示文稿。

① 使用"空演示文稿"创建新演示文稿。

② 使用"根据设计模板"创建新演示文稿。

③ 使用"根据内容提示向导"创建新演示文稿。

④ 使用"根据现有演示文稿"创建新演示文稿。

（2）演示文稿的保存与打开

PowerPoint 2003 提供了菜单和工具栏，它们使操作更为简单。其操作与 Word 文档的保存与打开类似，其中许多按钮与 Word 工具栏中的按钮也类似。

6.3　编辑演示文稿

在制作一个演示文稿之前，必须对所要阐述的问题有着清醒和深刻的认识。必须对整个内容做充分的准备工作。比如确定演示文稿的应用范围和重点、加入一些有说服力的数据和图表、最终给出概括性的结论等。当然，对于不同的应用有着不同的设计规则，这只有通过不断的实践才能获得。

6.3.1　编辑幻灯片中的文本

（1）有文本占位符时输入文本

① 首先选择常用工具栏中的"新建幻灯片"，然后选择一种包含文本占位符的自动版式，比如选择"标题幻灯片"，如图 6-2 所示。

② 单击文本占位符，在里面输入内容。

（2）无文本占位符时输入文本

① 单击"插入"菜单中的"文本框"命令或单击绘图工具栏上的"文本框"按钮，然后在要进行插入的位置用鼠标左键单击。

② 将文本占位符拖长至所需要的长度。

图 6-2　幻灯片版式

③ 在文本框中输入文本。

通常输入的文本的格式都是系统默认的,但有时候这种格式并不能完全满足需要,比如可能要对文本的字体、颜色、项目符号、对齐方式等进行修改。

(3) 修改字体

① 选中要修改的文本,在文本上单击右键,从弹出的菜单中选择"字体"命令。

② 在打开的"字体"对话框中,根据需要改变文本的字体大小、字型、字号、颜色、效果等,设置完后按"确定"按钮关闭对话框。

(4) 添加项目符号

① 将要添加项目符号的文本全部选中,在文本上单击右键,从弹出的菜单中选择"项目符号和编号"命令。

② 在打开的"项目符号和编号"对话框中,用户既可以使用常用的符号也可以选择图片或其他符号作为项目符号。

③ 添加的项目符号默认颜色为黑色,若想改变颜色可以单击"项目符号和编号"对话框中的"颜色"下拉式列表框,选择其他的颜色。

④ 添加的"项目符号"默认大小比例是 100%,即项目符号的大小与文本字符的大小相等,若想改变项目符号的大小,可以使用鼠标选择"项目符号和编号"对话框中的"大小"下拉列表框,将该比例更改。

⑤ 单击"确定"按钮,将添加的项目符号应用于文本。

(5) 修改文本对齐方式

① 选择要更改对齐方式的文本。

② 单击格式工具栏上的对齐按钮或选择"格式"菜单中的"对齐方式"命令,Power-Point 提供了五种段落对齐方式:左对齐、居中对齐、右对齐、两端对齐、分散对齐。

(6) 调整行距

① 选择要调整行距的文本。

② 单击"格式"菜单中"行距"命令,打开"行距"对话框。

③ 修改"行距"、"段前"、"段后"中的数值。

④ 单击"预览"按钮,此时文本每行之间的间距已改变,再单击"确定"按钮。

6.3.2 插入、删除和复制幻灯片

(1) 插入新幻灯片

① 在普通视图中,利用 PageUp、PageDown 键或鼠标拖动垂直滚动条切换到要插入新幻灯片之前的幻灯片。

② 在"幻灯片版式"任务窗格选择一个幻灯片版式。

③ 点击"插入"→"新幻灯片"。

④ 在幻灯片内增加文本或其他对象。

(2) 删除幻灯片

在普通视图中,利用 PageUp、PageDown 键或鼠标拖动垂直滚动条切换到要删除的幻灯片,点击"编辑"→"删除幻灯片"。

（3）复制幻灯片

① 选中要复制的幻灯片。

② 点击"编辑"→"复制"。

③ 光标移到要复制的幻灯片内。

④ 点击"编辑"→"粘贴"。

6.3.3 更改幻灯片顺序、隐藏/显示及放大/缩小幻灯片

（1）更改幻灯片顺序

更改幻灯片顺序有三种方法：

① 在普通视图的"大纲"选项卡上，先选中一个或多个幻灯片图标，再将其拖动到一个新位置。

② 在普通视图的"幻灯片"选项卡上，先选中一个或多个幻灯片缩略图，再将其拖动到一个新位置。

③ 在幻灯片浏览视图中，先选中一个或多个幻灯片缩略图，再将其拖动到一个新位置。

（2）隐藏/显示幻灯片

要想隐藏幻灯片则在普通视图的"幻灯片"选项卡上，选择要隐藏的幻灯片，点击"幻灯片放映"→"隐藏幻灯片"。

要想重新显示已隐藏幻灯片则在普通视图的"幻灯片"选项卡上，选择要显示的隐藏幻灯片，点击"幻灯片放映"→"隐藏幻灯片"。

（3）放大/缩小幻灯片

选中要更改显示比例的区域，点击"视图"→"显示比例"，选中所需的比例。

6.3.4 应用设计模板与版式的设置

点击"视图"，选择"工具栏"下的"任务窗格"，在任务窗格里进行应用设计模板与版式的设置。

（1）应用设计模板的设置

① 打开要进行版式设置的幻灯片。

② 单击任务窗格中的"幻灯片设计"命令，显示"应用设计模板"列表。

③ 在列表中单击所需的模板，则该模板自动应用于演示文稿。

（2）版式的设置

① 打开要进行版式设置的幻灯片。

② 单击任务窗格中的"幻灯片版式"命令，显示"应用幻灯片版式"列表。

③ 在列表中单击所需的幻灯片版式，则该幻灯片版式自动应用于演示文稿。

6.3.5 在幻灯片中插入剪贴画

在演示文稿中添加图片可以增加演讲的效果，极大地丰富幻灯片的演示效果，Power-

Point 2003 设置了剪贴库,其中包含多种剪贴画、图片、声音和图像,它们都能插入到演示文稿中使用。现在以剪贴画为例进行讲解。插入剪贴画的操作步骤如下:

(1) 首先选择常用工具栏中的"新建幻灯片"按钮,在其中选择带有剪贴画的幻灯片自动版式。

(2) 选择"插入"菜单"图片"命令中的"剪贴画"选项,出现"剪贴画"任务窗格。

(3) 在任务窗格"搜索文字"框中选择所需类别,如"卡通"。

(4) 单击"搜索"按钮,窗口中将出现该类别中所有的剪贴画。

(5) 选择所需的剪贴画并单击右键,在弹出的菜单中选择"插入"命令,则该剪贴画插入到幻灯片上。

如果是双击剪贴画占位符来启动,则出现"选择图片"对话框,插入剪贴画的操作没有改变。

6.3.6　在幻灯片中插入艺术字

艺术字是一种既能表达文字信息,又能以生动活泼的形式给幻灯片添加艺术效果的工具。PowerPoint 2003 提供了多种外观各异的艺术字造型,用户可以从中选择满意的字型插入到自己的幻灯片中。

在幻灯片中插入艺术字的具体步骤如下:

(1) 在 PowerPoint 2003 中打开编辑的演示文稿,选定欲插入艺术字的幻灯片为当前幻灯片。

(2) 打开"插入"菜单,选择"图片"选项,在子菜单中选择"艺术字",打开"艺术字"库对话框。

(3) 选择合适的艺术字式样,单击"确定"按钮。屏幕弹出编辑"艺术字"文字对话框。

(4) 在对话框中输入相应的文字,并可对文字的字体、字号、字型进行格式化,设置完毕后,单击"确定"按钮,则所编辑的艺术字被插入到当前幻灯片中。

对所插入的艺术字进行简单编辑的步骤如下:

首先选定艺术字,使其四周显示八个尺寸控制点和一个黄色菱形控制点。如果要删除艺术字,按 Delete 键;如果要改变艺术字的大小,将鼠标定位在尺寸控制点上,当光标变成双向箭头时,按住并拖动鼠标,可放大或缩小艺术字;如果要移动艺术字,将鼠标指向艺术字,当光标变成四向箭头时,按住并拖动鼠标,将艺术字移动到幻灯片上合适的位置;将光标定位在黄色菱形控制点上,按住并拖动鼠标可改变艺术字的形状。

插入的艺术字可被进一步美化和修饰,利用"艺术字"工具栏上的各种命令按钮,可对艺术字的文字信息、式样、形状、颜色等进行重新设置,并可以旋转艺术字方向。

6.3.7　在幻灯片中插入表格

在 PowerPoint 2003 中也可处理类似于 Word 和 Excel 中的表格对象。创建表格有两种方法:可以从包含表格对象的幻灯片自动版式中双击占位符启动;若没有表格占位符可以选择"插入"菜单中再单击"表格"命令。无论用哪种方式启动,屏幕上都会弹出"插入表格"对话框。启动后在"插入表格"对话框中输入所需要的行数和列数,再单击"确定"按钮,然后就可以往每个单元格中输入内容了。

与 Word 和 Excel 的表格不同的是,在 PowerPoint 中,虽能插入、删除行和列,但不能插入、删除某个单元格,只能对单元格中的文本或数据进行修改。在表格中插入行或列:首先选中该表格,找到要插入的位置用鼠标左键单击,然后点击"表格和边框"工具栏上的"表格"旁的小三角,在其下拉式列表中选择"在上方插入行"或"在下方插入行"来插入一行;或选择"在左侧插入列"或"在右侧插入列"来插入一列。在表格中删除行或列:与"插入"的操作类似,只是在"表格"的下拉式列表中选择"删除行"来删除一行或选择"删除列"来删除一列。

在表格中添加文本的具体步骤如下:

(1) 单击表格中的单元格,当插入点在单元格左上角闪烁时,即可在插入点位置输入数据或文字。

(2) 在单元格中输入数据时,可以按 Enter 键结束当前段落并开始一个新段落。

(3) 单击表格边框外部的任意位置,即可结束文本的输入。

在当前单元格输入完文本后,需要将插入点移动到其他单元格中输入文本,这时可以使用鼠标或键盘完成此操作,具体步骤如下:

(1) 按 Tab 键可以将插入点移动到后一个单元格,如果该单元格中已经有文本对象,将自动选中。

(2) 按 Shift+Tab 组合键可以将插入点移动至前一个单元格,如果该单元格中已经有文本对象,将自动选中。

(3) 单击需要输入文本的单元格,可将插入点移动到该单元格,但是不会选中该单元格已经存在的文本对象。

(4) 按住 Ctrl 键后,再单击需要输入文本的单元格,可将插入点移动到该单元格,同时选中该单元格中已经存在的文本对象。但是,此时如果单击单元格文本末尾后的空白,则不会选中该文本。

6.3.8　插入图表

如果需要在幻灯片中加入一些有说服力的图表和数据以加强效果,可以选择使用 Microsoft Graph 工具。用户可以在 Graph 中预先编辑好图表,然后再将图表嵌入幻灯片中。创建 Graph 数据图表有两种方法:可以从包含 Graph 数据图表的幻灯片自动版式中双击图表占位符启动 Graph;没有图表占位符时可以选择"插入"菜单中的"图表"命令。

(1) 选择常用工具栏中的"新建",选择带有图表占位符的幻灯片自动版式,此处选择"图表"。

(2) 双击图表占位符出现创建图表的 Microsoft Graph,图表及其相应的数据显示在名为"数据表"的表格内,该数据表提供了示例信息,用以表明应在何处键入行和列的标志及数据。

(3) 如果要取代示例数据,则在数据表内键入所需信息,观察幻灯片中的图表,可以看到如果用户修改了数据表中的文字或数值,图表将自动做出相应的改变。

（4）单击刚刚插入图表的应用程序的文档窗口任意处,可返回该应用程序。Power-Point 2003 为用户提供了各种图表类型,如柱形图、条形图、饼图、气泡图,还有其他的三维与平面图表类型,如圆柱图、棱锥图、圆锥图等。用户可以根据自己的喜好进行选择,只需单击“图表”菜单中的“图表类型”命令,打开“图表类型”对话框,在对话框的列表中选择图表样式。

6.3.9 插入组织结构图

如果演讲时要对机构等进行总体和直观的描述,就可以采用组织结构图。创建组织结构图有两种方法:可以从包含组织结构图的幻灯片自动版式中双击占位符启动;若没有组织结构图占位符可以选择“插入”菜单中的“图片”命令,再单击“组织结构图”。双击“组织结构图”占位符,新建的组织结构图会以默认的四图框样式出现。若想在图框中输入文字,可以单击该图框,然后键入自己想要输入的文字。若想继续在其他图框中输入信息,可以按Enter 键移动到下一个图框。若想添加图框,只需单击组织结构图常规工具栏上的相应按钮,然后再输入内容。

若想改变图框中文本的字体样式,可以首先选中图表框中要改变样式的文本,单击鼠标右键,从弹出的菜单中选择“字体”命令,然后在“字体”对话框中选择所需字体。若想改变图框中文字的颜色,首先单击文本,然后选择“文本”菜单中的“颜色”命令,在出现的“颜色”对话框中选择所需颜色。

6.3.10 在幻灯片中加入声音和电影

（1）加入声音的步骤

① 点击“插入”,点击“影片和声音”,选择“文件中的声音”。

② 在“插入声音”对话框中选择要插入的声音所在磁盘上的位置和文件名,单击“插入”按钮,弹出提示信息框。

③ 选“自动”时,播放到该张幻灯片时,自动播放插入的声音文件,否则只有单击时才开始播放。

④ 对声音文件的高级设置,在声音文件标识(黄色小喇叭)上右击,弹出快捷菜单,选择“编辑声音对象”命令。

⑤ 对声音文件的高级设置,在“声音选项”对话框中设置。

（2）加入影片的步骤

① 点击“插入”,点击“影片和声音”,选择“文件中的影片”。

② 在“插入影片”对话框中选择要插入的影片所在磁盘上的位置和文件名,单击“插入”按钮,弹出提示信息框。

③ 选“自动”时,播放到该张幻灯片时,自动播放插入的影片文件,否则只有单击时才开始播放。

④ 对影片的高级设置,在影片上右击,弹出快捷菜单,选“编辑影片对象”命令。在“影片选项”对话框中设置。

6.3.11　母版、配色方案

（1）母版类型的选择

母版可以使用户方便地控制整个演示文稿的外观。在母版中修改某些信息后，演示文稿中的每一张幻灯、备注页和讲义的相关部分也会随之变动。根据控制范围的不同，母版分为幻灯片母版、讲义母版和备注母版三类。可通过点击菜单"视图"，点击"母版"，选择幻灯片母版、讲义母版和备注母版三种类型之一。

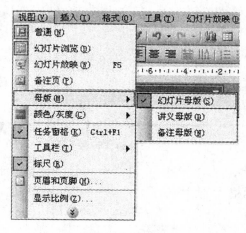

图 6-3　母版

① 幻灯片母版

用于控制除了标题幻灯片以外的所有幻灯片，可以通过它设置幻灯片主要文本的页面位置和文本格式，包括字体、字号、颜色和阴影等特殊效果。

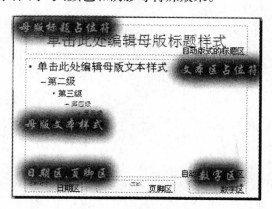

图 6-4　幻灯片母版

单击屏幕左下角的"视图"按钮，或者在"视图"菜单中选择其他视图，或者单击"母版"工具栏中的"关闭母版视图"按钮，都可以关闭幻灯片母版，回到正常编辑模式。

② 讲义母版

用于控制讲义的打印格式。讲义有 6 种可能的打印格式：每页打印 1 张、2 张、3 张、4

张、6张、9张幻灯片。

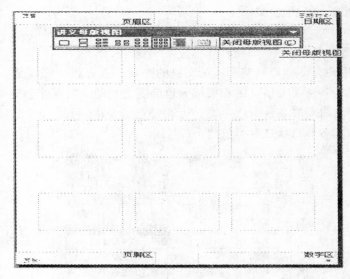

图 6-5　讲义母版

③ 备注母版

用于设置备注的显示格式，使每张备注页有一个统一的外观。

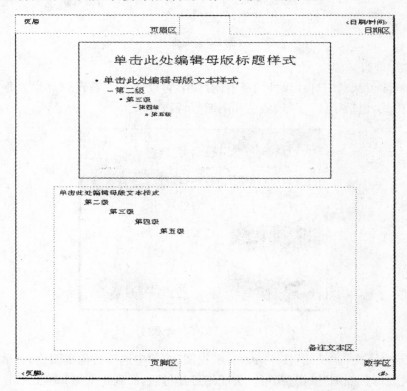

图 6-6　备注母版

（2）配色方案

演示文稿是一种面向观众的展示材料，其画面上的色彩运用得是否恰当协调，是影响演示效果的一个重要因素。配色方案是一组能够应用于演示文稿的预设颜色集合。在系统的配色方案中共有多种颜色，各有其特定的用途，分别应用于背景、文本、线条以及在前景中出现的其他对象。

选择配色方案步骤如下：

① 打开要配色的幻灯片。

② 单击任务窗格中的"幻灯片版式"→"配色方案"命令，显示"应用配色方案"列表。

③ 在列表中单击所需的配色方案，则该配色方案自动应用于演示文稿。

6.4　幻灯片的放映和打印

6.4.1　设置幻灯片动画方案

用户可以为幻灯片上的文本、形状、声音、图像和其他对象设置动画效果，这样可以突出重点，增加趣味性。例如，可以让一段文本从屏幕的一侧飞入屏幕等。

在普通视图中选择幻灯片上需要动态显示的对象之后（如一段文本），执行"幻灯片放映"，点击"自定义动画"菜单命令，从出现的"自定义动画"任务窗格中进行设置。单击"添加效果"按钮，出现 4 个选项，分别为"进入"、"强调"、"退出"和"动作路径"，根据需要进行设置。

6.4.2　设置幻灯片切换效果

切换效果是加在幻灯片之间的特殊效果。在幻灯片放映过程中，由一张幻灯片切换到另一张幻灯片时，切换效果可用不同的技巧将下一张幻灯片显示在屏幕上。例如，"垂直百叶窗"、"盒状展开"等。

添加切换效果可在普通视图或幻灯片浏览视图中进行。在幻灯片浏览视图中，可为选择的一组幻灯片增加同样的效果，并可浏览切换效果。操作步骤如下：

（1）选择"视图"菜单中的"幻灯片浏览"命令，切换到幻灯片浏览视图中。

（2）选择要添加切换效果的幻灯片。单击幻灯片可选择一张幻灯片；如果要选择多张幻灯片，按住 Shift 键时逐个单击；为了将同一种切换效果应用于全部幻灯片，则选"编辑"菜单中的"全选"命令。

（3）执行"幻灯片放映"，点击"幻灯片切换"菜单命令，在"幻灯片切换"任务窗格（如图 6-7 所示）中选择速度和声音。可以在视图中看到切换效果。

图 6-7　幻灯片切换

6.4.3　加入动作按钮

在 PPT 中,超链接是从一个幻灯片到另一个幻灯片、自定义放映、网页或文件的链接。超链接本身可能是文本或对象(图片、图形、形状或艺术字)。

动作按钮实质上是图形化的超链接。用户单击动作按钮时,自动链接到 URL 所指向的对象。

(1) 插入动作按钮

① 单击菜单"幻灯片放映"中的"动作按钮"选项。

② 在弹出的包含 12 种动作按钮样式的子菜单中选择要使用的按钮样式。

如果在每张幻灯片中插入按钮时可在幻灯片母版中完成一次插入,所有幻灯片中都会完成按钮的插入操作。

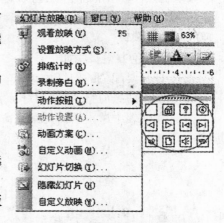

图 6-8　幻灯片放映—动作按钮

(2) 设置动作按钮的链接

右击"动作"按钮,然后在弹出的快捷菜单中选择"编辑超链接"命令,弹出"动作设置"对话框,在对话框中即可完成设置。

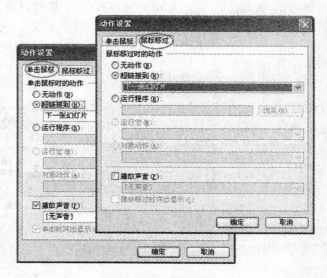

图 6-9　动作设置

6.4.4　设置幻灯片放映的方式

在 PowerPoint 中,用户可以按照需要,使用三种不同的方式运行幻灯片放映。执行"幻灯片放映",点击"设置放映方式"菜单命令(如图 6-8 所示)。在出现的对话框中进行选择。选项的介绍如下:

（1）"演讲者放映（全屏幕）"　选择此选项，可运行全屏幕显示的演示文稿。演讲者具有完整的控制权，可采用自动或人工方式运行放映；演讲者可以将演示文稿暂停，添加会议细节或即席反应；还可以在放映过程中录下旁白。需要将幻灯片放映投射到大屏幕上或使用演示文稿会议时，也可以使用此方式。

（2）"观众自行浏览（窗口）"　选择此选项，可运行小规模的演示。这种演示文稿会出现在小型窗口内，并提供命令在放映时移动、编辑、复制和打印幻灯片。在此方式中，可以使用滚动条从一张幻灯片移动到另一张幻灯片，同时打开其他程序。

（3）"在展台浏览（全屏幕）"　选择此选项，可自动运行演示文稿。如果在摊位、展台或其他地点需要运行无人管理的幻灯片放映，可以将演示文稿设置为这种方式，运行时大多数的菜单和命令都可不用，并且在每次放映完毕后重新启动。

6.4.5　设置幻灯片放映时间间隔

（1）在"幻灯片浏览视图"中，执行"幻灯片放映"，点击"排练计时"菜单命令。

（2）系统以全屏幕方式播放幻灯片。

（3）准备播放下一张幻灯片时，在"预演"窗口单击"下一项"按钮（向右的箭头）。

（4）放映到最后一张幻灯片时，系统会显示总共时间，并询问是否要保留新定义的时间。单击"是"按钮接受该时间，单击"否"按钮重试一次。

（5）选择"幻灯片放映"菜单中的"设置放映方式"命令，打开"设置放映方式"对话框。在"换片方式"框中单击"如果存在排练时间，则使用它"单选按钮。

6.4.6　启动幻灯片放映

（1）放映指定范围的幻灯片

在放映幻灯片时，系统默认的设置是播放演示文稿中的所有幻灯片，也可以只播放其中的一部分幻灯片。如果放映指定范围内的幻灯片，操作步骤如下：

① 打开要放映的演示文稿。

② 选择"幻灯片放映"，点击"设置放映方式"菜单命令，出现"设置放映方式"对话框。

③ 在"放映幻灯片"框中指定要放映的幻灯片范围。

④ 单击"确定"按钮。

（2）在 PowerPoint 中启动 PowerPoint 放映的方法

① 单击演示文稿窗口左下角的"幻灯片放映"按钮。

② 选择"幻灯片放映"，点击"观看放映"菜单命令。

③ 选择"视图"，点击"幻灯片放映"菜单命令。

6.4.7　演示文稿打包发行

在很多情况下，制作完毕的演示文稿需要被传送到其他计算机上播放。如果其他的计算机中没有安装 Microsoft PowerPoint 程序则无法播放任何演示文稿。为了避免这种情况，必须将播放支持文件和演示文件组合起来。具体的操作是：打开要打包的演示文稿，单击菜单"文件"，点击"打包成 CD"，在弹出的"打包成 CD"对话框中单击"复制到文件夹"按钮，复制到一个移动磁盘上。

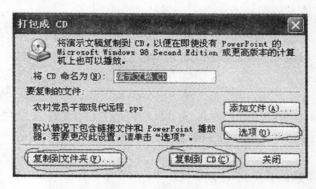

图 6-10　打包成 CD

6.4.8　演示文稿的打印

如果需要打印演示文稿，可以选择"文件"菜单的"打印"命令，弹出如图 6-11 所示的对话框。

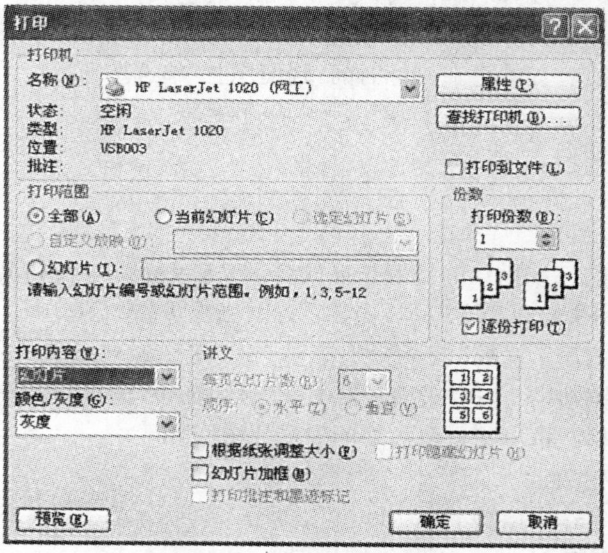

图 6-11　"打印"对话框

对话框中的可设置项目有：打印机、打印范围、打印内容、颜色/灰度、打印份数、讲义。其中打印内容有四种选择方式，分别是幻灯片、讲义、备注页和大纲视图，若选择了打印内容为讲义，则可在"讲义"选项中设置每页纸打印的幻灯片张数和幻灯片放置顺序。

例如，打印某个演示文稿，打印对话框设置如图 6-12 所示，设置打印全部幻灯片，打印内容为讲义，灰度打印，每页幻灯片张数为 6，水平顺序，幻灯片加框，则打印预览效果如图 6-13 所示。

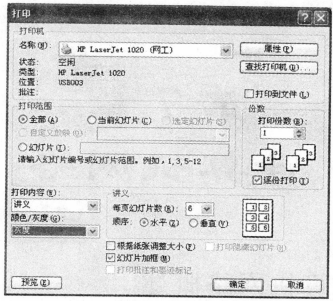

图 6-12　打印设置

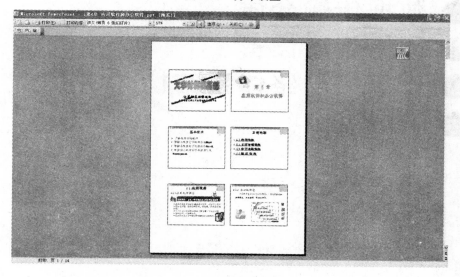

图 6-13　打印预览效果

习题

1. 简述一般演示文稿的创建步骤。
2. 什么是设计模板？
3. Microsoft PowerPoint 的主要视图是什么？其作用是什么？
4. 隐藏幻灯片和删除幻灯片有什么区别？
5. 什么是版式？什么是母版？
6. 为什么要进行打包？

第 7 章
计算机网络

- ● 计算机网络概述
- ● 数据传输介质
- ● 网络组成设备
- ● 计算机网络体系结构
- ● IP 地址

21 世纪是一个以网络为核心的信息时代,它的一些重要特征就是数字化、网络化和信息化。信息的传递主要依靠网络,因此实现信息化离不开完善的网络。网络已成为信息社会的命脉和重要基础。

本章的重点是介绍计算机网络的发展、功能及分类,数据传输介质,网络组成设备,网络体系结构和 IP 地址等知识。

7.1　计算机网络概述

7.1.1　计算机网络的定义

计算机网络技术是通信技术与计算机技术相结合的产物。我们把"一群地理上分散的、具有独立功能的计算机通过通信设备及传输媒体被互联起来,在通信协议的支持下,实现计算机间资源共享、信息交换或协同工作的系统",称为计算机网络。

一个计算机网络包含如下三个主要的组成部分:

(1) 若干个主机(Host)。它们可以是各种类型的计算机,大到巨型机,小到便携式电脑,用来向用户提供服务。

(2) 一个通信子网。它由一些通信链路和结点交换机(也称为通信处理机)组成,用于进行数据通信。

(3) 一系列的通信协议。这些协议是为主机与主机、主机与通信子网或通信子网中各结点之间通信用的。协议是通信双方事先约定好的必须遵守的规则,它是计算机网络不可缺少的组成部分。

7.1.2　计算机网络的发展

从现代网络的发展出发,我们将计算机网络分为以下四个阶段:

(1) 以数据通信为主的第一代计算机网络

最初的计算机网络是一台主机通过电话线连接若干个远程的终端,这种网络又称为面向终端的计算机网络,它是以单个主机为中心的星型网,终端设备与中心计算机之间不提供相互的资源共享,网络通信以数据通信为主,效率不高,功能有限。

(2) 以资源共享为主的第二代计算机网络

到了 20 世纪 60 年代中期,美国出现了若干台计算机互联起来的系统。这些计算机之间不但可以彼此通信,还可以实现与其他计算机之间资源共享。成功的案例就是美国国防部高级研究计划署(Advanced Research Project Agency,简称 ARPA)在 1969 年所组建的 ARPA 网。

第二代计算机网络是以分组交换网为中心的计算机网络。

(3) 体系标准化的第三代计算机网络

1977 年国际标准化组织(International Standard Organization,简称 ISO)设立了一个分委员会,专门研究网络通信的体系结构,并于 1983 年提出了著名的开放系统互联参考模型

(Open System Interconnection Basic Reference,简称 OSI),给网络提供了一个可以遵循的规则。从此,计算机网络走上了标准化的道路。

(4) 以 Internet 为核心的第四代计算机网络

20 世纪 90 年代,Internet 建立,它把分散在各地的网络连接起来,形成一个跨国界、覆盖全球的网络。

信息高速公路是 1993 年美国政府推出的一项高科技项目国家信息基础工程的 NⅡ计划,就是把分散的计算机资源通过高速通信网连接起来,实现资源共享,提高国家的综合实力和人民的生活质量。信息高速公路由高速信息传输通道(光缆、无线通信网、卫星通信网、电缆通信网)、网络通信协议、通信设备、多媒体硬件设备、多媒体软件等组成。

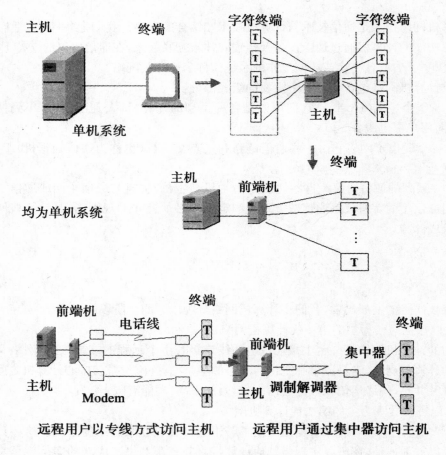

图 7-1　第一代计算机网络

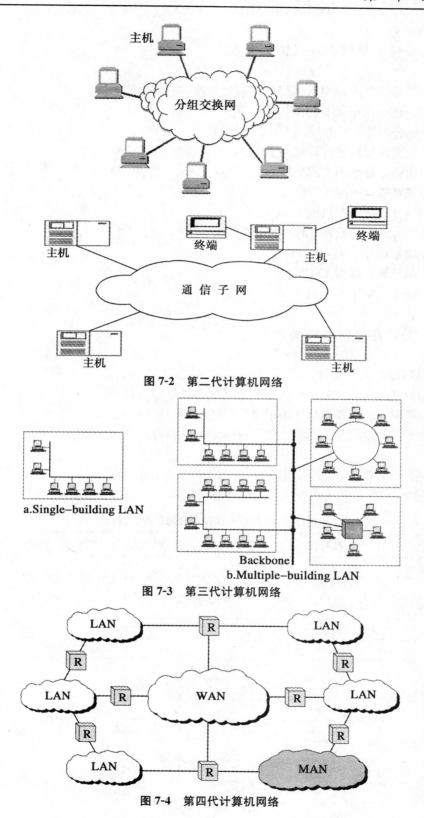

图 7-2　第二代计算机网络

a.Single-building LAN

Backbone
b.Multiple-building LAN

图 7-3　第三代计算机网络

图 7-4　第四代计算机网络

7.1.3 计算机网络在我国的发展

远程网的建设常常以电信部门提供的公共通信网络为基础。

我国现有的公用网及专用网如下：

（1）中国公用计算机互联网 CHINANET

（2）中国教育和科研计算机网 CERNET

（3）中国科学技术网 CSTNET

（4）中国联通互联网 UNINET

（5）中国网通公用互联网 CNCNET

（6）中国国际经济贸易互联网 CIETNET

（7）中国移动互联网 CMNET

（8）中国长城互联网 CGWNET

（9）中国卫星集团互联网 CSNET

7.1.4 计算机网络的功能

计算机网络具有如下功能：

（1）数据通信：主要完成网络中各个结点之间的通信。

（2）资源共享：主要是指网络中硬件、软件和数据的共享。

（3）实现分布式的信息处理：分散在网络中的多台计算机协同完成单机无法完成的信息处理任务。

（4）提高计算机系统的可靠性和可用性。网络中的计算机可以互为后备，一旦某台计算机出现故障，它的任务可以由网中其他计算机取而代之。

表 7-1　自 1997 年 10 月以来我国因特网发展情况（CNNIC 公布）

时　间	计算机数（万台）	用户数（万人）	Web 站点数（Mb/s）	国际线路
1997.10	29.9	62	1 500	25.408
1998.6	54.2	117.5	3 700	84.64
1998.12	74.7	210	5 300	143.256
1999.6	146	400	9 906	241
1999.12	350	890	15 153	351
2000.12	892	2 250	265 405	2 799
2001.6	1 002	2 650	242 739	3 257
2001.12	1 254	3 370	277 100	7 597
2002.6	1 613	4 580	293 213	10 576
2002.12	2 083	5 910	371 600	9 380
2003.6	2 572	6 800	473 900	18 599
2003.12	3 089	7 950	595 550	27 216

续表 7-1

时　间	计算机数(万台)	用户数(万人)	Web 站点数(Mb/s)	国际线路
2004.6	3 630	8 700	626 600	53 941
2004.12	4 160	9 400	668 900	74 429
2005.6	4 560	10 300	677 500	82 617

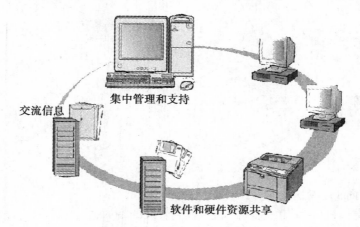

集中管理和支持

交流信息

软件和硬件资源共享

图 7-5　计算机网络功能图

7.1.5　计算机网络的分类

计算机网络种类繁多,按照不同的分类标准,可以有多种分类方法。

(1) 按照网络的交换功能分类

① 电路交换:电路交换是一种直接交换方式。在数据传送期间,发送点与接收点之间构成一条实际连接的专用物理线路。它分为线路建立、数据传送和线路释放三个阶段。

② 报文交换:在通信技术中,将需要传输的整块数据加上控制信息后称为报文。特点是:两个实体之间的通信不需要事先建立一个连接,两个进行通信的实体也不需要同时处于激活状态。这样就将报文一站一站地从发送点传送到接收点(存储转发)。

③ 分组交换:也称为包交换。当一个主机向另一个主机发送数据时,首先将需要发送的数据划分成一个个平均大小保持不变的小组作为传送单位,在每个数据段前加上收发控制信息,就构成一个分组。分组交换也不需要建立一条专用的线路,在传输过程中逐段占有线路,每个分组可以有自己独立的传送路径。

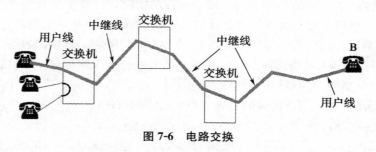

图 7-6　电路交换

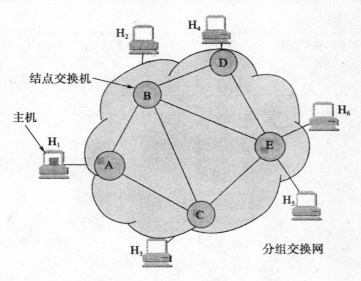

图 7-7　分组交换

【例】　H$_1$ 向 H$_5$ 发送分组如图 7-7 所示。过程如下：

① 在结点交换机 A 暂存查找转发表，找到转发的端口。

② 在结点交换机 C 暂存查找转发表，找到转发的端口。

③ 在结点交换机 E 暂存查找转发表，找到转发的端口。

④ 最后到达目的主机 H$_5$。

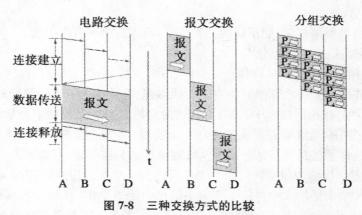

图 7-8　三种交换方式的比较

（2）按照网络的拓扑结构进行分类

① 总线型拓扑结构：总线型拓扑通过一根传输线路将网络中所有结点连接起来，这根线路称为总线。网络中各结点都通过总线进行通信，在同一时刻只能允许一对结点占用总线通信。总线型拓扑结构简单、易实现、易维护、易扩充，但故障检测比较困难。

② 星型拓扑结构：星型拓扑结构中各结点都与中心结点连接，呈辐射状排列在中心结点周围，网络中任意两个结点的通信都要通过中心结点转接。单个结点的故障不会影响到网络的其他部分，但中心结点的故障会导致整个网络的瘫痪。

③ 环型拓扑结构：环型拓扑结构中各结点首尾相连形成一个闭合的环，环中的数据沿着一个方向绕环逐站传输。环型拓扑结构的抗故障性能好，但网络中的任意一个结点或一

条传输介质出现故障都将导致整个网络的故障。

④ 树型拓扑结构：树型拓扑结构由总线型拓扑结构演变而来，其结构图看上去像一棵倒挂的树。树最上端的结点叫根结点，一个结点发送信息时，根结点接收该信息并向全树广播。树型拓扑结构易于扩展与故障隔离，但对根结点依赖性太大。

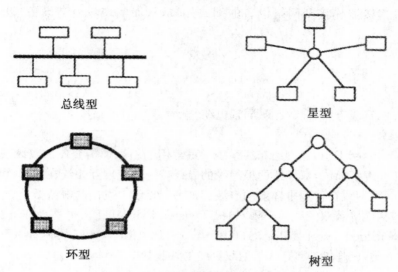

图 7-9　计算机网络拓扑结构的类型

（3）按照网络的管理性质分类

按照网络的管理性质，可分为公用网和专用网。

（4）按照网络的作用范围分类

① 局域网（Local Area Network，LAN）：网络规模比较小，其覆盖范围一般在方圆一公里内。如一间办公室、一栋办公楼内的网络等。

② 广域网（Wide Area Network，WAN）：覆盖范围很大，一般从几公里到几千公里，可能在一个城市、一个国家，也可能分布在全球范围。它的通信传输方式一般由电信部门提供。广域网的通信子网主要使用分组交换技术，它可以使用公用分组交换网、卫星通信网和无线分组交换网。随着光纤通信网络的引入，广域网的速度也将大大提高。

③ 城域网（Metropolitan Area Network，MAN）：是在一个城市范围内建立的计算机通信网。通常使用与局域网相似的技术，传输媒介主要采用光缆，传输速度在 100 Mb/s 以上。

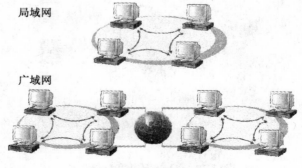

图 7-10　局域网和广域网

7.2 数据传输介质

网络联网的通信介质是网卡与网络设备、网络设备与网络设备之间的物理连线。通信介质两端通过连接器连接到网络设备的网络接口，从而实现主机与设备、设备与设备的互联。

7.2.1 有线介质

目前常见的有线介质有双绞线、同轴电缆、光缆等。

（1）双绞线

双绞线（Twisted Pair）是网络布线系统中最常用的一种通信介质。双绞线一般由两根绝缘铜导线相互缠绕而成，双绞线两根绝缘的导线按一定密度互相绞在一起，可降低信号干扰的程度，每一根导线在传输中辐射的电波会被另一根线上发出的电波抵消。

双绞线包括无屏蔽双绞线（Unshielded Twisted Pair，UTP。也称为非屏蔽双绞线）和屏蔽双绞线（Shielded Twisted Pair，STP）两类。STP 包括 3 类和 5 类两种，UTP 包括 3 类、4 类、5 类/超 5 类、6 类和 7 类等。常见双绞线的外观如图 7-11 所示。

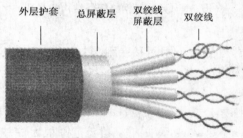

外层护套　　总屏蔽层　　双绞线屏蔽层　　双绞线

图 7-11　双绞线的外观

双绞线主要应用场合为星型局域网布线。双绞线的局域网标准包括 10BASE-T、100BASE-TX/T4/T2 和 1000BASE-T。

双绞线的优点是组网方便、价格便宜、应用广泛，缺点是传输距离小于 100 m。

双绞线与网络设备连接通过 RJ-45 连接器实现，双绞线与 RJ-45 插头的连接由专用的钳子制作。

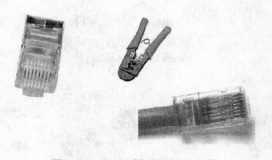

图 7-12　RJ-45 插头和制作工具

双绞线在插头中的排列是有一定顺序的,这个顺序称为色谱。色谱的标准有两个,即 T568A 和 T568B,色谱如图 7-13 所示。

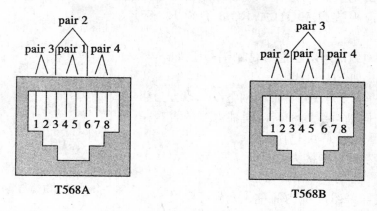

图 7-13　色谱

双绞线中电线的功能分配如表 7-2。

表 7-2　双绞线中电线的功能分配

编　号	颜　色	功　能
1	橙色/白色	发送＋
2	橙色	发送－
3	绿色/白色	接收＋
4	蓝色	保留
5	蓝色/白色	保留
6	绿色	接收－
7	褐色/白色	保留
8	褐色	保留

（2）同轴电缆

同轴电缆（Coaxial Cable）是由一根空心的外圆柱体及其所包围的单根导线组成,柱体和导线之间用绝缘材料填充。

同轴电缆的频率特性比双绞线好,能进行较高速率的传输。又由于它的屏蔽性能好,抗干扰能力强,因此通常用于基带传输。

同轴电缆外观如图 7-14 所示。

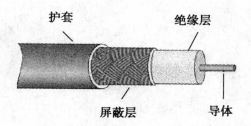

图 7-14　同轴电缆的外观

按照带宽的不同,可以把同轴电缆分为基带同轴电缆和宽带同轴电缆两种基本类型。

目前常用的是基带电缆,其屏蔽层是用铜丝做成的网状套,特征阻抗为 50 Ω(如 RG-8 型和 RG-58 型)。

宽带同轴电缆的屏蔽层通常是用铝冲压成的,特征阻抗为 75 Ω(如 RG-59 型)。

按照电缆直径的大小,基带同轴电缆可以分为粗同轴电缆和细同轴电缆两种。粗同轴电缆的直径是 10 mm,特性阻抗是 50 Ω。

同轴电缆与网卡的接头如图 7-15 所示。

(3)光缆

光缆是光导纤维电缆的简称。光导纤维是一种传输光束纤细而柔韧的介质。

图 7-15　同轴电缆与网卡连接的 T 型头

光缆由一束纤维组成。光缆是数据传输中最有效的一种通信介质,它的频带较宽、电磁绝缘性能好、衰减较小,适合在较长距离内传输信号。

光缆中一根光缆的结构如图 7-16 所示。

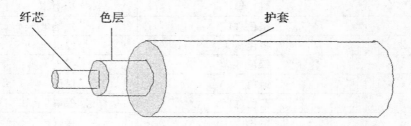

纤芯　　　色层　　　　　　　　　护套

图 7-16　一根光缆的结构

常用的光缆有以下几种:

◇ 芯径 8.3 μm,外层 125 μm,单模。

◇ 芯径 62.5 μm,外层 125 μm,多模。

◇ 芯径 50 μm,外层 125 μm,多模。

◇ 芯径 100 μm,外层 140 μm,多模。

光缆两端通过 SC 或 ST 光学连接器与设备相连。光学连接器的外观如图 7-17 所示。

图 7-17　光学连接器

通信介质在局域网中的分布：

◇ 光缆主要用于网络设备的互联。

◇ 同轴电缆和双绞线主要用于网络设备到桌面主机的连接。

◇ 同轴电缆用于总线型局域网布线，双绞线用于星型局域网布线，其典型的布线方式如图 7-18 所示。

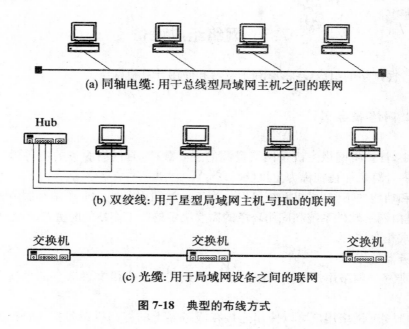

(a) 同轴电缆: 用于总线型局域网主机之间的联网

(b) 双绞线: 用于星型局域网主机与Hub的联网

(c) 光缆: 用于局域网设备之间的联网

图 7-18　典型的布线方式

7.2.2　无线介质

无线网络的数据通信需要无线传输技术实现。无线传输是指不使用有线通信介质而通过电磁波在自由空间的传播实现数据的发送。能够传输数据的电磁波包括无线电、微波和红外线等。

微波的频率范围是 300 MHz～300 GHz，但主要使用的范围是 2～40 GHz。目前，无线网络（WLAN）实际利用的范围是 2.4～5 GHz。由于微波会穿透地球电离层，因而不能被反射到地面上很远的地方。这样，微波通信就需要中继。微波中继方式包括两种，即地面微波站中继和通信卫星中继。在第一种方式中微波站起到中继器的作用，在第二种方式中卫星起到中继器的作用。

WLAN 设备（无线网卡、AP）使用微波通信时要外接天线。根据网络结构和传输距离的要求，用户应该选择不同的天线。使用红外线通信的 WLAN 设备上有一个红外端口。

图 7-19　3Com 11 Mb/s PCI WLAN 网卡

AP 设备具有与主机无线网卡通信、桥接以及介质转换功能。目前，AP 设备主要包括 AP 接入点和 LAN-LAN 无线网桥。以 3Com 公司产品为例，3Com AP 接入点设备主要用于办公室内和楼内的无线连接。

图 7-20　3Com Access Point 8750

产品外观如图 7-20 所示。

7.3　网络组成设备

了解和掌握网络的组成设备，有利于学习和使用计算机网络。

7.3.1　网络服务器

在网络中，计算机网络主机是网络资源的主要载体，是网络服务的主要提供者和使用者。网络中的计算机往往被称为主机(host)。

按用途和功能的不同，主机系统可以分为工作站和服务器。工作站和服务器的配置要求不同，这是由网络软件系统和应用环境的需要决定的。工作站的配置要求相对较低，服务器的配置要求相对较高。

网络服务器的作用：

◇ 文件服务：网络用户可以从服务器上下载文件。提供文件服务的主机称为文件服务器。

◇ 打印服务：网络用户可以使用连接在服务器上的打印机设备打印自己的文件。提供打印服务的主机称为打印服务器。

◇ 通信服务：网络用户可以通过服务器与其他网络用户通信。提供通信服务的主机称为通信服务器。

◇ 电子邮件服务：网络用户可以和服务器之间交换电子邮件(E-mail)。提供电子邮件服务的主机称为邮件服务器。

◇ WWW 服务：当网络用户使用浏览器软件打开服务器上的多媒体文件时，我们说该用户正在使用 WWW(World Wide Web)服务。提供 WWW 服务的主机称为 WWW 服务器。我们上网使用的就是 WWW 服务。

7.3.2　网络工作站

网络工作站是指从事上网操作的主机系统。网络用户通过操作网络工作站使用网络，完成自己的网络工作。网络工作站常常简称为工作站(Workstation)。

按照配置的不同，工作站可以分成以下四类：

第一类，商用台式个人计算机(含笔记本)；

第二类，无盘工作站(Diskless Workstation)；

第三类，网络计算机(Network Computer，NC)；

第四类，移动网络终端(Mobile Network Terminal)。

7.3.3　网络适配器

网络适配器(Network Adapter)是主机系统与局域网之间的硬件接口,因此,网络适配器又称为网络接口卡(Network Interface Card,NIC),简称网卡。网卡可以看作是主机系统的组成部件,也可以看作是局域网在主机系统中的延伸,它的基本作用是把主机系统总线与通信介质连接起来,在主机和通信介质之间发送和接收数据。

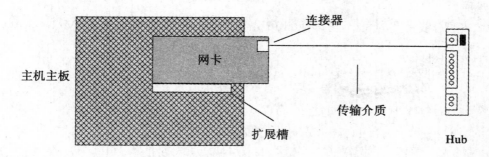

图 7-21　主机、网卡和通信介质之间的联系

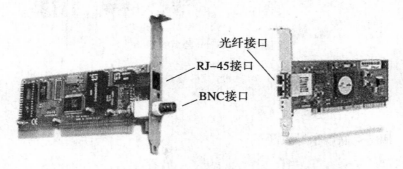

图 7-22　具有不同类型接口的网卡

7.3.4　中继器

由于局域网通信介质的长度都有一定的限制,例如,以太网中粗同轴电缆的最大长度是 500 m,细同轴电缆的最大长度是 185 m,双绞线的最大长度是 100 m,因此,当主机之间的距离大于一定数值时,就需要中继器延长通信介质的距离。

中继器典型用途如图 7-23 所示。

图 7-23　中继器典型用途

7.3.5 集线器

集线器具有两个功能：第一，实现中继功能（它实质上是一个多端口的中继器）；第二，可同时接多台主机，因此，它被形象地称为 Hub。

集线器的类型：

◇ 按照端口数目的多少，可以把 Hub 分为 8 口 Hub、16 口 Hub、24 口 Hub 和 48 口 Hub 四种。

◇ 按照总线带宽的大小，可以把 Hub 分为 10 Mb/s、100 Mb/s 和 10 M/100 M 自适应 Hub 三种。

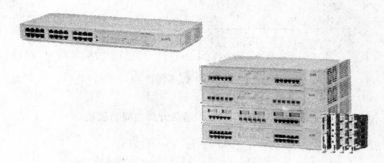

图 7-24　3Com 公司的 Hub

7.3.6 网桥

网桥的作用是互联两个局域网。

图 7-25　扩展式局域网：LAN 通过网桥互联

网桥的工作原理如图 7-26 所示，网桥从端口接收来自于端口相连的局域网主机发送的信号，进行解码和拆装得到局域网数据，然后把它们存放在数据存储器的缓冲区内。网络协议实体对帧进行合法检查。如果帧有差错就将其丢弃。对于有效的数据，如果数据的目的地位于源主机所在的局域网上，则将它丢弃；如果目的地不在该端口连接的网络上，则查阅站表，以确定目的地址所对应的网桥端口。如果找到对应的端口，则把帧从缓冲区中读出，转发给该端口；如果找不到，则向所有端口（除源端口）广播该数据。

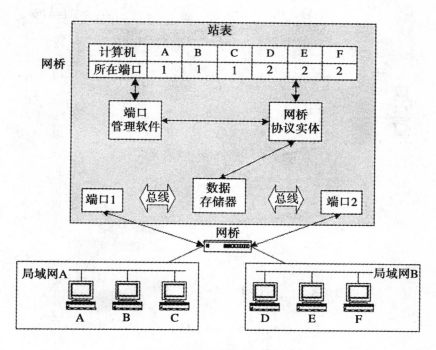

图 7-26　网桥的基本功能结构

7.3.7　交换机

交换机是由网桥发展而来的,它相当于一个多端口的网桥。交换机的最初用途是连接局域网,使局域网的网络规模得以扩展。交换机还具有提高局域网性能的作用。

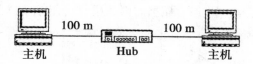

(a) 双绞线局域网200 m的网络直径

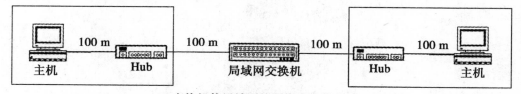

(b) 交换机使局域网的网络直径扩大到400 m

图 7-27　交换机的基本用途

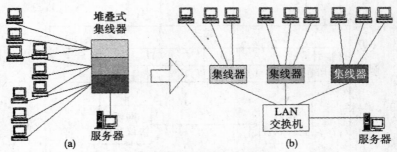

图 7-28 交换机的基本作用

图 7-29 3Com 局域网交换机

7.3.8 路由器

路由器是比局域网交换机功能更丰富的互联设备。当要互联的局域网之间需要对信息交换施加比较严格的控制时,或者把局域网通过广域网与远程的局域网互联时,一般采用路由器作为互联设备。

路由器之所以功能更强,原因在于路由器的互联工作在 OSI 参考模型的第三层(网络层),而局域网交换机工作在 OSI 参考模型的第二层(数据链路层)。

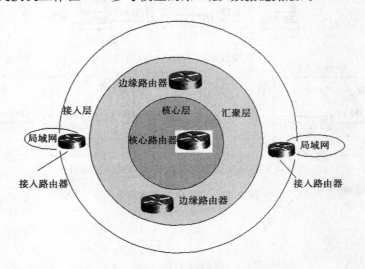

图 7-30 路由器在网络中的分布关系

7.4　计算机网络体系结构

计算机网络体系结构是解决计算机网络问题的理论方法，也是研究和开发计算机网络的思想方法。因此，理解和掌握计算机网络体系结构也是学习计算机网络的有效方法。掌握了体系结构的相关概念后，才能具备交流计算机网络的语言基础。

7.4.1　计算机网络体系结构的内容

计算机网络体系结构包含两个方面的内容：一方面是指所有计算机网络都遵照的抽象的协议参考模型；另一方面是指一个具体计算机网络所使用的协议栈。下面对这两个方面的内容加以简单讲解。

（1）协议参考模型

协议参考模型由若干个功能模块组成，这些功能模块彼此独立又相互关联，协同完成计算机之间的数据通信任务。根据每个模块完成任务的逻辑顺序，这些模块被按照一种层次结构进行描述。

一般来讲，在发送数据时，高层结构模块的功能被先执行；在接收数据时，低层结构模块的功能被先执行。每一层的模块执行一组相关的功能，这些功能为计算机网络协议的制定提供了参考规范。

在计算机网络的发展过程中出现了一些重要的协议参考模型，它们大致可以分为两类：

① 在具体的计算机网络系统开发过程中提出的协议参考模型，例如 IBM 公司计算机网络遵循的 SNA（Switched Network Architecture）体系结构，原 DEC 公司计算机网络遵循的 DECNet 模型，美国国防部在 ARPA 网络中遵循的模型。这些协议参考模型先于国际标准提出，为最终的国际标准提供了实物参考。

② 一些行业或专业标准化组织提出的局部的协议参考模型，例如 IEEE 提出的局域网标准，国际电联 ITU 提出的通信协议标准等。它们经过必要的补充或修改，最终都被纳入计算机网络的标准体系，成为计算机网络协议参考模型的一部分。

具有代表性的计算机网络协议参考模型是国际标准化组织（International Standard Organization，ISO）制定的开放系统互联参考模型（Open System Interconnection Reference Model，OSIRM。常简记为 OSI）将在 7.4.2 节详细介绍。

（2）协议栈

协议是通信双方遵守的约定。协议具备以下两方面的基本内容：

① 语法：协议的语法方面的规则定义了通信双方所交换的信息的格式。通信双方交换的数据称为协议数据单元（Protocol Data Unit，PDU）。PDU 由若干字段组成，一个字段又包括若干比特。语义：协议的语义定义了通信双方要完成的操作。例如，在什么条件下数据必须重发或丢弃。按照相同的语义，通信双方才能实现有意义的数据交换。

② 协议栈是指具有一定层次关系的若干个协议组成的栈。在协议栈中，实现高层结构模块功能的协议位于栈的高层，相应的，实现低层结构模块功能的协议位于栈的低层。

具有代表性的协议栈是因特网（Internet）使用的 TCP/IP 协议栈。当前，由于 Internet

的广泛影响和 TCP/IP 协议的众多优点,局域网组网基本上都使用 TCP/IP 协议栈。

7.4.2 OSI 模型和 TCP/IP 协议栈

本节主要介绍 OSI 模型结构和 TCP/IP 协议栈。

（1）OSI 模型结构

OSI 包括七个功能层（layer），如图 7-31 所示。图 7-31 OSI 模型层次结构功能层是按照高低层次排列的，应用层、表示层和会话层称为高层（早期文献还包括运输层），其他层称为低层。

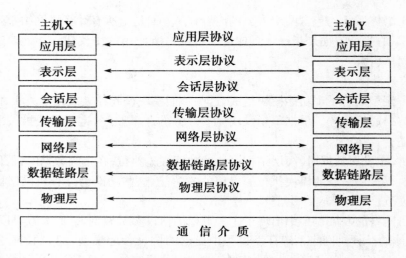

图 7-31　OSI 模型层次结构功能图

① 物理层（Physical layer）是 OSI 的最低层，主要功能是利用物理传输介质为数据链路层提供连接，以透明地传输比特流。

② 数据链路层（Datalink layer）在通信的实体间建立数据链路连接，传送以帧为单位的数据，并采用相应方法使有差错的物理线路变成无差错的数据链路。

③ 网络层（Network layer）的功能是进行路由选择，阻塞控制与网络互联等。

④ 传输层（Transport layer）的功能是向用户提供可靠的端到端服务，透明地传送报文，是关键的一层。

⑤ 会话层（Session layer）的功能是组织两个会话进程间的通信，并管理数据的交换。

⑥ 表示层（Presentation layer）主要用于处理两个通信系统中交换信息的表示方式，它包括数据格式变换、数据加密、数据压缩与恢复等功能。

⑦ 应用层（Application layer）是 OSI 参考模型中的最高层，应用层确定进程之间通信的性质，以满足用户的需要，它在提供应用进程所需要的信息交换和远程操作的同时，还要作为应用进程的用户代理，来完成一些为进行信息交换所必需的功能。

对等层之间（除物理层外）的双向箭头连线是虚线，这表示对等层之间并不存在实际的数据传输，只有物理层（物理链路）上才存在实际的数据传输。发送方的第 n 层向接收方的第 n 层发送数据时，先要把第 n 层的数据交给发送方的第 $n-1$ 层，然后逐层下传至物理层，最后由物理链路传输。接收方接收时的处理数据过程正好相反。

上述过程如图 7-32 所示。

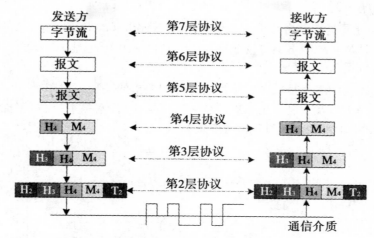

H、T、M分别表示数据单元的头部、尾部、信息

图 7-32　OSI 模型中各层数据单元的形成及流动

（2）TCP/IP 协议栈

TCP（Transmission Control Protocol）称为传输控制协议，IP（Internet Protocol）称为互联网协议。

按照 OSI 的层次结构，TCP/IP 协议栈可以划分为五个功能层，如图 7-33 所示。

TCP/IP 参考模型不存在 OSI 中的表示层和会话层，表示层和会话层的功能实际上可以由应用层和运输层完成。典型的表示层功能，如加密/解密和压缩/解压缩可以由应用层实现；典型的会话层功能，如应用进程之间的数据传输连接控制可以由运输层实现。

另外，TCP/IP 参考模型中没有定义数据链路层和物理层。取代数据链路层的是网络接口层。该层实现主机与网络硬件的连接，以便能在其上发送 IP 数据报（Data gram，IP 协议数据单元）。TCP/IP 参考模型没有定义实现网络接口层的通用网络接口协议，而是支持多种现存的数据链路层协议。TCP/IP 模型的其他层与 OSI 的类似。

图 7-33　TCP/IP 参考模型

7.4.3　OSI 的术语

下面我们介绍协议参考模型中功能层规范的一些典型的功能。

（1）简单网络管理协议（Simple Network Management Protocol，SNMP）

（2）邮件传输协议（Simple Mail Transfer Protocol，SMTP）

（3）邮局协议（Protocol of Post Office，POP）

（4）超文本传送协议（Hyper Text Transfer Protocol，HTTP）

（5）域名解析（Domain Name System，DNS）

◇ DNS 的功能

DNS 的功能是进行域名解析（domain name resolution）。域名解析的作用是由计算机的名字求解该计算机的网络层协议地址，例如 IP 协议的 IP 地址。

◇ 域名

最具有代表性的名字是域名。域是划分网络主机的一种逻辑单元，域的引入是为了便于网络主机的命名以及对名字的管理。从域的观点来看，网络主机被划分到各个不重叠的集合中，域对其中主机的物理位置没有要求。

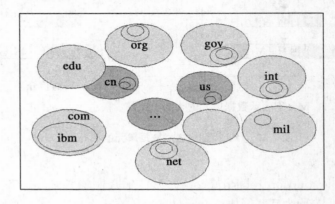

图 7-34　域的逻辑概念

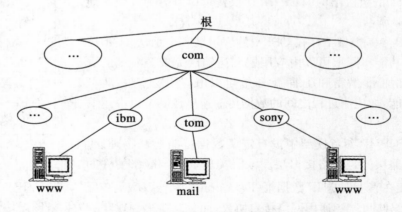

图 7-35　WWW 计算机的域名

域中可以包含子域。为了使域与域之间的逻辑关系更加清晰，图 7-34 通常抽象成图 7-35 的树，子域作为父域的叶结点（下级结点）。

该树称为域名空间。这棵树最多 128 级：级 0（根）到级 127。域用标号（label）来标识，如图 7-35 中的 tom、ibm 和 sony。

顶级域分为两大类，分别是通用域（其标号如表 7-3 所示）和国家域（其标号如表 7-4 所示）。

表 7-3　通用域标号

标号	说　明	标志	说　明
com	商业组织	mil	军事组织
edu	教育机构	net	网络支持中心
gov	政府机构	org	非赢利组织
int	国际组织		

表 7-4　部分国家域标号

区　域	国家或地区	区　域	国家或地区
cn	中国	jp	日本
us	美国	fr	法国

7.5　IP 地址

IP 地址是 IP 协议规定的地址,它用于标识参与 IP 数据报通信的协议实体,例如主机和网络设备的网络接口。

7.5.1　IP 地址的结构和类型

IP 地址是一个 32 bit 无符号二进制数。IP 地址是具有层次结构的地址,它由二级结构组成:第一级结构是网络号(net-id),它是网络在互联网中的编号;第二级结构是主机号(host-id),它是主机在网络中的编号。

另外,网络号的左边若干比特是特征位,它们标识了 IP 地址的类型。IP 地址的结构和类型如图 7-36 所示。

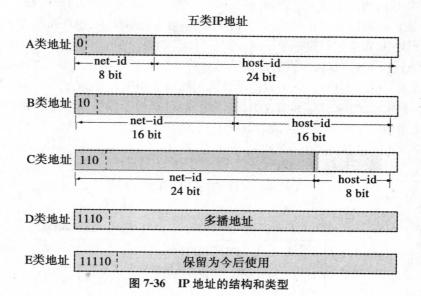

图 7-36　IP 地址的结构和类型

7.5.2　IP 地址的记法

32 bit 的 IP 地址不便于记忆和使用,因此,采用了一种称为点分十进制(dotted decimal notation)的记法来书写 IP 地址。所谓点分十进制记法就是将 32bit 的 IP 地址中的每 8 个比特用一个十进制数字表示,并且在这些十进制数字之间加上一个点。例如 IP 地址 00000100000011000000101000000001 对应的点分十进制记法是 4.12.10.1。点分十进制记法示意如图 7-37 所示。

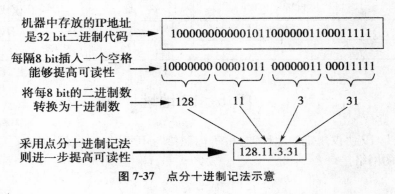

机器中存放的IP地址
是32 bit二进制代码　→　10000000000010110000001100011111

每隔8 bit插入一个空格
能够提高可读性　→　10000000　00001011　00000011　00011111

将每8 bit的二进制数
转换为十进制数　→　128　　11　　3　　31

采用点分十进制记法
则进一步提高可读性　→　128.11.3.31

图 7-37　点分十进制记法示意

7.5.3　IP 子网和子网掩码(subnet mask)

如果主机号(host-id)中靠近网络号(net-id)的若干比特不用于主机编号,而是和网络号一起用于网络编号,那么,我们就说该 IP 网络中包含 IP 子网。这些 IP 子网的网络号是相同的,区别它们的是子网号,子网号由原来属于主机号的比特编码。为什么要划分子网呢?简单来说,划分子网是想在一个大网络中进一步分割出若干个小的网络,以便把主机划分到不同的子网中,从而便于管理。例如,在校园的一栋楼中有数学系、物理系和力学系,这栋楼内主机 IP 地址的网络号是相同的,为了便于管理,可以把数学系、物理系和力学系的主机划分到三个子网中,每个系对应一个子网。

对于一个 IP 地址,如何知道它的网络号是多少? 主机号又是多少呢? 我们说,如果知道了该地址对应的子网掩码,就可以简单计算出网络号和主机号。

子网掩码由一连串的"1"和一连串的"0"组成。"1"的个数等于网络号和子网号比特数之和,"0"的个数等于主机号比特数。如图 7-38 所示。

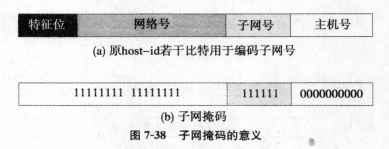

特征位	网络号	子网号	主机号

(a) 原host-id若干比特用于编码子网号

11111111　11111111	111111	0000000000

(b) 子网掩码

图 7-38　子网掩码的意义

假设一个 B 类 IP 地址 140.50.0.0,其主机号部分的 2 个比特用于子网号编码,则可以编码 $2^2＝4$ 个子网。

这些子网中的主机的网络号分别是 140.50.1.0、140.50.2.0、140.50.3.0 和 140.50.4.0。

怎样由 IP 地址和子网掩码计算网络号和主机号。假设 IP 地址 140.50.1.1 对应的子网掩码是 255.255.0.0,我们根据 IP 地址结构的定义可知,该地址是 B 类地址。

又根据子网掩码的定义知道该地址不包含子网,因此,该地址的网络号是 140.50.0.0,主机号是 0000000100000001(对应的十进制数是 257),即 IP 地址是 140.50.1.1 的主机是网络 140.50.0.0 中的第 257 号主机。

7.5.4　IP 地址的分配

由于同一个网络中的一个 IP 地址不能被多个主机同时使用,所以,IP 地址要统一进行管理。连接到网络的主机用户要向网络管理机构申请一个 IP 地址。网络管理机构在分配地址时要遵循一定的原则,其中重要的一点是物理位置相近并且性质相同的主机要具有相同的 net-id 和 subnet-id,即把它们划分到一个 IP 网络(或 IP 子网)中。这样做的好处包括两个方面,一是便于管理,二是可以压缩路由表的大小,便于路由选择。因为这些主机放到一个网络中,只需在路由表中为该网络指明一条路由,即可到达多台主机。IP 地址的管理和分配分级实施,上级管理机构负责分配网络号,下级管理机构负责分配主机号。

7.5.5　IP 地址的配置

IP 地址是逻辑地址,没有固化在机器中,因此,需要通过软件为机器配置 IP 地址,这样机器才能进行通信。对于主机来讲,配置 IP 地址一般通过操作系统提供的界面实施。

例如在运行 Windows XP 的主机上配置 IP 地址的界面如图 7-39 所示。

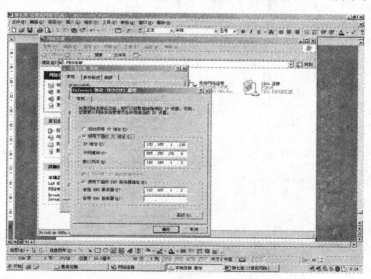

图 7-39　在 Windows XP 中指定 IP 地址

在指定 IP 地址时,默认的子网掩码会自动填写到"子网掩码"中。如果划分了 IP 子网,就需要手工填写实际的子网掩码。

对于网络设备来说,配置 IP 地址一般使用专用的 IP 命令,把 IP 地址和网络接口绑定起来。作为互联几个网络的设备,路由器要配置几个 IP 地址:一个网络接口一个,而且每个网络接口上的地址要与连接到该接口的网络处在一个网络内,即它们的网络号和子网号是相同的。如图 7-40 所示。

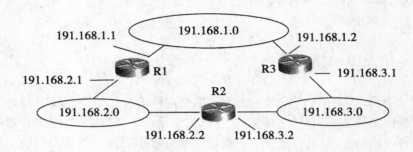

图 7-40　路由器要配置多个 IP 地址

习题

1. 简述计算机网络的定义。
2. 简述计算机网络的功能。
3. 简述网络的拓扑结构。
4. 简述局域网和广域网。
5. OSI 将网络划分为哪七个层次?
6. 试比较 OSI 参考模型与 TCP/IP 参考模型。

第 8 章
Internet

- ● Internet 概述
- ● World Wide Web
- ● 电子邮件的使用
- ● 文件传输(FTP)
- ● IP 电话

Internet 是人类文明史上的一个重要里程碑,它代表着当代计算机体系结构发展的一个重要方向。当 Internet 通信网络和新闻媒介网络走向数字化统一的时候,信息基础设施将决定一个国家的国际竞争能力,也将决定国家创新系统的整体能力。在信息化的今天,学习 Internet 知识及 Internet 上的一些常见应用变得尤为重要。本章将介绍 Internet 的基本知识及 Internet 的常用服务。

8.1 Internet 概述

8.1.1 Internet 的起源与发展

(1) 最初的 ARPANET 网络与 Internet 这一名称的由来

20 世纪 60 年代,美国军方为寻求将其所属各军方网络互联的方法,由国防部下属的高级计划研究署(Advanced Research Project Agent,简称 ARPA)出资赞助大学的研究人员开展网络互联技术的研究。研究人员最初在四所大学之间组建了一个实验性的网络,叫 ARPANET。随后,深入的研究导致了 TCP/IP 协议的出现与发展。

为了推广 TCP/IP 协议,在美国军方的赞助下,加州大学伯克利分校将 TCP/IP 协议嵌入到当时很多大学使用的网络操作系统 BSD UNIX 中,促成了 TCP/IP 协议的研究开发与推广应用。

1983 年初,美国军方正式将其所有军事基地的各子网都联到了 ARPANET 上,并全部采用 TCP/IP 协议。这标志着 Internet 的正式诞生。

ARPANET 实际上是一个网际网,网际网的英文单词 Internet Work 被当时的研究人员简称为 Internet。同时,开发人员用 Internet 这一称呼来特指为研究建立的网络原型,这一称呼沿袭至今。

作为 Internet 的第一代主干网,ARPANET 虽然今天已经退役,但它的技术对网络技术的发展产生了重要的影响。

(2) 80 年代中期的 NSFNET

20 世纪 80 年代,美国国家科学基金会(简称 NSF)认识到为使美国在未来的竞争中保持不败,必须将网络扩充到每一位科学家和工程人员。最初 NSF 想利用已有的 ARPA-NET 来达到这一目的,但却发现与军方打交道是一件令人头疼的事,于是 NSF 游说美国国会,获得资金组建了一个从一开始就使用 TCP/IP 协议的网络 NSFNET。NSFNET 取代 ARPANET,于 1988 年正式成为 Internet 的主干网。

NSFNET 采取的是一种层次结构,分为主干网、地区网与校园网。各主机联入校园网,校园网联入地区网,地区网联入主干网。

NSFNET 扩大了网络的容量,入网者主要是大学和科研机构。它同 ARPANET 一样,都是由美国政府出资的,不允许商业机构介入用于商业用途。

(3) 90 年代,商业机构介入 Internet,带来 Internet 的第二次飞跃

自 Internet 问世后,每年加入 Internet 的计算机成指数级增长。NSFNET 在完成的同时就出现了网络负荷过重的问题。意识到美国政府毫无疑问无力承担组建一个新的更大容

量的网络的全部费用,NSF 鼓励 MERIT、MCI 与 IBM 三家商业公司接管了 NSFNET。

　　三家公司组建了一个非盈利性的公司 ANS,并在 1990 年接管了 NSFNET。到 1991 年底,NSFNET 的全部主干网都与 ANS 提供的新的主干网联通,构成了 ANSNET。与此同时,很多商业机构也开始运行它们的商业网络并连接到主干网上。

　　Internet 的商业化,开拓了其在通信、资料检索、客户服务等方面的巨大潜力,导致了Internet 新的飞跃,并最终走向全球。

　　(4) 下一代互联网 Internet2

　　Internet2 出现于 1996 年,在此之前互联网因为商用和个体用户流量的增加而开始变得缓慢。1996 年美国率先发起下一代高速互联网及其关键技术的研究。有 185 所大学和研究机构加盟了 Internet2 计划,建设了一个独立的高速网络试验床 Abilene,并于 1999 年1 月提供服务。目前 Abilene 网络规模覆盖全美,Internet2 比现在的互联网先进得多,速度要快一百到一千倍。Internet2 发言人伍德指出:“这种技术将改变一切,从你早上起来烤面包到夜晚停车,你都能感受到它的存在。”

　　Internet2 在两个光纤骨干和网络协议上为用户提供了超高速连接,保证数据能无损失无延迟的到达目的地。下一代互联网逐渐放弃了 IPV4,启用 IPV6 地址协议。

　　Internet2 先进网络技术的一部分已经开始进入商用领域。该项目正和思科、微软等产业巨头展开密切合作。

　　自 1998 年以来,在其他国家和地区也相继开展了下一代高速互联网及其关键技术的研究。例如加拿大的 CA * 3NET、英国的 JANET2 以及亚太地区的 APAN 等高速网络试验床。2004 年 3 月,我国第二代 CERNET2(中国教育和科研计算机网)实现了与国际下一代高速互联网 Internet2 的互联。

　　从 Internet 的发展过程可以看到,Internet 是历史的沿革造成的,是千万个可单独运作的子网以 TCP/IP 协议互联起来形成的,各个子网属于不同的组织或机构,而整个 Internet不属于任何国家、政府或机构。

8.1.2　Internet 服务概述

　　Internet 上的常用服务主要有 World Wide Web、电子邮件、文件传输、远程登录、IP 电话等。

　　World Wide Web(简称 Web、WWW 等)将文本、图像、文件和其他资源以超文本的形式提供给它的访问者。它是 Internet 上最方便和最受欢迎的信息浏览方式。

　　电子邮件(E-mail)是在 Internet 上发送和接收邮件。用户先向 Internet 服务提供商申请一个电子邮件地址,再使用一个合适的电子邮件客户程序,就可以向其他电子信箱发E-mail,也可接收到来自他人的 E-mail。

　　文件传输(FTP)可以在两台远程计算机之间传输文件。网络上存在着大量的共享文件,获得这些文件的主要方式是 FTP。

　　远程登录(Telnet)用来将一台计算机连接到远程计算机上,使之相当于远程计算机的一个终端。如将一台 Pentium 计算机登录到远程的超级计算机上,则在本地机上需花长时间完成的计算工作在远程机上可以很快完成。

IP 电话(Internet Phone)又称网络电话,它是在 Internet 网上通过 TCP/IP 协议实时传送语音信息的应用,即分组话音通信。分组话音通信先将连续的话音信号数字化,然后将得到的数字编码进行打包、压缩成一个个话音分组,再发送到计算机网络上。

8.1.3　Internet 的接入方式

Internet 服务提供商(Internet Service Provider,ISP)是众多企业和个人用户接入 Internet 的驿站和桥梁。当计算机连接 Internet 时,它并不是直接连接到 Internet,而是采用某种方式与 ISP 提供的某一台服务器连接起来,通过它再接 Internet。ISP 大致可以分为两类,一类为接入服务提供商(Internet Access Provider,IAP),另一类是内容服务提供商(Internet Content Provider,ICP)。

在接入网中,目前可供选择的接入方式主要有 PSTN、ISDN、DDN、ADSL、VDSL、Cable-Modem、PON、LMDS 和 LAN 等 9 种,它们各有各的优缺点。

(1) PSTN(Published Switched Telephone Network,公用电话交换网)技术是利用 PSTN 通过调制解调器拨号实现用户接入的方式。这种接入方式是大家非常熟悉的一种接入方式,目前最高速率为 56 kbps。PSTN 拨号接入方式比较经济,至今仍是网络接入的主要手段。

(2) ISDN(Integrated Service Digital Network,综合业务数字网)接入技术俗称“一线通”,它采用数字传输和数字交换技术,将电话、传真、数据、图像等多种业务综合在一个统一的数字网络中进行传输和处理。用户利用一条 ISDN 用户线路,可以在上网的同时拨打电话、收发传真,就像两条电话线一样。ISDN 基本速率接口有两条 64 kbps 的信息通路和一条 16 kbps 的信令通路,简称 2B+D,主要由网络终端和 ISDN 适配器组成。用户采用 ISDN 拨号方式接入需要申请开户。

(3) DDN 是英文 Digital Data Network 的缩写,这是随着数据通信业务发展而迅速发展起来的一种新型网络。DDN 的主干网传输媒介有光纤、数字微波、卫星信道等,用户端多使用普通电缆和双绞线。DDN 将数字通信技术、计算机技术、光纤通信技术以及数字交叉连接技术有机地结合在一起,提供了高速度、高质量的通信环境,可以向用户提供点对点、点对多点透明传输的数据专线出租电路,为用户传输数据、图像、声音等信息。DDN 的通信速率可根据用户需要在 N×64 kbps(N=1~32)之间进行选择。用户租用 DDN 业务需要申请开户。DDN 主要面向集团公司等需要综合运用的单位。

(4) ADSL(Asymmetrical Digital Subscriber Line,非对称数字用户环路)是一种能够通过普通电话线提供宽带数据业务的技术,也是目前极具发展前景的一种接入技术。ADSL 素有“网络快车”之誉,因其下行速率高、频带宽、性能优、安装方便、不需缴纳电话费等特点而深受广大用户的喜爱,成为继 Modem、ISDN 之后的又一种全新的高效接入方式。ADSL 方案的最大特点是不需要改造信号传输线路,完全可以利用普通铜质电话线作为传输介质,配上专用的 Modem 即可实现数据高速传输。ADSL 支持上行速率 640 kbps~1 Mbps,下行速率 1~8 Mbps,其有效的传输距离在 3~5 km 范围。

(5) VDSL 比 ADSL 还要快。使用 VDSL,短距离内的最大下行速率可达 55 Mbps,上行速率可达 2.3 Mbps(将来可达 19.2 Mbps,甚至更高)。VDSL 使用的介质是一对铜线,有效传输距离可超过 1 000 m。但 VDSL 技术仍处于发展初期,长距离应用仍需测试,端点设备的普及也需要时间。

(6) Cable-Modem(线缆调制解调器)是近两年开始试用的一种超高速 Modem,它利用现成的有线电视(CATV)网进行数据传输,已是比较成熟的一种技术。由于有线电视网采用的是模拟传输协议,因此网络需要用一个 Modem 来协助完成数字数据间的转换。Cable-Modem 与以往的 Modem 在原理上都是将数据进行调制后在 Cable(电缆)的一个频率范围内传输,接收时进行解调,传输机理与普通 Modem 相同,不同之处在于它是通过有线电视 CATV 的某个传输频带进行调制解调的。

(7) PON(无源光网络)技术是一种点对多点的光纤传输和接入技术,下行采用广播方式,上行采用时分多址方式,可以灵活地组成树型、星型、总线型等拓扑结构,在光分支点不需要结点设备,只需要安装一个简单的光分支器即可,具有节省光缆资源、带宽资源共享、节省机房投资、设备安全性高、建网速度快、综合建网成本低等优点。

(8) LMDS 接入(无线通信),在该接入方式中,一个基站可以覆盖直径 20 km 的区域,每个基站可以负载 2.4 万用户,每个终端用户的带宽可达到 25 Mbps。但是,它的带宽总容量为 600 Mbps,每基站下的用户共享带宽,因此一个基站如果负载用户较多,那么每个用户所分到的带宽就很小了。目前采用这种技术的产品在中国还没有形成商品市场,无法进行成本评估。

(9) LAN 方式接入是利用以太网技术,采用光缆加双绞线的方式对社区进行综合布线。以太网技术成熟,成本低,结构简单,稳定性、可扩充性好,便于网络升级。

8.2　World Wide Web

World Wide Web,简称 WWW、Web、W3、万维网等,是 Internet 上最方便和最受用户欢迎的信息浏览方式。它是一个基于"超文本"(Hypertext)的信息发布工具,为用户提供了一种友好、方便而功能强大的查询工具。

8.2.1　Web 基础知识

WWW 是以超文本标记语言(HTML)与超文本传输协议(HTTP)为基础,能够以友好的接口提供 Internet 信息查询服务的浏览系统。浏览器中所能看到的画面叫做网页,也称为 Web 页。Web 网页采用超文本的格式,它除了包含有文本、图像、声音、视频等信息外,还包含有指向其他 Web 页或页面本身某特定位置的超链接。本节将逐一介绍这些知识。

(1) 超文本标记语言

超文本是用超文本标记语言(Hyper Text Markup Language,简称 HTML)来实现的,HTML 文档本身只是一个文本文件,只有在专门阅读超文本的程序中才会显示成超文本格式。

例如,有如下 HTML 文档:

```
<HTML>
<HEAD>
```

<TITLE>这是一个关于 HTML 语言的例子</TITLE>

</HEAD>

<BODY>这是一个简单的例子</BODY>

</HTML>

形如<HTML>、<TITLE>等内容叫做 HTML 语言的标记。从例子可以看到,整个超文本文档是包含在<HTML>与</HTML>标记对中的,而整个文档又分为头部和主体两部分,分别包含在标记对<HEAD> </HEAD>与<BODY> </BODY>中。

HTML 语言中还有许多其他的标记,HTML 正是用这些标记来定义文字的显示、图像的显示、链接等多种格式的。

(2) Web 的工作原理

Web 服务采用客户/服务器模式,Internet 中的一些计算机专门发布 Web 信息,这些计算机上运行的是 WWW 服务程序,用 HTML 语言写出的超文本文档都存放在这些计算机上,这样的计算机被称为 Web 服务器。同时,在用户的客户机上,运行专门进行 Web 页面浏览的客户程序。

客户程序向服务程序发出请求,服务程序响应客户程序的请求,把 Internet 上的 HT-ML 文档传送到客户机,客户程序以 Web 页面的格式显示文档。

阅读超文本不能使用普通的文本编辑程序,而要在专门的程序如 Internet Explorer 中进行浏览。World Wide Web 浏览环境下的超文本就是通常所说的 Web 页面。

(3) URL 与 HTTP

统一资源定位符(Uniform Resource Locator,简称 URL)是指向 Internet 上的 Web 页面等其他资源的一个地址。如 http://www.csdn.net 是中国程序员网站主页的 URL,其中"http"代表超文本传输协议(Hypertext Transfer Protocol),"://"是分隔符,"www.cs-dn.net"是中国程序员网站 Web 服务器的域名地址。

8.2.2　IE 的使用

用户计算机中进行 Web 页面浏览的客户程序称为 Web 浏览器。目前比较流行的浏览器有网景公司的 Netscape Navigator 和微软公司的 Internet Explorer(简称 IE)。本节讲述 IE 的主要使用方法。

(1) IE 浏览器的主界面

IE 浏览器窗口由如下几部分组成:

① 标题栏:进行窗口操作和显示正在访问的 Web 页标题或文件名、程序名。

② 菜单栏:包括 IE 浏览器的全部命令。

③ 工具栏:在菜单栏下面是工具栏,其上的快捷图标提供了与某些菜单项相同的功能,使用户免于频繁点击菜单,使操作更加方便。

④ 主窗口:显示当前访问的页面信息或文档信息。

⑤ 地址栏:现在正在浏览的文档地址,可以是 Internet 地址,也可以是本机地址的路径。

⑥ 状态栏:在窗口的最后一行,状态栏中显示有关的工作状态信息。

如果在窗口中看不到其中的某部分,可能是被隐藏起来了,可以单击"查看"菜单下的"工具栏"命令,使其显示。

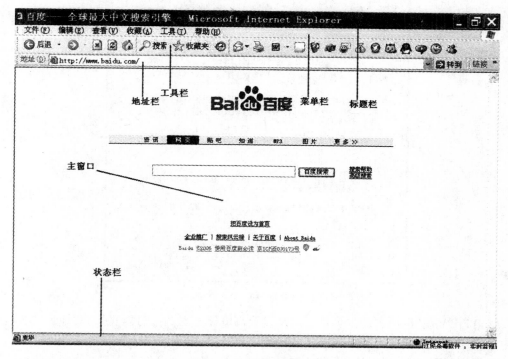

图 8-1　IE 浏览器的主界面

（2）使用 IE 浏览器浏览 Web 页

使用 IE 浏览器浏览 Web 页的方法是:在地址栏中键入 Web 地址,即 Internet 地址或网址(也称为 URL),便可以打开相应的站点。网址通常以协议名开头,后面是负责管理该站点的组织名称,后缀则标识该组织的类型,最后面是网址所在的国家或地区。

例如:网址 Http://www.nuist.edu.cn(表 8-1):

表 8-1　Web 地址示例

Http	该 Web 服务器使用 Http 协议
www	该站点在 World Wide Web 上
nuist	该 Web 服务器位于南京信息工程大学
edu	属于教育机构
cn	属于中国内地

（3）设置浏览器主页

每次重新启动 IE 时,浏览器会自动下载并显示出一个页面,这个页面称为浏览器的主页。在刚安装的浏览器里是以浏览器生产商的主页作为浏览器的主页的。用户可以根据自己的需要设置这一主页。

选择主菜单"工具"下的"Internet 选项",得到如图 8-2 所示的窗口。

图 8-2　Internet 选项

该窗口"常规"选项页的主页框是用来设置浏览器主页的。可以直接在"地址"文本输入框中输入用户所需要的 URL。也可以使用"地址"输入框下的三个按钮。

使用当前页：如果要用浏览器当前正在显示的 Web 页面作为浏览器的主页,点击"使用当前页"按钮,当前页的 URL 出现在"地址"文本输入框中,点击"确定"按钮,当前页被设置为主页。

使用默认页：默认页指浏览器生产商 Microsoft 公司的主页,它的 URL 是 http://www.microsoft.com。

使用空白页：系统内含有一个名为 about:blank 的页面,该页面是一个不含任何内容的空白页。

设置完毕后,点击"确定"按钮退出。下次启动浏览器时自动显示用户新设置的浏览器主页。

8.3　电子邮件的使用

电子邮件(E-mail)是 Internet 用户之间一种快捷、简便、廉价的现代通信手段,也是目前 Internet 上使用最频繁的服务。

8.3.1　电子邮件概述

电子邮件的英文是 Electronic Mail,简称 E-mail,电子邮件主要是发送和接收邮件。

（1）电子邮件的工作过程

电子邮件的工作过程遵循客户/服务器模式。每封电子邮件的发送都要涉及发送方与接收方,发送方构成客户端,而接收方构成服务器。通常 Internet 上的用户不能直接接收电子邮件,而是通过向 ISP 申请一个电子信箱,由 ISP 主机负责接收电子邮件。一旦有用户的电子邮件到来,ISP 主机就将电子邮件移动到用户的电子信箱内并通知用户有新的电子邮件。

当发送一个电子邮件到另一台计算机的时候,首先发送到 ISP,并以文件的形式存到 ISP 的硬盘上;当查看电子邮件时,需要首先登录 ISP,然后进入自己的邮箱,才能进行查看。

电子邮件在发送与接收过程中都要遵循 SMTP 和 POP3 等协议,这些协议确保了电子邮件在各种不同系统之间的传输。SMTP 服务器和 POP 服务器就是 Internet 上的邮局,是为我们提供发送和接收电子邮件服务的。

SMTP(Simple Mail Transfer Protocol),即发送邮件传输协议。SMTP 服务器就是发送邮件的服务器,它的作用是通过 SMTP 服务器将用户撰写的电子邮件发送到收信人的电子邮箱中。

POP(Post Office Protocol),即邮局协议。POP 服务器(或 POP3 服务器)就是接收邮件的服务器,它的作用是通过 POP 服务器将别人发给用户的电子邮件暂时寄存,直到用户从服务器上将邮件取到自己的计算机上进行查阅。当用户拥有多个 E-mail 地址时,每个 E-mail 地址"@"后面的内容就是 POP3 服务器的名称。

其中,SMTP 负责电子邮件的发送,而 POP3 或 IMAP 则用于接收电子邮件。

(2) 电子邮件格式

一封邮件由邮件头和邮件体两部分组成。邮件头类似于人工信件的信封,包括收件人、抄送、邮件主题等信息。

◇ 收件人:此栏填入收件人的 E-mail 地址,是必须填的。

◇ 抄送:此栏填入第二收件人的 E-mail 地址,可以不填写任何内容。

◇ 主题:是对邮件内容的一个简短概括。

邮件体是邮件的正文部分。

(3) 电子邮件地址

使用电子邮件要有一个电子邮件信箱,用户可向 Internet 服务提供商申请。邮件信箱实际上是在邮件服务器上为用户分配的一块存储空间,每个电子信箱对应着一个信箱地址或叫做邮件地址,其格式形式如下:

用户名@域名。

其中用户名是用户申请电子信箱时与 ISP 协商的一个字母与数字的组合。域名是 ISP 的邮件服务器。字符"@"是一个固定符号,发音为英文单词"at"。

例如:aynes@sina. com 和 errun@chinaren. com 是两个 E-mail 地址。

8.3.2　设置电子邮件帐户

使用电子邮件,在用户的计算机上需要安装一个进行电子邮件处理的客户程序,如 FoxMail、Outlook 等。本节以 Microsoft Office 2003 软件包中的 Outlook 2003 程序为例讲述电子邮件帐户的设置过程。

(1) 单击 Outlook Express 的"工具"菜单项下的"帐户",得到图 8-3 所示的窗口。

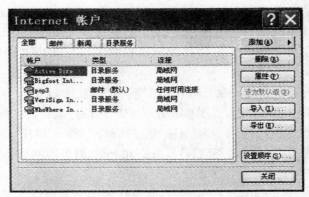

图 8-3　Internet 帐户

（2）单击"添加"按钮，选择菜单项"邮件"，得到图 8-4 所示的画面。

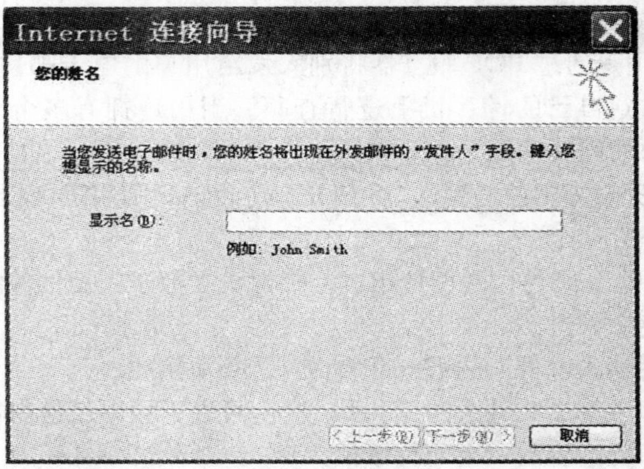

图 8-4　添加邮件

（3）输入用户显示名称

输入用户的显示名称，得到图 8-5 所示的窗口。单击"下一步"。

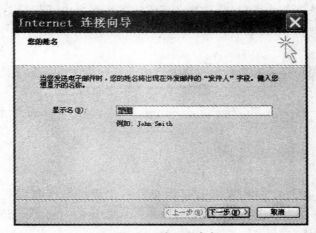

图 8-5　输入用户名

（4）输入 E-mail 地址

输入用户的 E-mail 地址，得到如图 8-6 所示的窗口。单击"下一步"。

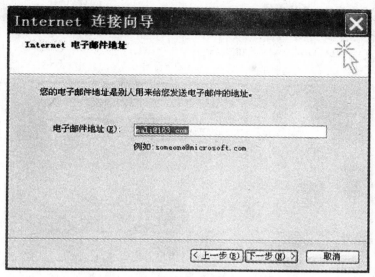

图 8-6　输入邮件地址

（5）输入服务器信息

输入 POP3 服务器的名称和 SMTP 服务器的名称，得到图 8-7 所示的窗口。单击"下一步"。

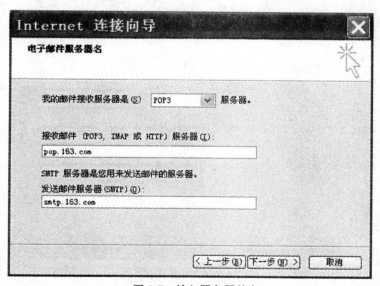

图 8-7　输入服务器信息

（6）输入邮件帐户和密码

在图 8-8 所示的窗口中输入邮件帐户和密码。单击"下一步"。

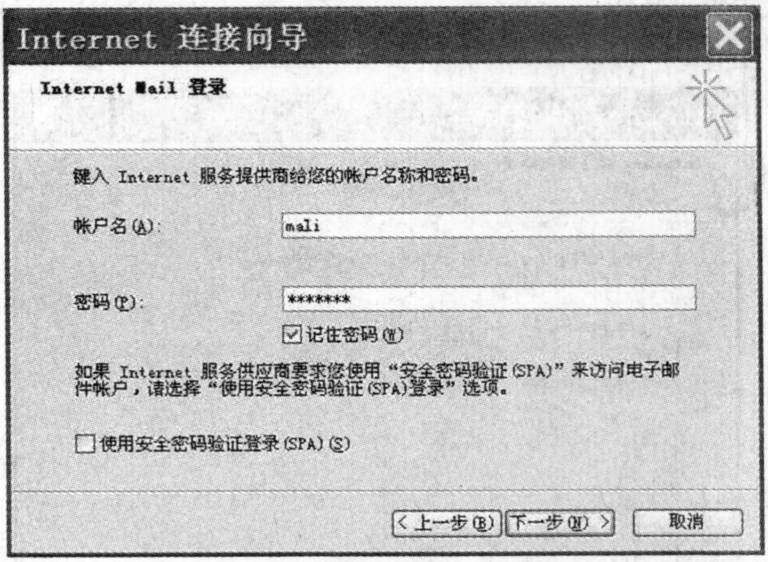

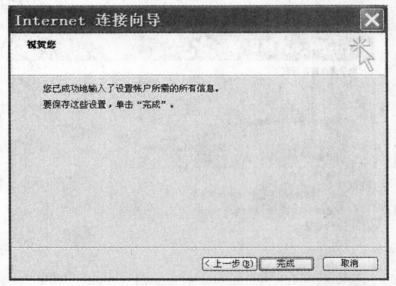

图 8-8　输入帐户名和密码

（7）完成新邮件帐户的设置

在如图 8-9 所示的窗口中，点击"完成"按钮，结束新邮件帐户的设置。以后就可以用这个帐户在 Outlook Express 中收发电子邮件了。

图 8-9　完成设置

8.3.3　电子邮件的收、发与阅读

（1）撰写新邮件并发送

单击图 8-10 所示的窗口中工具栏的"创建"按钮，得到图 8-11 所示的窗口。

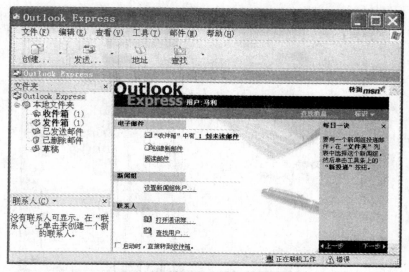

图 8-10　Outlook Express 工作界面

新邮件写完之后,单击图 8-11 所示的窗口工具栏上的"发送"按钮或选择"文件"菜单下的"发送邮件"就直接将邮件发送出去;选择"文件"菜单下的"以后发送",邮件被存入"发送箱"待以后发送;选择"文件"菜单下的"保存",邮件被保存到"草稿"中;选择"文件"菜单下的"另存为",邮件可存储到计算机的其他文件夹下。

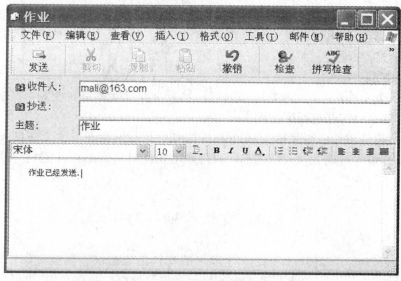

图 8-11　新建邮件

（2）接收新邮件

单击"工具"菜单项,选择"发送和接收",再选择"接收全部邮件",程序进行新邮件接收工作。接收过程中出现如图 8-12 所示的窗口。接收新邮件实际上是将邮件服务器上的新邮件下载到"收件箱"中。

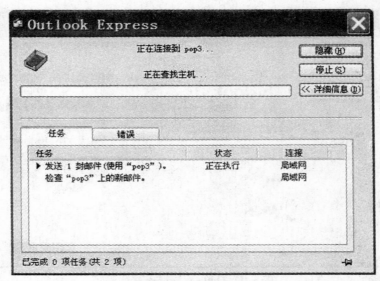

图 8-12　接收新邮件

（3）阅读邮件

用鼠标选中"收件箱"文件夹，如图 8-10 所示，窗口的右边分为上下两部分，上部分列出"收件箱"中所有的邮件目录，下部分列出当前光标所在邮件的内容。

邮件目录前有一个信封状的小图标，如果小图标是合拢的则表示该邮件尚未阅读。通过浏览邮件目录的主题，可大致了解邮件的内容。如果要阅读某邮件，将光标移到该邮件目录上，右下窗口会显示出邮件的正文内容，或者双击邮件目录中的该邮件，然后在弹出的邮件窗口中阅读邮件。

（4）删除邮件

无论在哪个文件夹中，先将光标移到邮件目录中要删除的邮件上，再点击工具栏上的"删除"按钮，就会对邮件进行删除操作。

需要注意的是，对"已删除邮件"文件夹中的邮件执行删除操作会真正使邮件从用户的计算机中删除，而对其他文件夹下的邮件执行删除操作只是将邮件移到"已删除邮件"文件夹中。

8.4　文件传输(FTP)

FTP(File Transfer Protocol)是一个双向的文件传输协议。利用文件传输协议 FTP，用户可以将远程主机上的文件下载(Download)到自己计算机的磁盘中，也可以将本地计算机中的文件上传(Upload)到远程主机上。FTP 实际上就是将各种类型的文件都放在 Internet 上的 FTP 服务器中，用户计算机上安装一个客户端 FTP 服务程序，通过这个程序实现对 FTP 服务器的访问。当通过客户端程序登录到 Internet 的 FTP 服务器时，要求正确回答用户名和密码才能取得访问权。

如果知道所要下载软件存放的 FTP 服务器名称以及它在服务器中的存放位置时，可以通过浏览器访问 FTP 站点来下载软件。具体步骤如下：

（1）在 IE 浏览器的地址栏中，输入要连接的 FTP 站点的 Internet 地址（URL）。

（2）选择要复制的文件或文件夹，利用复制的方法将文件或文件夹复制到本地的磁盘中。

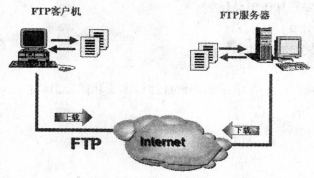

图 8-13　FTP 的上传和下载

8.5　IP 电话

IP 电话（Internet Phone）又称网络电话，它是在 Internet 网上通过 TCP/IP 协议实时传送语音信息的应用，即分组话音通信。分组话音通信先将连续的话音信号数字化，然后将得到的数字编码进行打包、压缩成一个个话音分组，再发送到计算机网络上。

IP 电话工作方式有计算机与计算机、计算机与电话、电话与电话三种通话形式。

图 8-14 中的计算机应是连接到 Internet 上并带有语音处理设备的多媒体电脑，且安装了 IP 电话的软件。

图 8-14 中的电话机应当具备能拨号上本地网络上的 IP 电话网关的功能。

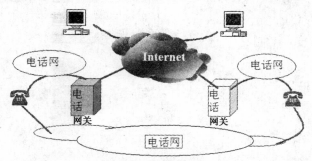

图 8-14　网络电话原理示意

计算机方呼叫远端电话的过程为：先通过 Internet 登录到 IP 电话网关，进行帐号确认，提交被叫号码，然后由网关完成呼叫。

普通电话客户通过本地电话拨号连接到本地的 IP 电话网关，输入帐号、密码，确认后键入被叫号码，使本地 IP 电话网关与远端的 IP 电话网关进行连接，远端的 IP 电话网关通过当地的电话网呼叫被叫用户，从而完成普通电话客户之间的电话通信。

目前国内的 IP 电话业务主要通过 IP 电话卡进行运作。

习题

1. 什么是浏览器？其作用是什么？
2. 什么是搜索引擎？
3. 什么是收藏夹？它有什么作用？
4. 什么是 IP 地址？它有什么作用？
5. 什么是电子邮件？一个电子邮件地址通常由哪几部分组成？

第9章
多媒体基础

- 多媒体技术的基本概念
- 多媒体系统的组成
- 多媒体信息的数字化
- 多媒体制作软件介绍

多媒体技术是以数字技术为基础,把通信技术、广播技术和计算机技术融于一体,能够对文字、图形、图像、声音、视频等多种多媒体信息进行存储、传送和处理的综合性技术。本章将介绍多媒体技术的基本概念、多媒体系统的组成、多媒体信息的数字化和多媒体制作软件等知识。

9.1 多媒体技术的基本概念

9.1.1 媒体和多媒体

多媒体技术是一门综合技术,它涉及许多概念,本节首先解释几个与多媒体密切相关而且容易混淆的基本概念。

(1) 媒体

人与人之间进行信息沟通和交流的中介物称为"媒体"。一般有两种含义:一是指存储信息的实体,如磁盘、光盘等;二是指交流、传播信息的载体,如文字、图形、图像、视频等。

(2) 多媒体

人们将文字、图形、图像、音频、视频、动画所构成的复合体统称为多媒体。前三种称为静态媒体,后三种称为动态媒体。

(3) 多媒体技术

多媒体技术是指计算机综合处理文本、图形、图像、声音、视频等多种媒体信息,使它们建立一种逻辑连接,并集成为一个交互性系统的技术。

9.1.2 多媒体技术的主要特性

多媒体技术具有以下三个主要特性:

(1) 多样性:使计算机所能处理的信息范围从传统的数值、文字、静止图像扩展到声音和视频信息。

(2) 集成性:使计算机能以多种不同的信息形式综合地表现某个内容,取得更好的效果。

(3) 交互性:人们可以操纵和控制多媒体信息,使获取和使用信息变被动为主动。

9.1.3 多媒体处理的关键技术

多媒体信息的处理和应用需要一系列相关技术的支持。以下介绍的多媒体处理的关键技术是多媒体研究的热点,也是多媒体技术发展的趋势。

(1) 多媒体数据压缩技术

多媒体信息数据量非常大,要想实时处理非常困难。因此,压缩和解压缩技术是多媒体技术的重要研究课题。数据压缩是通过编码的技术来降低数据存储所需的空间,当需要使用时再进行解压缩。

（2）多媒体数据存储技术

数字化的多媒体信息虽然经过了压缩处理，但仍需要相当大的存储空间，解决这一问题的关键是数据存储技术。目前数字化数据存储的介质有硬盘、光盘和磁带等。光盘的发展有力地促进了多媒体技术的发展和应用。目前使用的 CD-ROM 光盘容量为 650 M，DVD 光盘双面双密度容量可达 17 GB。

（3）集成电路制作技术

集成电路制作技术的发展，使具有强大数据压缩运算功能的专用大规模集成电路问世，为多媒体技术的进一步发展创造了有利的条件。

（4）多媒体数据库技术

多媒体技术的发展需要有对多媒体数据进行有效管理的新技术出现，解决研究多媒体信息的特征、建立多媒体数据模型、有效地组织和管理多媒体信息、多媒体信息的检索和统计等问题。

9.2　多媒体系统的组成

多媒体计算机系统是指具有多媒体信息处理能力的计算机系统，它主要由多媒体硬件系统和多媒体软件系统组成，其层次结构如图 9-1 所示。

图 9-1　多媒体系统的层次结构

9.2.1　多媒体计算机硬件系统

多媒体计算机硬件系统包括主机、多媒体接口卡和多媒体外部设备。

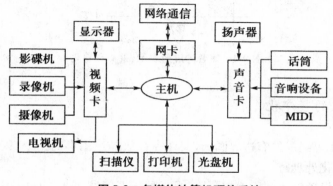

图 9-2　多媒体计算机硬件系统

217

9.2.2　多媒体计算机软件系统

多媒体计算机软件按功能可分为多媒体系统软件和多媒体应用软件。多媒体系统软件包括多媒体驱动软件、驱动器接口程序、多媒体操作系统、媒体素材制作软件及多媒体库函数、多媒体创作工具和开发环境。多媒体应用软件是在多媒体创作平台上设计开发的面向应用的软件。

9.3　多媒体信息的数字化

本节主要介绍音频的数字化、图像的数字化和视频的数字化的过程。

9.3.1　音频的数字化

用计算机对音频信息进行处理,就要将模拟信号,如语音、音乐等转换成数字信号。

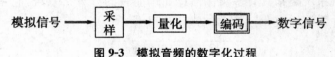

图 9-3　模拟音频的数字化过程

(1)采样:每隔一定时间间隔对模拟波形上取一个幅度值。

(2)量化:将每个采样点得到的幅度值以数字存储。

(3)编码:将采样和量化后的数字数据以一定的格式记录下来。

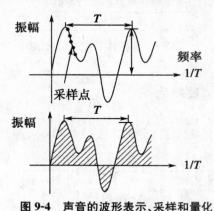

图 9-4　声音的波形表示、采样和量化

9.3.2　图像的数字化

图形是由点、线等组成的有边界画面,文件中存放描述图形的指令,因此不必对图形中的每一点进行数字化处理。

图像是由图像设备输入的无边界画面,是一种模拟信号,图像的数字化涉及对图像的采样、量化和编码,数字化后以位图形式存储。图形、图像文件的存储格式可以是 BMP、GIF、JPG、PNG 等格式。

(1) 采样:图像采样就是将连续的图像转换成离散点的过程,采样的实质就是用若干个像素点来描述这一幅图像,称为图像的分辨率。

(2) 量化:量化则是在图像离散化后,将表示图形色彩浓淡的连续变化值离散化为整数值的过程。一般用 8 位、16 位、24 位、32 位等来表示图像的颜色。8 位可以表示 $2^8=256$ 种颜色。24 位以上就称为真彩色。

(3) 编码:图像的分辨率和像素位的颜色深度决定了图像文件的大小。

计算存储一秒图像公式:列数×行数×像素的颜色深度/8×帧/秒=存储一秒图像字节数

例:1280×1024 分辨率的"真彩色"电视图像,按每秒 30 帧计算,显示 1 分钟,则需要:
1280×1024×3×30×60≈6.6 GB

9.3.3　视频的数字化

视频是由一系列的静态图像按一定的顺序排列组成,每一幅称为帧。将一幅幅独立图像组成的序列按照一定的速率连续播放,利用视觉暂留现象在人的眼前呈现出连续运动的画面。当帧速率选择到 12 帧/秒以上时,可以产生连续的视频显示效果。

视频有模拟和数字两种形式。早期的电视等视频信号是模拟视频,现在出现的 VCD、SVCD、DVD 等都是数据视频。

获取数字视频信息主要有两种方式:一种是将模拟视频信号数字化;另一种是利用数字摄像机拍摄实际景物,从而直接获得无失真的数字视频。

视频数字化过程同音频相似,在一定的时间内以一定的速度对单帧视频信号进行采样、量化、编码等过程,实现模数转换、彩色空间转换和编码压缩等,再通过视频捕捉卡和相应的软件实现。视频文件可以以影像视频文件格式和流媒体文件格式存储。

9.4　多媒体制作软件介绍

随着多媒体技术的发展,不断涌现出优秀的多媒体制作软件,下面简单介绍几种常用的多媒体制作软件。

9.4.1　图像处理软件——Photoshop

Photoshop 是全世界著名的平面设计软件,它具有强大的绘图、校正图片及图像创作功能。作为 Photoshop 的前身是一个叫 Barney Scan 的扫描仪配套软件,后来被 Adobe 公司看中了它优秀的图像处理功能,将它开发成为功能更为强大的图像处理软件并把它命名为 Photoshop。现在 Photoshop 已经开发到了 8.0 版本。

Photoshop 的主要功能如下:

(1) 支持多种文件格式。

（2）强大的绘图功能。

（3）灵活的选取功能。

（4）方便的调整。

（5）支持多种色彩模式。

（6）变形功能。

（7）丰富的滤镜功能。

（8）提供图层和通道功能。

9.4.2　二维动画制作软件——Flash

Flash 是由 Macromedia 公司开发设计的，Flash 是集向量绘图、动画制作和交互式设计三大功能于一身的二维动画制作软件，它可以让网页中不再只有简单的 GIF 动画或 Java 小程序，而是一个完全交互式多媒体网站，并且具有很多优势。现在 Flash 已经开发到了8.0版本。

它的主要特点如下：

（1）是一种基于矢量的图形系统，动画设计人员只需用少量的向量数据就可以描述一个相当复杂的对象，因此非常适合在网络上使用。可以做到真正的无级放大。

（2）采用插件工作方式。

（3）非常有用的增强功能，如支持声音、位图图像、渐变色、Alpha 透明等。

（4）采用了信息流的数据传送方式，满足了实时播放的要求。

Flash 的文件格式可以分为静态与动态两种。静态格式包括：GIF、JPEG、BMP、WMF、PMG 等。动态格式包括：Shockwave Flash(SWF)、QuickTime、AVI 等。

9.4.3　三维动画制作软件——3DS MAX

3DS MAX 是三维造型与动画的设计制作软件。Autodesk 公司的媒体和娱乐子公司 Discreet 公司发布了专为"3DS MAX 维护合约用户"而特制的升级版本 3DS MAX 7.5 Extension。该版本提供了一系列备受瞩目的新特色和新功能。如内置的毛发制作系统、渲染器 mental ray 3.4，以及集成的可视化设计工具，将极大地扩展 Discreet 公司三维造型和动画系统的制作能力。

利用 3DS MAX 提供的多种工具可以在计算机设计环境中建立各种物体或对象的模型，然后利用纹理与材质设置功能为这些模型设置各种表面生成效果，使之栩栩如生，具有逼真的艺术效果。

9.4.4　多媒体系统开发工具软件——Authorware

Authorware 是多媒体系统开发工具软件，是美国 Macromedia 公司的产品。该软件采用的面向对象的设计思想，不但大大提高了多媒体系统开发的质量与速度，而且使非专业程序员进行多媒体系统开发成为现实。以 Authorware Professional 作为开发工具，可以制作各式各样的多媒体产品。

它的主要特点如下：

（1）面向对象的创作：提供了直观的图标控制界面，利用对各种图标的逻辑结构布局，来实现整个应用系统的制作，从而取代了复杂的编程语言。

（2）跨平台体系结构：无论是在 Windows 还是在 Macintosh 平台上，Authorware 提供了几乎完全相同的工作环境。

（3）灵活的交互方式：提供了最为灵活的、丰富多彩的人机交互方式。

（4）高效的多媒体集成环境：通过 Authorware 自身的多媒体管理机制，开发者可以充分地利用包括声音、文字、图像、动画和数字视频等在内的多种内容，来实现整个多媒体系统。

（5）标准的应用程序接口：Authorware 提供了相应的标准接口，使具有各专业编程知识的开发人员更加充分地发挥 Authorware 的潜在功能。

（6）脱离开发环境独立运行：Authorware 产品最终可完全脱离开发环境独立运行。

在这里我们只是一个软件的基本介绍，有兴趣的同学可以深入地学习和使用这些软件。

习题

1. 计算机中的媒体类型有哪些？
2. 什么是多媒体技术？它有什么特点？
3. 多媒体计算机硬件系统由哪些主要部件组成？
4. 分别简述音频的数字化、图像的数字化和视频的数字化的过程。
5. 获取数字视频信息主要有哪两种方式？
6. 为什么要对多媒体信息进行压缩编码？
7. 你熟悉的多媒体制作软件有哪些？

第 10 章
网页制作软件
FrontPage 2003

- 引言
- FrontPage 2003 简介
- FrontPage 2003 网站设计
- FrontPage 2003 的表格
- FrontPage 2003 的超链接
- FrontPage 2003 的框架
- FrontPage 2003 的动态效果和多媒体
- 发布网页
- FrontPage 2003 的表单

　　FrontPage 2003 是"所见即所得"的网页编辑器。它把网页管理器和网页编辑器合二为一。在进行网页编辑时,利用编辑切换方式按钮,可以在页面设计窗口和代码设计窗口间切换,方便用户以不同的方式编辑网页。利用 FrontPage 2003 制作的网页支持最新的网页标准,比如 DHTML、XML、CSS2 等。

　　本章主要是介绍如何利用 FrontPage 2003 创建网站、制作网页并发布到 Internet 上。

10.1　引　　言

10.1.1　网站与网页

　　使用浏览器在 Internet 上所看到的每一个画面都称为网页,而当人们根据某一个 URL 地址进入一个网站,所看到的第一个网页则称为该网站的首页(Home Page)。首页可以说是网站的门面,它的功能通常是负责导航及介绍最新消息,当浏览者一进入首页,就可以马上看到最新消息,并快速地找到感兴趣的主题,然后通过超链接跳到其他网页,查看更详细的内容。不同类型的网站,其首页的风格可能完全不同。

　　网站就是网页的集合。也就是说,网站设计者先把整个网站的结构规划好后,再依据结构做出不同的网页,利用超链接将网页间彼此相连,这就构成了完整的"网站"。一般说来根据网站的拥有者可以将网站分为个人网站、商业网站、组织网站等。

　　个人网站的内容一般包括个人的学习工作情况、爱好、兴趣、朋友等有关信息,用来表达个人的思想、观念、兴趣等。不过现在的个人网站相对于 Internet 发展之初已经越来越少了。这是由于个人网站通常只是为了满足个人在网络空间中发表和展现个人思想和个性的需要。而现在随着留言板、聊天室、网络论坛,特别是 Blog(博客)这样新的可以表达个人观念和个性的新网络平台的出现,人们对于个人网站的需求也就没有当初那么强烈了。同时,这些新的网络平台既不要求个人具备网页设计能力,也不需要个人花大量的精力去管理和维护,对于大部分人来说,现在创建个人网站的意义已经不大了。当然,现在 Internet 上仍然有不少很有特点的个人网站,这些个人网站也是 Internet 资源的一个重要组成部分。

　　商业网站主要由企业建立或商业机构建立。早期的商业网站的内容主要包括把生产和销售的产品或是企业的自身形象以广告等形式进行展示和宣传。随着电子商务(Electronic Commerce,EC)的发展,许多商业网站已经提供了完成各类商务活动的功能,如在线交易、在线拍卖、在线销售等。由于电子商务的开展可以大大提高企业的运营效率并能降低企业的管理成本,这使得商业网站成为企业信息化建设中重要的一环。同时,网络上也出现了一些新的专门从事电子商务的新型企业,比较著名的有网络书店的鼻祖 Amazon. com、国内的阿里巴巴和淘宝网等。因为商业网站往往有大量的资金支持,所以商业网站的功能更强大,页面也更美观。

　　组织网站一般由非赢利性组织建设如政府、学校和非赢利性组织等。这些网站的功能主要是为大众提供各项服务,如网上政务、网上教学等。

图 10-1　个人网站

图 10-2　教学网站

10.1.2　规划设计网站的一般流程

（1）对网站做出具体的规划

◇　确定网站的目的

为什么要建立网站，它能为来访者提供什么样的信息？该网站希望哪些人来访和从来访者中获取什么样的信息？准备用多少资金和时间来管理和维护网站？

224

◇ 确定网站的类型

网站一般可以分为个人网站、商业网站和组织网站等。

◇ 组织材料

根据所确定的目标,就可以进行组织材料的工作。一般网站的材料包括:现有的文档,所需的图像和其他动态元素(音频、视频、动画等),以备在制作网页时使用。

◇ 确定网站的总体结构

即把网站的内容进行分类列表,对各个内容项目进行逻辑分组,确定各组的主题,包括内容和分页,以及各分页之间的层次结构和隶属关系。然后根据总体结构,把内容按类别以文件和文件夹的形式组织起来。如同一网站中所用到的图片放入 images 文件夹中,把动画文件放入 flash 文件夹等。

◇ 描绘要创建网站的轮廓

规划出要创建的网站草图,草图中要包括所有要素,如文件、图像、按钮、超链接等。

◇ 设计、精练网站

在规划好草图的基础上进行设计和精练,要考虑诸如空间、均衡、色彩、字体、形状和纹理等因素。使得网站具有更好的感观效果。

(2) 创建网站和制作网页

创建网站可以采取两种方式:一种方式是首先创建网站中的各个网页,然后创建网站,最后将创建好的网页导入到创建的网站中,完成网站的创建;另一种方式是首先创建好网站,然后在网站中添加新的网页,并对添加的新网页进行编辑修改,等所需网页全部编辑完毕,完成网站的创建。

在创建网站时,推荐开发者使用后一种方式。采用后一种方式可以更好地利用规划方案,明确网站的结构,方便网站内网页的管理。

(3) 测试网站

创建网站的工作完成以后,需要对每一部分进行测试和验证,包括文字的拼写、图形和链接等,还要检查每个元素是否到位,每个链接是否正确。在测试过程中进行精确的调整和修改。

(4) 发布网站

网站经过测试和验证以后,就可以把它发布出去。如果网站是在本单位的 Intranet 上发布,需要管理员划出一块空间并允许存放网站的文件即可。如果制作的网站需要在 Internet 上发布,就需要选择一个合适的 ISP,并租用适当的空间存放自己的网站。如果是个人网站,可以考虑用一些免费的空间来存放。

(5) 宣传自己的网站

如果网站是在 Internet 上,就需要千方百计地宣传自己的作品,如在搜索引擎和访问流量较大的门户网站上做广告,以便更多的访问者浏览自己的网站。

(6) 对网站进行维护和更新

制作的网站发布出去以后,为了使网站具有生命力,需要经常对它进行维护和更新。一般商业网站需要做到每日更新,普通的网站也需要每周维护更新一次。

10.2　FrontPage 2003 简介

FrontPage 2003 是 Microsoft 公司的产品,是 Office 2003 专业版套装软件中的一个重

225

要组成,它支持所见即所得的编辑方式。FrontPage 2003 具有经过改进的设计环境、新的布局和设计工具、模板以及经过改进的主题。不需要掌握很深的网页制作技术知识,甚至不需要了解 HTML 的基本语法就能使用它。它的基本使用方法和 Word 十分相似。

10.2.1　FrontPage 2003 的安装

安装 FrontPage 2003 比较简单,只需放入 FrontPage 2003 CD-ROM 光盘,按提示操作就可以了。当出现"安装类型"对话框时(如图 10-3),推荐选择"典型安装"选项,这样可以将 FrontPage 2003 中的常用组件安装到计算机中。如果用户想自己定义安装的组件,可以选择"自定义安装",然后选择需要的组件进行安装。"安装位置"决定了 FrontPage 2003 在计算机中的安装位置,默认值为 Office 2003 安装文件夹。

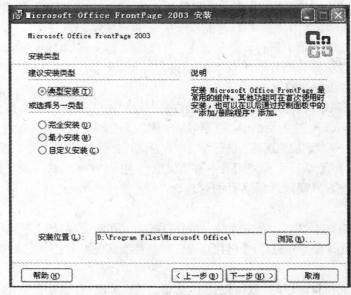

图 10-3　"安装类型"对话框

10.2.2　启动与退出

(1) 启动

一般通过点击任务栏中的"开始"→点击"程序"→点击"Microsoft Office"→点击"Microsoft Office FrontPage 2003"启动 FrontPage 2003。如果在桌面上已经创建了 FrontPage 2003 的快捷方式,也可以通过双击该快捷方式启动 FrontPage 2003。

(2) 退出

① 使用完 FrontPage 之后,需要退出 FrontPage。一般选择菜单栏中的"文件",点击"退出"命令退出 FrontPage。

② 直接单击窗口右上角的关闭按钮也可以退出 FrontPage。

10.2.3　用户界面

FrontPage 2003 的界面采用了更加柔和的界面颜色,并且更加简洁。当指针指向工具栏按钮或菜单栏时,相应的按钮或命令周围会出现黑色的边框,显示淡黄色的背景色,按钮图标还会以高亮方式显示。

FrontPage 的用户界面如图 10-4 所示。在该用户界面中包含有标题栏、菜单栏、工具栏、状态栏和工作区等基本的窗口元素,另外还有文件夹列表和任务窗格等特色元素。

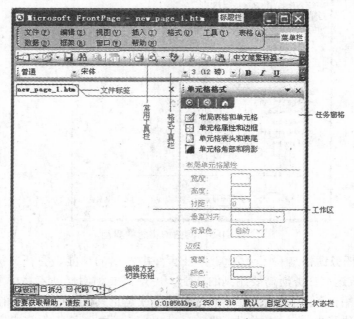

图 10-4　FrontPage 2003 用户界面

标题栏:标题栏中显示了当前正在编辑的网页的文件名,一般文件名以 .htm 作为后缀名。

菜单栏:菜单栏的布局与 Word 类似,除了常用的"文件"、"编辑"、"格式"等菜单外,还有 FrontPage 特有的两个菜单"数据"和"框架"。"数据"菜单中的菜单命令可以在设计的网页加入与后台数据库相关的内容,使设计的网页可以动态显示内容。"框架"菜单用于对采用框架的网页进行管理。

工具栏:工具栏的布局与 Word 类似,在常用工具栏上除了"新建"、"打开"、"保存"等常用工具按钮外,还有如"插入层"、"插入超链接"等 FrontPage 特有的工具按钮(注意:FrontPage 和 Word 中的"插入超链接"工具按钮在功能上类似,但实现的方式是不同的)。

工作区:工作区是编辑和设计网页和网站的区域。FrontPage 的工作区有两种状态,一种是在设计网页时的工作区,这时在工作区的左下角会显示编辑方式切换按钮,可以在编辑时切换不同的编辑视图。另一种是在设计网站时的工作区,这时在工作区的左边会显示文件夹列表,工作区中显示当前网站中的文件和文件夹,在工作区的下方会显示行功能按钮,单击不同的按钮在工作区上会显示出不同的网站相关信息,如网站导航、超链接等。

当在工作区中打开多个项目时,如多个网页或是一个网站和多个网页时,可以通过单击位于工作区上方的相应的文件标签来在不同的网页间切换进行编辑和设计。

文件夹列表:文件夹列表是在创建网站或编辑网站时显示网站文件和文件夹的区域,一般用户在创建网站或编辑网站时才会使用到,如图 10-5 所示。

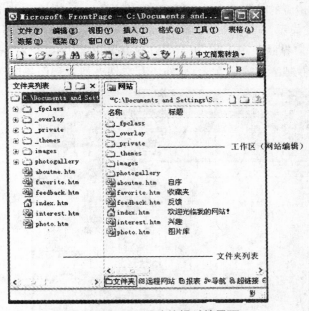

图 10-5　网站编辑时的界面

任务窗格:任务窗格是 Office 2003 办公套件中新增的功能。在任务窗格中设定了常用的任务,及完成这些任务所需要用到的功能。用户只要利用任务窗格中列出的功能就可以方便地完成常用任务,而不需要在不同的菜单中或是工具栏上选择相应的功能完成任务,相当于为用户提供了"一站式服务"。图 10-6 和图 10-7 给出了任务窗格中的常用任务和"开始工作"任务的功能列表,单击出现在列表上的各个选项就可以完成相应的功能。

图 10-6　任务列表

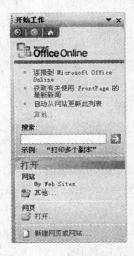

图 10-7　"开始工作"任务窗格

编辑方式切换按钮：编辑方式切换按钮位于工作区的左下角，由四个按钮组成。它是 FrontPage 2003 新增的功能，该功能借鉴了 Dreamweaver 等其他网页设计软件的相似功能。通过选择可以在"设计"视图、"代码"视图、"拆分"视图、"预览"视图四种网页视图间切换，以满足设计网页时的不同需求。

在"设计"视图中设计并编辑网页，可以提供与使用设计工具创建网页一样的近似"所见即所得"的效果。

在"代码"视图中查看、编写和编辑 HTML。使用 FrontPage 2003 中的优化代码功能，可以创建干净的 HTML，并且可以更容易地删除任何不想要的代码。

"拆分"视图以拆分的屏幕格式检查并编辑网页内容，该视图能让您同时访问代码视图和设计视图。

"预览"视图在无需保存网页的情况下，显示与网页在浏览器中的外观相近似的视图。使用此视图可以查看创建网页时所做的更改。

10.3　FrontPage 2003 网站设计

10.3.1　网站的创建

正如前面所介绍的内容，当我们完成了对网站的规划后就可以用 FrontPage 创建网站并设计网站中的相关网页。在设计网页前，一般先要创建一个网站，然后再在网站中根据规划的网站总体结构创建文件夹和网页文件。

利用 FrontPage 创建网站时，为了减轻制作网页的工作量，可以使用各种模板和向导。具体操作如下：

（1）选择"文件"，点击"新建"命令，将会在任务窗格中显示出"新建"任务（图 10-8），单击"新建网站"项下的"其他网站模板"，将弹出"网站模板"对话框，如图 10-9 所示。

**图 10-8　"新建"
任务窗格**

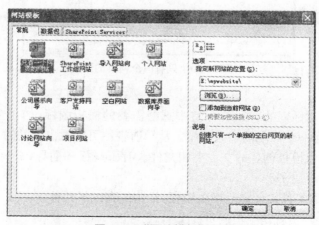

图 10-9　"网站模板"对话框

（2）单击"常规"选项卡中的向导或是模板图标选择一个合适的向导或是模板。这里要注意向导和模板的区别，向导是通过一系列步骤来创建网站，模板则是根据模板的规定一次性生成带有相应内容的网站。这里选择"个人网站"模板作为新创建网站的模板。

（3）在"指定新网站的位置："中输入网站所在的文件夹，这里文件夹的位置为 E:\mywebsite，也可以单击"浏览"按钮来选择网站所在的文件夹。

（4）单击"确定"按钮就可以创建一个网站了。

创建 Web 网站有四种方法：自建法，模板法，导入法，向导法。下面就常用的自建法和模板法做介绍。

◇ 自建法

自建法适合在做好了规划的网站，并且没有相关的向导和模板可用的情况下使用。在"网站模板"对话框中选择"只有一个网页的网站"图标，将创建一个只包含一个页面的网站。该网站只有一个名叫"index. htm"的主页和两个文件夹，用于存放网站图片的 images 和存放私有文件的_private。其他的文件和文件夹由用户根据网站结构创建、添加和设计。本操作也可以在"新建"任务窗格的"新建网站"项中单击"由一个网页组成的网站"来完成。

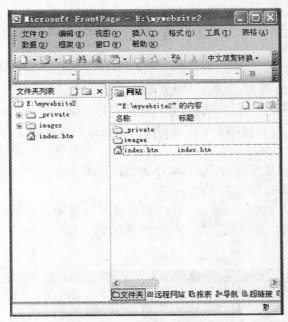

图 10-10　只有一个网页的网站

◇ 模板法

在"网站模板"对话框的"常规"标签中选择需要的模板图标，如："个人网站"，单击"确定"按钮就可以创建一个标准的个人网站。从导航视图可以看出网站的结构层次，从文件夹列表中还可以看见由模板创建的文件夹和文件。有了模板和向导，只要在网页的各个位置填写上相应内容就可以了。

FrontPage 提供了各式各样的网页模板，常用的有以下几种：

① 普通网页：其实就是空白网页。

② 参考书目：按字母顺序来排列参考书目的网页，每个书目都有自己的书签，可做超

230

链接到先前的文本内容。

③ 文本居中的格式：网页的中间是文本，两边是空白（适合于写诸如诗歌等形式的文本，也可以在两边的空白处加上合适的内容）。

④ 意见反馈表：一种表单形式的网页，用来调查、收集用户或读者的信息。

⑤ 常见问题：用来为浏览者提供常用信息的网页，其中包括了一个问题的索引和一些经常出现的问题。

6）用户注册表单：提供类似网站用户注册的功能的网页。

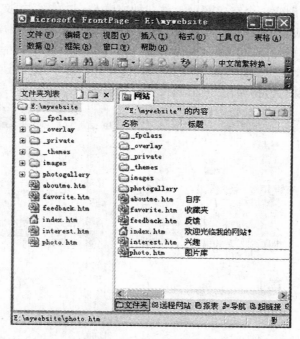

图 10-11　"个人网站"的文件列表

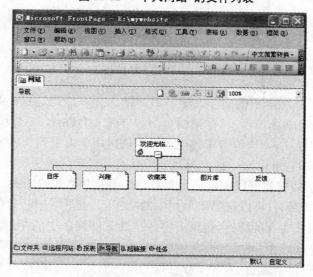

图 10-12　"个人网站"的导航图

10.3.2　在网站中创建和设计网页

当网站创建完成后，即可以在网站内创建新的网页或是设计已有网页。通常可以创建两种网页，一种是没有任何内容的空白网页，另一种是利用网页模板创建的包含特定内容和格式的网页。

创建空白网页有两种方法，一种是利用"新建"任务窗格完成，即直接在"新建网页"项中单击"空白网页"就可创建一个空白网页。另一种方法是在"网站"的文件列表中单击右键，在快捷菜单中选择"新建"，点击"空白网页"，即可在网站的文件夹下创建空白网页。

利用模板创建网页的步骤和利用模板创建网站的步骤是类似的。

（1）选择"文件"，点击"新建"命令，将会在任务窗格中显示出"新建"任务，单击"新建网页"项下的"其他网页模板"将弹出"网页模板"对话框，如图 10-13。

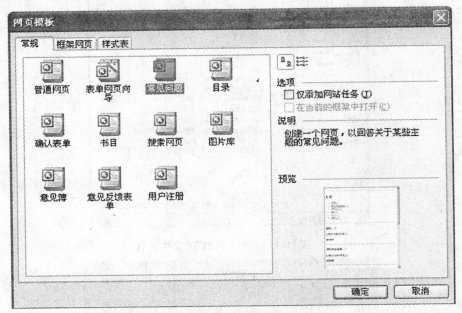

图 10-13　"网页模板"对话框

（2）单击"常规"选项卡中的向导或是模板图标选择一个合适的向导或是模板。在"网页模板"对话框中还有两个选项卡"框架网页"和"样式表"，在 10.6 节将会介绍框架网页的创建和设计。利用"样式表"选项卡中的模板可以创建用于设定网页特定格式的样式表文件（后缀名为.css），利用它可以统一整个网站中所有网页或是同类网页的外观风格。

（3）单击"确定"按钮就可以创建一个具有特定内容和格式的网页。

对于已经存在的网页，可以选择菜单栏中的"文件"，点击"打开"命令选择要进行设计的网页或是其他相关文件。也可以直接双击"网站"的文件列表中的相应文件打开进行设计。同样的，删除网页也可以在"网站"的文件列表中右键单击需要删除的网页文件，在快捷菜单中选择删除即可。建议当新建了一个网站后，网站内的网页的新建、打开和删除等基本操作都在"网站"的文件列表中完成，这样可以统一管理网站的网页，减少错误的发生。

在本章中,首先用"个人网站"模板创建一个网站,然后在该网站中新建一个网页,并通过该网页的设计介绍 FrontPage 设计网页的基本功能。创建步骤如下:

(1) 根据 10.3.1 节介绍的步骤,在 E:/mywebsite 文件夹中用"个人网站"模板创建一个网站。

(2) 在"网站"标签的文件夹列表空白处单击右键,在快捷菜单中选择"新建",点击"空白网页"创建一个新的网页文件,并将其文件名改为 wuxia. htm。

(3) 右键单击 wuxia. htm,在快捷菜单中选择"属性",将弹出的对话框的"常规"标签中的标题改为"金庸武侠"。

(4) 双击 wuxia. htm,打开网页进行设计。

10.3.3　设置网页的主题

与 Office 系列的其他软件一样,FrontPage 也设置了许多美观大方的主题,主题中预先设置了网页的背景、文字的颜色等与网页外观相关的参数,这使得用户在没有专业美工人员的协助下也可以设计出精美的网页。FrontPage 预设了许多主题,基本可以满足一般用户的需要。设计网页主题的步骤如下:

(1) 选择菜单中的"格式",点击"主题",或是在已经打开的任务窗格的下拉列表中选择"主题",打开"主题"任务窗格。

(2) 在"选择主题"列表中,选择一个合适的主题。由于 wuxia. htm 是在网站中创建的,所以它保留了网站默认的主题:"蔚蓝",这里为 wuxia. htm 重新选择一个主题,如"中国书画",作为网页的主题。

10.3.4　设置文字格式

在网页设计的工作区中,在工作区左下角的编辑方式切换按钮中选择"设计"视图。在工作区中输入"我的武侠小说"作为本页面的标题,并对其进行文字格式的设置。

(1) 字号设置

① 先选取要操作的文字:"我的武侠小说"。

② 单击"字号"下拉列表,在下拉式列表框中选择需要的字号,字号设置为 7 号。与 Word 不同,FrontPage 2003 的字号数越大,字就越大。缺省的普通字号为 3 号。

(2) 其他设置

① 字体、字型、颜色、效果等的设置与 Word 相似,不一一列举。

② 除了可以使用格式工具栏对文字格式进行设置外,也可以在菜单中选择"格式",点击"字体",打开"字体"对话框,对字体、字号、字型、颜色、效果等进行设置。

设置完成后,按 Enter 键换行,输入下一行文字:"金庸"。并通过"字体"对话框将其字体设置为"隶书",字号设置为 6 号。

图 10-14 "字体"对话框

10.3.5 设置段落格式

格式设置完成后还要进行段落格式的设置。首先介绍一下 FrontPage 中与段落相关的概念,尤其是与 Word 之间的区别。

（1）文档是由许多段落组成的,FrontPage 中段落的概念与 Word 相似,连续地输入文字,系统会自动换行,只有按 Enter 键才表示一段结束。

（2）FrontPage 中段落之间一般会空一行。同时按 Shift 键和 Enter 键,可取消空行。

（3）在菜单中选择"格式",点击"段落"也会打开一个"段落"对话框。不过 FrontPage 中段落的功能比 Word 少很多,它只有缩进和间距的设置。

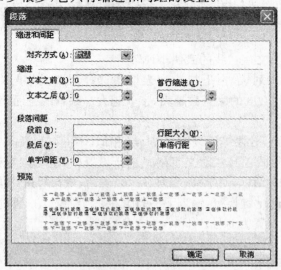

图 10-15 "段落"对话框

FrontPage 可以在需要明显间隔的地方增加分隔线——水平线，如，在标题与其下的内容之间。其操作步骤为：

（1）光标定位到文字某一行开头，水平线将插入到该行之前；如果光标定位到文字某一行末尾，水平线将插入到该行之后。

（2）选择菜单栏中的"插入"，点击"水平线"插入水平线。

（3）若要改变水平线的属性，可以在水平线处右击鼠标，在弹出的菜单中选择"水平线属性"命令。通过调节"宽度"（水平线长短）、"高度"（水平线粗细）、"颜色"、"对齐方式"选项设置水平线格式。

根据上述操作步骤在"我的武侠小说"和"金庸"之间插入一条水平线，并将其高度设置为 4px。完成主题设置、文字设置和段落设置后的网页的效果如图 10-16 所示。

图 10-16　效果图 1

10.3.6　插入图片

早期的网页中的内容以纯文本为主，随着网络带宽的提高，人们对于网页内容的要求也越来越高，更加直观的图片内容加入到网页中也是必然的。网页上插入的图片最多的是 GIF 格式和 JPGE 格式的，这两种图片都是经过压缩处理的，能够显著地减少对带宽的占用，因此适合在 Internet 上传输。在网页中插入的图片可以是从当前的网站中获得，也可以从本地的计算机磁盘上获得，还可以从 WWW 上获得，或者插入剪贴画。下面介绍一下插入剪贴画和插入文件图片的方法。

（1）插入剪贴画

FrontPage 有丰富的剪贴画库，用户可以直接把剪贴画插入到自己的网页中，剪贴画库中有大约 57 个大类的剪贴画图片。

在 FrontPage 中插入剪贴画的步骤和在 Word 中基本是一样的。

① 将插入点定位于想插入图片的位置。

② 在菜单中选择"插入",点击"图片",点击"剪贴画"在任务窗格中"插入剪贴画"窗口,如图 10-17 所示。

③ 在"结果类型"选项卡的类别框中选择所需类别。

④ 单击"搜索"按钮,窗口中将出现该类别中所有的剪贴画,如图 10-18 所示,这时如果想重新选择其他类别的剪贴画,请单击窗口左上角的后退按钮返回图 10-17 所示的窗口。

图 10-17 "剪贴画"任务窗格

图 10-18 "剪贴画"搜索结果

⑤ 在图 10-18 中的剪贴画列表中,单击选择所需要的剪贴画,即可插入到网页中。

(2) 插入文件图片

由于网站的内容很丰富,所需图片素材一般是以图片文件的形式保存在计算机中的。插入文件图片的步骤如下:

① 将光标定位于要插入图片的位置。

② 选择菜单栏中的"插入",点击"图片",点击"来自文件",打开"图片"对话框。

③ 在"图片"对话框中选择图片文件的路径和文件名,单击"确定"按钮便完成了图片文件的插入。

此外,也可以从 Internet 上找图片,只需在"图片"对话框中的"文件名"项中填入 Internet 图片的网络位置即可,如 http://www.sample.com/images/pic1.jpg。

(3) 编辑图片

无论是插入图片还是剪贴画,都可以对其进行编辑。通常用"图片"工具栏来完成图片编辑功能,"图片"工具栏如图 10-19 所示。

图 10-19 "图片"工具栏

除与 Word 类似的图片编辑功能之外,FrontPage 还提供了更多的图片编辑功能。

① 旋转或翻转图片功能可以将图形顺时针或逆时针旋转 90°,也可以将图形水平翻转

（将图形上下倒置）或垂直翻转（生成一个镜像图像）。

② 凹凸效果功能为图形添加凹凸效果边框，使其具有凸起的三维外观。如果要将图形用作按钮，这个功能将非常有用。

③ 设置透明色功能可以选择图形中的一种颜色使其成为透明色，此后无论该颜色出现在何处，背景都可以透过该颜色显示出来。每个图形只能有一种透明色。注意：设置透明色一般用于 GIF 格式的图片文件。

④ 创建热点功能的热点可以是图形上具有某种形状的一块区域或是一个文本，它也是一种超链接。当网站访问者单击该区域或文本时，超链接的目标会显示在 Web 浏览器中。在 FrontPage 中，热点的形状可以是长方形、圆形或多边形，具体的设置参见 10.5.5 节。

除了利用图片工具栏编辑图片外，用鼠标右键单击图片，在快捷菜单中选择"图片属性"，打开"图片属性"对话框，也可以对图片进行编辑。

下面用插入文件图片的方法，分别插入 images 文件夹下的 jinyong. jpg、t1. gif 和 t2. gif 三张图片（图 10-20）。然后将 t1. gif 的白色背景设置为透明色，其效果如图 10-21 所示。

图 10-20　效果图 2　　　　　　图 10-21　效果图 3

10.4　FrontPage 2003 的表格

在网页设计中，表格的作用一方面是显示表格的信息，但更重要的一个方面是用来安排网页的布局。下面首先介绍创建和编辑表格，然后简单介绍一下用表格安排网页布局的方法。

10.4.1　创建表格

（1）创建一个规则表格的方法

① 使用工具栏按钮

单击常用工具栏上的"插入表格"，弹出表格面板，拖动鼠标到指定行数和列数，如图 10-22 所示。

图 10-22　"插入表格"按钮

② 使用菜单命令

单击"表格"菜单上的"插入"命令,在弹出的"插入表格"对话框中填入指定的行数和列数。如果有必要的话也可以填入其他的表格属性,如图 10-23 所示。

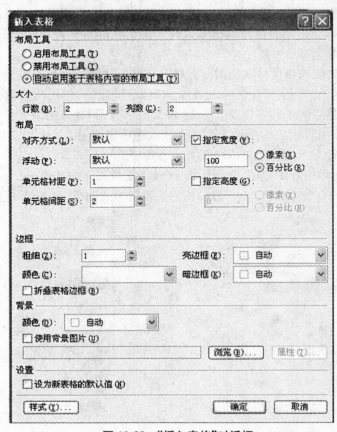

图 10-23　"插入表格"对话框

(2) 手动创建一个不规则的表格

单击表格工具栏上的"手绘表格"按钮,使其保持下沉状态,光标变成笔状,此时按住鼠标左键开始画表格。先画表格的边框,然后把表格分成若干个单元。多余部分或多画的线条可以用"清除"按钮将其清除。

图 10-24　表格工具栏

10.4.2　表格的属性

(1) 打开表格属性对话框

首先选中一个已有的表格,然后选择菜单栏中的"表格",点击"表格属性",点击"表格",

或者右键单击鼠标在快捷菜单中选择"表格属性"。

（2）"表格属性"对话框（图 10-25）

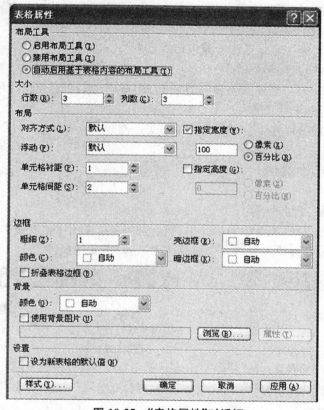

图 10-25 "表格属性"对话框

① 布局

布局用来设置表格整体的对齐方式和浮动，设置单元格边距和单元格间距，指定边框线的宽度。

◇ "对齐方式"：表格作为一个整体在网页中的对齐方式。

◇ "浮动"："默认值"不允许文字环绕在表格的四周，"左对齐"允许文字出现在表格和网页的右边界之间。"右对齐"允许文字出现在表格和网页的左边界之间。

◇ "单元格边距"：单元格的内容和边框之间的距离。

◇ "单元格间距"：单元格边框的宽度。

◇ "指定高度"，"指定宽度"：设置表格的最小高度和最小宽度，它们可以用绝对值来表示，也可以用百分比来表示。

表格尺寸的调整还可以将鼠标放在表格的外框上，按下鼠标左键进行拖动。

② 边框

边框用来设置边框的粗细、颜色及亮边框和暗边框等。

◇ "粗细"：表格边框的粗细。

◇ "颜色"：表格边框的颜色，如果为边框选择两种颜色的话，还可以使边框具有三维效果,默认为"自动",即为黑色。

◇ "亮边框"和"暗边框":如果选择一种浅颜色或深颜色,则表格的上边框和左边框将为该颜色,此时的表格具有立体感。

③ 背景

背景用来设置表格是否具有背景颜色和背景图片。

◇ "颜色":为表格选择背景颜色。

◇ "使用背景图片":要使表格具有背景图片,单击"浏览"按钮,打开"选择背景图片"对话框,为表格指定一个背景图片。

如果选中了背景图片则背景颜色将会不可见。

10.4.3 单元格属性

(1) 打开单元格属性对话框

首先选中一个已有的表格中的单元格,然后选择菜单栏中的"表格",点击"表格属性",点击"单元格",或者右键单击鼠标在快捷菜单中选择"单元格属性"。

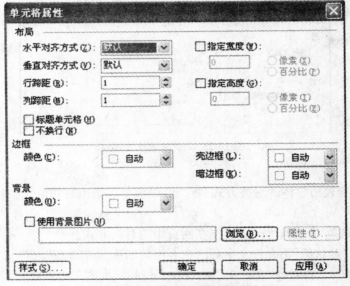

图 10-26 "单元格属性"对话框

(2) "单元格属性"对话框(图 10-26)

① 布局

布局用来设置单元格中内容的对齐方式。包括:"水平对齐方式"、"垂直对齐方式"、"行跨距"和"列跨距"、"指定宽度"和"指定高度"。

◇ "标题单元格"复选框选中后,该单元格的文字将会加粗。

◇ "不换行"复选框选中后,单元格中的文本将不会换行,这样可能单元格中的内容会看不见。

◇ "指定宽度"和"指定高度":设置表格的最小高度和最小宽度。

② 边框

边框用来设置边框的颜色,亮边框和暗框,设置方法和表格属性类似。

③ 背景

设置方法和"表格属性"对话框中的背景设置相似,但是,这里设置的是每一个单元格的背景,不同的单元格可以有不同的背景颜色或背景图片。

(3) 单元格的编辑

单元格除了可以在"单元格属性"对话框中进行编辑,还可以进行下列编辑:

① 单元格尺寸的调整

光标移到单元格的边框处,鼠标改变形状后,拖动鼠标,这时表格的总宽度不会改变,单元格的尺寸会使相邻单元格的尺寸向相反方向改变。按住 Shift 键后拖动,将会改变表格的尺寸,而不会改变相邻单元格的尺寸。

另外,表格工具栏上的"平均分配行高"、"平均分配列宽"按钮(或者"表格"菜单上的"平均分配行高","平均分配列宽")可以使多个单元格的行高或列宽相同。

② 拆分单元格

"表格"菜单上的"拆分单元格"命令,或表格工具栏上的"拆分单元格"按钮,可以打开"拆分单元格"对话框,可以把一个单元格拆分成多行多列的多个单元格。

③ 合并单元格

"表格"菜单上的"合并单元格"命令(或表格工具栏上的"合并单元格"按钮),可以将多个单元格合并成一个单元格。

10.4.4　利用表格进行网页布局

表格中文字或图片的编辑和一般的编辑方法相同,不过不同单元格的内容是相互独立的,因此,表格编辑纯文本的网页文字更为自由。

FrontPage 2003 并不是完全的所见即所得的网页编辑工具。有些元素(如图片)在浏览中的位置并不是完全与编辑状态下相同,这时可以用表格来对各部分网页元素进行精确定位。FrontPage 2003 允许表格的边框宽度为 0,这样就不会影响网页的整体效果。

表格的边框在编辑状态下为虚线,在浏览状态下不可见。

在 FrontPage 2003 中提供了布局表格概念,这类表格专门用于网页的布局。可以在菜单栏中选择"表格",点击"布局表格和单元格",或是在任务窗格的下拉列表中选择"布局表格和单元格",在任务窗格中打开"布局表格和单元格"任务,如图 10-27 所示。在"表格布局"项内的列表内可以选择适合所设计网页的布局形式。

图 10-27　效果图 4

10.5 FrontPage 2003 的超链接

10.5.1 超链接的概念

Web 中的信息资源是 Web 文档,或称 Web 页为基本元素构成。这些 Web 页采用超文本(Hyper Text)的格式,即可以含有指向其他 Web 页或其本身内部特定位置的超链接。链接使得 Web 页交织成网状结构。

超链接最大的好处就是资源共享,此外还可以摆脱传统文章循序阅读的束缚。另外,在首页的规划设计上要充分利用超链接,为浏览者准备好一个向导,使浏览者不但能轻易地找到所需信息,还能迅速回到原来的地方。

10.5.2 定义文字超链接

(1) 首先,创建一个指向网站内其他网页的超链接。

(2) 选取要加入链接的文字。再选择"插入",点击"超链接"命令(或常用工具栏上的"超链接"按钮),弹出"编辑超链接"对话框(图 10-28)。在对话框的"要显示的文字"栏中填入文字超链接的文字内容,在"地址"栏输入超链接对象,可以有 4 种方式:

◇ 输入本地计算机中的某个网页文件,包括路径和文件名。也可以在"查找范围"列表中查找网页文件。

图 10-28 "编辑超链接"对话框

◇ 输入 Internet 网站,如 http://www.163.com。也可以单击浏览按钮,通过浏览器查找网站。

◇ 超链接到新制作的网页上,在对话框的最左边列表单击选择"新建文档",FrontPage 2003 会新建一个网页窗口,在那里制作好并存盘的网页文件就是超链接对象。

◇ 建立一个电子邮件地址的连接,在对话框的最左边列表单击选择"电子邮件地址",在"电子邮件地址"栏输入 mailto:电子邮件的地址(如 mailbox@mywebsit. com,图 10-29)。

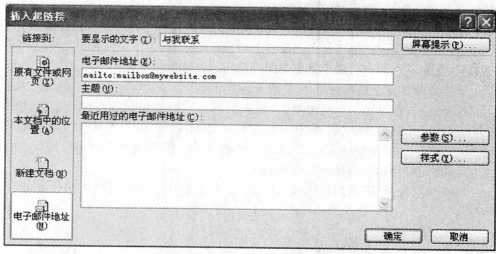

图 10-29　电子邮件超链接

(3) 单击预览按钮切换到预览模式下检查,当把鼠标指向刚才加入链接的文字时,鼠标变成手形,单击它,就可切换到所链接的对象。

(4) 经过设置超链接的文字变成蓝色,且有下划线。

10.5.3　编辑超链接

(1) 修改超链接对象
① 选取要编辑超链接的文字。
② 选择菜单栏中的"插入",点击"超链接",打开"编辑超链接"对话框。
③ 在弹出的超链接对话框中修改超链接的相关属性。
(2) 删除超链接
想要取消超链接,删除地址栏中的内容即可。

10.5.4　建立图片超链接

(1) 首先单击选取需要超链接的图片。
(2) 选择菜单栏中的"插入",点击"超链接"命令。
(3) 在超链接对话框中输入超链接对象。
(4) 单击预览按钮,切换到预览模式下,单击图片即可跳到相应页面了。

10.5.5　建立图片热区超链接

如果要做一个介绍世界各国的网页,就可以用世界地图做首页,想了解某个国家,就在地图的相应位置上点击。这就要求在一张世界地图的图片上,按国家形状做不同的超链接。FrontPage 支持这种功能,通过在一张图片上定义多个热区,每一个热区对应一个超链接,热区的形状可以是矩形、圆形、任意多边形等。

如果要使一个图形指向多个链接目标,使得单击图片的不同部位可以跳到不同的目标上,这就要用到热区定义。热区是一个图片上的预限定区,这个图片拥有一个与之相联系的超链接,热区的形状可以自己规定。创建图片热区的具体操作步骤如下:

(1) 首先选取需建立热区的图片,并打开图片工具栏。

(2) 选择热区,在图片工具栏中单击"长方形热区"按钮,用鼠标在图片上拖动出一块去,即为定义的一个长方形热区。同样,"圆形热区"、"多边形热区"工具按钮可以定义圆形和任意多边形热区。定义好热区后,屏幕上会自动弹出"创建超链接"对话框,按前述的超链接定义过程,指定超链接的目标和目标框架。

(3) 单击预览按钮,切换到预览模式下检查,单击图片热区位置就能跳到相应超链接目标。

10.5.6 建立书签超链接

用超链接的方法不仅可以在多个网页之间进行跳转,也可以在同一个页面里跳转。这样,当网页很长的时候浏览者就不必每次都从头看起,而可以迅速跳到网页的某部分。被跳到的位置称为书签(有时也称为锚),就像夹在书中的书签,可以帮助大家快速翻到要看的位置。

定义书签实际上是对网页位置做一个标记,然后通过超链接实现对该书签位置的跳转。创建书签的具体操作步骤如下:

(1) 首先在需要做标记的位置上选取若干文字,也可以不选取文字,在光标位置加入书签。

(2) 选择菜单栏中的"插入",点击"书签"命令。

(3) 在弹出的书签对话框中输入书签名,以定义超链接时的目标对象。

(4) 单击"确定"按钮,在普通视图里被选文字下加了下划虚线,表示这里有一个书签;如果是在光标位置定义书签,则显示的是一个小旗。

(5) 定义超链接时,在超链接对话框中单击"书签"按钮或是单击选择对话框最左边列表中的"本文档中的位置"项,选取曾经定义好的某书签。

(6) 选择"插入",点击"书签"命令修改书签,在对话框中选中可以修改的书签名,或选择某书签名后,单击"转到"按钮,可以检查该书签位置;若单击"清除"按钮,将删除该书签。

书签只有经过超链接后才会发挥作用,书签本身在网页浏览中显示不出任何标记。

10.6 FrontPage 2003 的框架

框架能够将 Web 浏览器窗口划分为若干区域,每个区域是一个独立的可滚动的页面或图像,一组框架构成的网页称为一个框架页(图 10-30)。

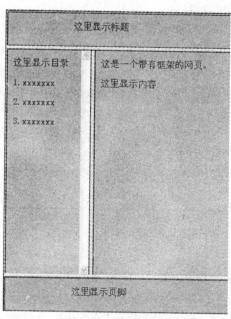

图 10-30 框架网页

10.6.1 框架网页的基本操作

（1）框架网页的建立

① 选择"文件"，点击"新建"命令，将会在任务窗格中显示出"新建"任务，单击"新建网页"项下的"其他网页模板"，弹出"网页模板"对话框（图 10-31）。

② 单击"框架网页"选项卡，在列表中选择一个合适的框架模板，在预览窗口中可以看到所选择的框架的示例。

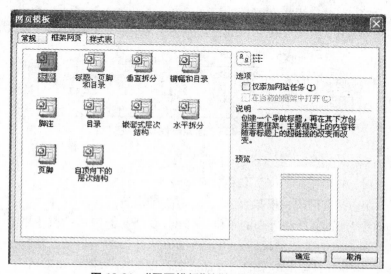

图 10-31 "网页模板"的"框架网页"选项卡

③ 单击"确定"按钮就可以创建带框架网页。

（2）框架结构的调整

将鼠标移到框架的边界，鼠标变形后就可以拖动改变框架的大小比例。

（3）拆分框架

把光标移到需拆分的框架中。选择"框架"菜单中的"拆分框架"命令，在弹出的对话框中选择"拆分成列"或"拆分成行"命令，使当前框架按行或按列二等分。拖动框架线调整两个框架的大小。

（4）删除框架

把光标定位在需删除的框架中。选择"框架"菜单中的"删除菜单"命令，则当前框架被删除。

10.6.2　框架属性

选中框架，右键单击，从快捷菜单中选择"框架属性"命令，打开"框架属性"对话框，如图10-32所示。

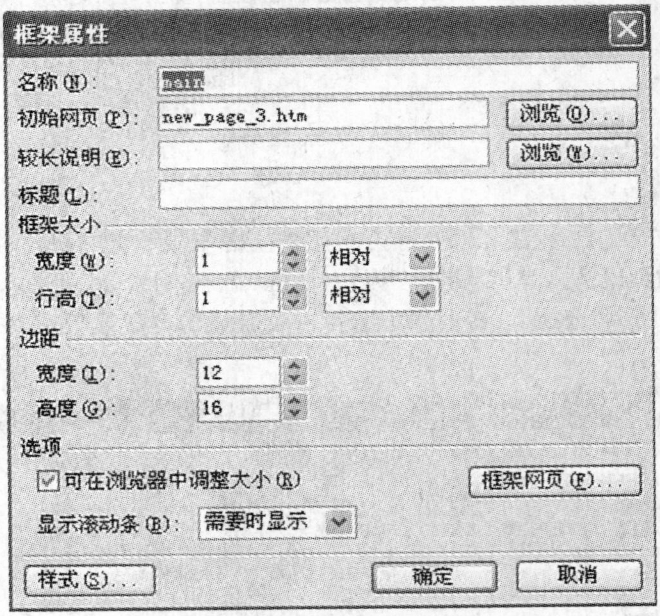

图10-32　"框架属性"对话框

（1）名称：框架名称。

（2）初始网页：框架所在的网页名称。

（3）框架大小：设置框架在框架页的大小，有三种设置选择。

框架大小的绝对值，宽度和行高的单位为像素；以浏览器窗口的大小的百分比设置；综合考虑同一列或同一行的其他框架即采用相对的方法。当两个框架位于同一列，如果每个框架的高度都是1，则表示每个框架的高度都是总高度的1/2；但是如果其中一个设为2，另一个设为3，那么两个框架的高度就分别为总高度的2/5和3/5。

（4）边距：设置框架内的元素和边框间的距离。

（5）选项

① 可在浏览器中调整大小：当在浏览器中打开网页时，访问者可以改变框架的尺寸。

② 显示滚动条，有三个选项：需要时显示；从不；始终。默认为"需要时显示"。

◇ 需要时显示：框架没有滚动条，只有内容装不下时，滚动条才会自动出现。

◇ 从不：无论什么时候滚动条都不会出现。

◇ 始终：无论什么时候滚动条都会出现。

10.6.3　框架的超链接

在框架网页中建立超链接，过程和普通超链接基本相同，只是在目标框架的指定有更多选择。

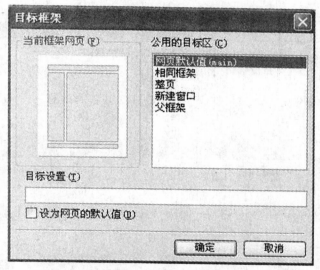

图 10-33　"目标框架"对话框

（1）相同框架：在同一个框架中显示。

（2）整页：在当前的整个窗口中显示链接的页面。

（3）新建窗口：打开一个新的浏览窗口显示链接页面。

（4）父框架：若本框架是另一个框架的子框架的话，就会将链接页显示在上一层的框架中。

框架的应用给网页设计带来了方便，但是框架网页中的框架数目不宜过多，一般应小于等于 4。因为保存时，不同的框架将作为不同的文件存储，框架越多，文件数目越多，框架网页存储所占的资源就越多。

10.7　FrontPage 2003 的动态效果和多媒体

为了使网页中的内容以更加生动、直观的方式呈现出来，可以在网页中插入各种动态效果和多媒体信息。下面介绍一些常见的动态效果和多媒体信息的使用。

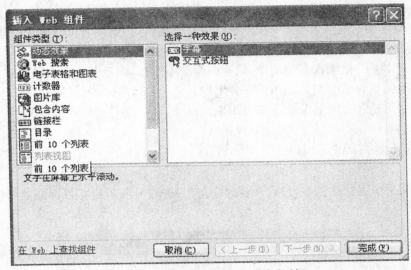

图 10-34　"插入 Web 组件"对话框

（1）活动字幕

活动字幕可以使网页中的文字变得生动，吸引浏览者的注意力。通常使用它来发布一些网站的通知或提示信息。

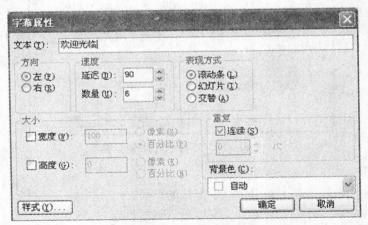

图 10-35　"字幕属性"对话框

把光标放到要使用字幕的位置，在菜单栏中选择"插入"，点击"Web 组件"，在"插入 Web 组件"对话框中选择"字幕"。在弹出的"字幕属性"对话框中可以进行以下设置：

◇ 在文本框中输入字幕文字。

◇ 设置字幕移动方向。

◇ 设置字幕移动速度。

◇ 设置字幕表现方式。"滚动条"：从一端向另一端滚动，到尽头后，又重新从起点滚动；"幻灯片"：从一端跑到另一端停止；"交替"：从一端跑到另一端，然后再反弹回来。

◇ "重复"：设置滚动效果的循环次数。

◇"背景色"：设置字幕滚动的背景。

◇"样式"：在"修改样式"对话框中，单击"格式"按钮，选择"字体"命令，便能设置滚动字幕的字体、字号、颜色等。

（2）插入音乐

包含图片、声音的网页可以吸引更多的访问者。FrontPage 2003 支持多种声音格式，包括普遍使用的 MIDI、AU、WAV 等格式。

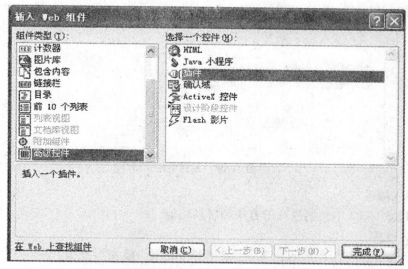

图 10-36 "插入 Web 组件"对话框

① 嵌入音频

把光标放到要嵌入音频的位置，在菜单栏中选择"插入"，点击"Web 组件"，在"插入 Web 组件"对话框中选择"插件"。在打开的"插件属性"对话框中，单击数据源"浏览"按钮，选择要播放的音频文件。单击"确定"按钮。在普通视图下会出现一个插头标志，表示插入了音频。预览网页，音乐开始播放。

如果在"插件属性"对话框中选择"隐藏插件"，预览时播放器将不显示出来。

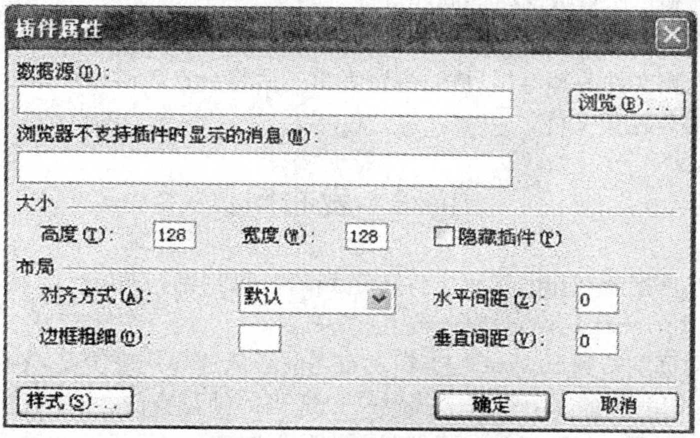

图 10-37 "插件属性"对话框

② 声音文件的超链接

指定声音文件为链接目标,浏览者单击后,将会运行媒体播放软件"Windows Media Player"播放该声音文件。

③ 背景音乐:当页面被浏览时,浏览器自动加载播放。设置方法如下:在网页内右击,在弹出的快捷菜单中选择"网页属性"。单击背景音乐框的浏览按钮,选择插入的音频文件。默认情况下,选中"不限次数",声音文件将不断地循环播放。选中"不限次数"可以设置循环次数,单击"确定"按钮(图 10-38)。

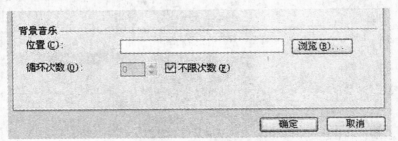

图 10-38 设置背景声音

(3) 插入视频

FrontPage 2003 中控制视频的方法和音频相似。

① 嵌入视频

把光标放到要嵌入音频的位置,在菜单栏中选择"插入",点击"Web 组件",在"插入 Web 组件"对话框中选择"插件"。单击"数据源浏览"按钮,选择视频文件,单击"确定"按钮。预览视图,视图就自动播放。嵌入视频和嵌入音频一样,都要使用插件来播放,浏览者可以方便地控制媒体的播放。

② 插入视频文件

将光标移至要插入视频的位置,在菜单中选择"插入",点击"图片",点击"视频"命令,打开"视频"对话框。选择插入的视频,单击"确定"按钮。切换到预览视图下,视图就可以自动播放了。在插入视频的视频上右键单击鼠标,选择"图片属性"命令,单击"视频"选项卡,可设置播放的次数和每次播放的时间间隔等。

③ 链接到视频文件

指定一个视频文件为超链接目标,浏览者单击后将会自动运行媒体播放软件"Windows Media Player"播放视频文件。

10.8 发布网页

发布网页就是把所制作的网页文件传送到每时每刻都与 Internet 相连的 Web 服务器上,或者传送到 Intranet 的 Web 服务器上。

如果要将网页发布到 Internet 上,在发布之前必须选择一个 ISP,并在那里拥有一个帐号。ISP 会在它们的服务器上为我们提供一个适当的硬盘空间。有了这个空间以后,就可以发布自己的网页了。ISP 还会在服务器上为我们制定一个 URL,使我们能够轻而易举的上传和发布网页。利用 FrontPage 上传 Web 网页的步骤如下:

（1）如果要发布的远程网站在 Internet 中，应当首先连入 Internet。

（2）在 FrontPage 中打开发布的网站。

（3）在菜单栏中选择"文件"，点击"发布网站"，弹出"远程网站属性"对话框（图 10-39）。

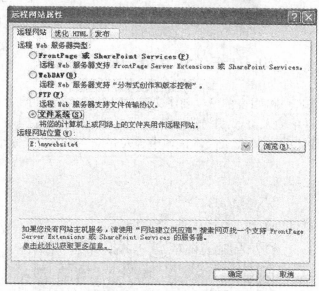

图 10-39　"远程网站属性"对话框

在"远程网站"对话框中的"远程网站"选项卡中选择远程 Web 服务器的类型。如果网站要发布到 Internet 上，一般选择"FTP"项。如果网站是在本地服务器上，则一般选择"文件系统"项。然后在"远程网站位置"栏中填入远程网站的位置。如果网站要发布到 Internet 上，一般输入远程网站的 URL 地址；如果是在本地服务器的话则输入本地的文件夹位置。

（4）单击"确定"按钮后，在工作区中会出现"网站"的"远程网站"视图，工作区的左侧是本地网站的文件和文件夹列表，工作区的右侧是远程网站的文件和文件夹列表（图 10-40）。如果远程网站是新建的则一般右侧工作区中将没有内容。

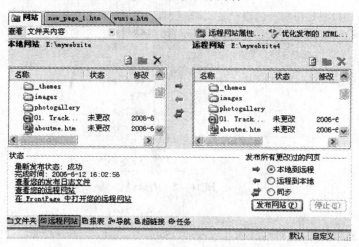

图 10-40　"远程网站"视图

251

（5）选择"发布所有更改过的网页"项中的"本地到远程"，并
单击右下角"发布网站"按钮（图 10-41），等待一会儿，即可完成网
站的发布。

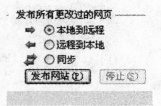

图 10-41 发布网站

10.9 FrontPage 2003 的表单

在 FrontPage 2003 中，用表单可以创建交互式网页，与站点访问者进行交流。通常，网
站访问者在表单控件中输入信息，并通过单击选项按钮、复选框和下拉框来指明他们的首选
项。网站访问者还可以在文本框或文本区域中键入评论。本节简要介绍表单的创建方法。

10.9.1 表单控件

FrontPage 2003 提供了如下表单控件（图 10-42）。

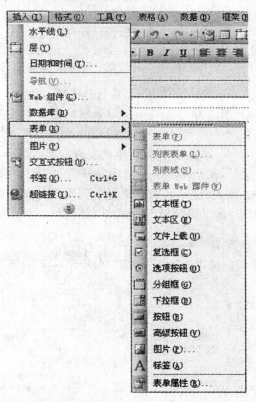

图 10-42 表单控件

（1）文本框

使用文本框可将少量的信息收集在一行，如姓名或电子邮件地址。要从网站访问者收
集大量的信息，可使用文本区。

（2）选项按钮

当您希望网站访问者从一组选项中只选择一个选项时，可使用选项按钮（又称单选按钮）。

（3）文本区

使用文本区可收集单行或多行文本，例如评论。此控件可以滚动，从而容纳不同数量的文本。要收集来自网站访问者的少量信息，请使用文本框。

（4）下拉框或下拉菜单

使用下拉框或下拉菜单可为网站访问者提供选项的列表。此控件与使用一组选项按钮类似，但前者在表单中占用的空间较小。与选项按钮不同，可以将下拉框配置为允许一个或多个选项。

（5）复选框

对可选项目使用复选框。网站访问者可以选中或清除复选框。他们还可以选择多个项目。

（6）按钮

使用按钮，网站访问者可以提交填写好的表单、重置表单或者运行自定义脚本。可以将图片添加到表单中用来替换提交按钮。

（7）高级按钮

通过在表单中插入"高级"按钮，可以编写脚本，让表单更准确地完成所需的工作。"高级"按钮的可自定义程度很高，可以对按钮使用喜爱的字体、颜色甚至表格。

（8）分组框

如果希望将一组关联的控件组合到一个单独的区域中以使其与表单的其余区域分离开来，可以在表单中添加分组框。

（9）文件上载

使网站访问者可以向网站发送文件。在插入"文件上载"表单控件后，网站访问者可以单击"浏览"按钮，找到需要的文件，然后单击"提交"。

（10）图片

可以在表单中插入"图片"控件，修饰网页中的其他控件。

（11）标签

可以在表单中插入"标签"控件，对其他控件进行文字修饰。

10.9.2　创建表单

要给某个网页添加表单，步骤如下：

（1）在"网页"视图中文档窗口的底部，单击"设计"按钮。

（2）将指针放在要添加表单的位置。

（3）在"插入"菜单上，指向"表单"，然后单击"表单"。

（4）将指针放在表单区域中，在"插入"菜单上指向"表单"，然后选中要添加到表单中的控件对应的复选框。

10.9.3 向表单添加文本框

要给表单添加文本框,步骤如下:

(1) 单击表单或网页上要添加文本框的位置。

(2) 在"插入"菜单上,指向"表单",再单击"文本框"。

(3) 在文本框旁边,键入该框的标签。

要设置文本框的属性,进行如下操作:

(1) 双击文本框,将打开"文本框属性"对话框,如图 10-43 所示。

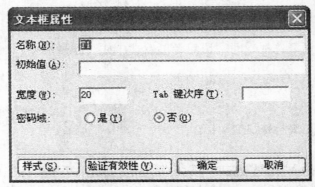

图 10-43 "文本框属性"对话框

(2) 在"名称"框中,键入标识文本框的唯一名称。

(3) 如果希望网站访问者在第一次打开表单时文本框中显示文本,请在"初始值"框中键入文本。

(4) 在"宽度"框内,键入以字符数为单位的文本框宽度。

(5) 在"密码域"旁边,单击"否"。

(6) 单击"样式"访问其他选项,这些选项通过使用级联样式表来设置表单格式。

10.9.4 向表单添加文本区

要给表单添加文本区,步骤如下:

(1) 单击表单或网页上要添加文本区的位置。

(2) 在"插入"菜单上,指向"表单",再单击"文本区"。

(3) 在文本区框旁边,键入该框的标签。

要设置文本区的属性,步骤如下:

(1) 用鼠标右键单击该文本区,然后单击"表单域属性",弹出"文本区属性"对话框,如图 10-44 所示。

(2) 在"文本区属性"对话框中的"名称"框中,键入用来标识该文本区的唯一名称。

(3) 如果希望网站访问者第一次打开表单时文本区中会出现文本,请在"初始值"框中键入文本。

（4）在"宽度"框中，键入一个数字指定所要的文本区字符宽度。

（5）在"行数"框内，键入希望该文本区包含的文本行数。

（6）单击"样式"访问其他选项，这些选项通过使用级联样式表来设置表单格式。

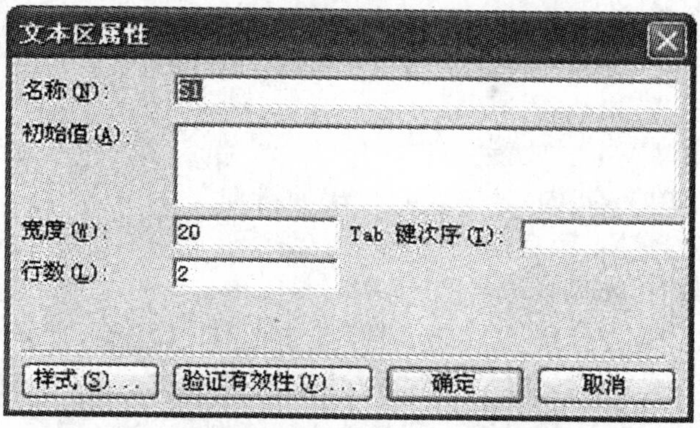

图 10-44　"文本区属性"对话框

10.9.5　在表单中添加文件上载控件

要在表单中添加文件上载控件，步骤如下：

（1）在"网页"视图中文档窗口的底部，单击"设计"按钮。

（2）打开要在其中添加文件上载控件的现有网页或创建一个新网页。如果是新建的网页，请命名并保存它。

（3）在文档窗口中，将指针放在要添加文件上载控件的位置。

（4）在"插入"菜单上，指向"表单"，再单击"文件上载"。

（5）在"目标文件夹"对话框中，单击"新建文件夹"，再键入文件夹的名称。为了显示"目标文件夹"对话框，必须命名并保存网页。

（6）按 Enter 键，然后单击"确定"按钮。

默认情况下，Microsoft FrontPage 会创建一个表单区域，并向其中插入上载控件域以及"浏览"、"提交"和"重置"按钮。如果 FrontPage 没有自动创建表单区域，说明默认设置已更改，您可以重置该设置。

要设置文件上载控件的属性，步骤如下：

（1）用鼠标右键单击该文件上载控件域，然后单击"表单域属性"，打开如图 10-45 所示的"文件上载属性"对话框。

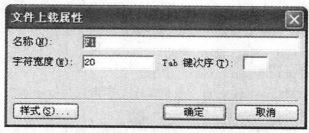

图 10-45　"文件上载属性"对话框

（2）在"名称"框中键入文件上载控件的名称。

（3）在"字符宽度"框中,键入与所需的文件上载控件宽度相同的字符数。

10.9.6　向表单添加复选框

要向表单添加复选框,步骤如下:

（1）单击表单或网页上要放置复选框的位置。

（2）在"插入"菜单上,指向"表单",再单击"复选框"。

（3）在复选框旁边键入其标签。

要设置复选框属性,步骤如下:

（1）双击该复选框,将打开"复选框属性"对话框,如图 10-46 所示。

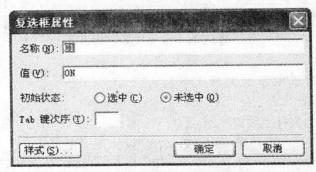

图 10-46　"复选框属性"对话框

（2）在"名称"框中,键入名称以标识该复选框。这是内部名称,网站访问者看不到它。为了让表单传输能够收集的数据,需要对此表单域使用唯一的名称。

（3）在"值"框中,键入与该域关联的值。复选框值指出该复选框是否已选中。

如果选中此复选框,则该值将同表单结果一起返回,并显示在默认的确认网页上。例如,如果内部名称为 First,值为 ON,结果将显示 First=ON。如果未选中此复选框,则名称和值都不会返回。

（4）如果希望网站访问者首次打开表单时该复选框默认选中,请单击"选中"。

（5）单击"样式"访问其他选项,这些选项通过使用级联样式表来设置表单格式。

10.9.7　向表单添加选项按钮

要向表单添加选项按钮,步骤如下:

（1）单击表单或网页上要添加选项按钮的位置。

（2）在"插入"菜单上,指向"表单",再单击"选项"按钮。

（3）在"选项"按钮的旁边,键入该按钮的标签。

（4）可以指定网站访问者是通过单击按钮还是单击其标签来选择该选项。

要设置选项按钮的属性,步骤如下:

（1）双击选项按钮,将打开"选项按钮属性"对话框,如图 10-47 所示。

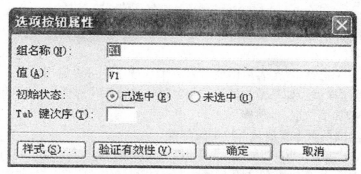

图 10-47　"选项按钮属性"对话框

（2）在"组名称"框中，键入用于标识此选项按钮所属的组的唯一名称。这是内部名称，网站访问者看不到它。需要确保为同一组中的所有按钮指定同一名称。

（3）在"值"框中，键入与此域关联的值。请确保为一组中的每个按钮指定不同的值。如果此选项按钮被选中，这个值就会与表单结果一起返回，并显示在默认确认网页上。

（4）如果希望网站访问者首次打开表单时此选项按钮被默认选中，请单击"初始状态"旁的"已选中"单选按钮。

（5）单击"样式"按钮访问其他选项，这些选项通过使用级联样式表来设置表单格式。

10.9.8　在表单中添加分组框

通过使用分组框，可以将表单中的相关域组织为子组。首先在表单中添加一个分组框，然后添加表单域。要在表单中添加分组框，步骤如下：

（1）单击表单或网页上要放置分组框的位置。

（2）在"插入"菜单上，指向"表单"，再单击"分组框"。

要设置分组框的属性，步骤如下：

（1）在分组框中用鼠标右键单击，再单击"分组框属性"，打开"分组框属性"对话框，如图 10-48 所示。

（2）在"标签"框中，键入分组框的名称。

（3）在"对齐"框中，选择所需的分组框标签对齐方式。

（4）单击"样式"按钮访问其他选项，这些选项通过使用级联样式表来设置表单格式。

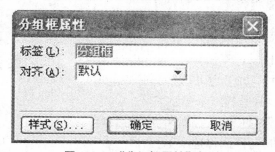

图 10-48　"分组框属性"对话框

10.9.9 向表单添加下拉框

下拉框也称为下拉菜单,是表单中最常用的单选选项。可以启用下拉框来接受多个选项,但一般不推荐这样做。如果希望网站访问者能够进行多项选择,一般使用复选框。

要在表单中添加下拉框,步骤如下:

(1) 单击表单或网页上要放置下拉框的位置。

(2) 在"插入"菜单上,指向"表单",再单击"下拉框"。

(3) 在下拉框旁边或上部,键入其标签。

向下拉框添加选项的步骤如下:

(1) 双击该下拉框,将打开"下拉框属性"对话框,如图 10-49 所示。

图 10-49 "下拉框属性"对话框

(2) 在"名称"框中,键入标识下拉框的唯一名称。这是内部名称,网站访问者看不到它。为了让表单传输可以收集的数据,必须使用唯一的名称。

(3) 要添加希望显示在下拉框中的选项,请单击"添加"。

(4) 在"添加选项"对话框中,键入希望显示在下拉框中的选项。如果希望表单结果显示的数据不同于"选项"框中的内容,请选择"指定值",然后在框中键入值。例如,菜单中的选项可能是 John,而表单结果中返回的值可能是 Smith。

(5) 如果希望指定在网站访问者首次打开表单时默认选中一个选项,请在"添加选项"对话框中的"初始状态"下,单击"选中"。

(6) 单击"确定"按钮。

(7) 对每个要添加的选项重复步骤(3)到(6)。

要设置下拉框中选项的属性,步骤如下:

(1) 双击该下拉框,将打开"下拉框属性"对话框。

(2) 单击"添加",将打开"添加选项"对话框。

(3) 若要更改"选项"列表中项目的顺序,请单击一个选项,然后单击"上移"或"下移"。

(4) 要控制希望显示在下拉框中的选项的数目,请在"高度"框中键入希望显示的选项的数目。例如,如果下拉框中有三个选项,您可以将高度设为"3",这样所有的选项都能看见。

(5) 若要允许网站访问者在下拉框中选择多重选项,请单击"允许多重选项"下的"是"。

(6) 单击"样式"访问其他选项,这些选项通过使用级联样式表来设置表单格式。

10.9.10　向表单添加高级按钮

要添加按钮以便与自定义脚本的功能关联,可以添加与自定义脚本功能关联的高级按钮,其步骤如下:

(1) 单击表单或网页上要添加高级按钮的位置。

(2) 在"插入"菜单上,指向"表单",再单击"高级按钮"。

(3) 在该按钮的"高级按钮"字样上,键入新标签。

要设置高级按钮的属性,步骤如下:

(1) 用鼠标右键单击该按钮,再单击"高级按钮属性",打开"高级按钮属性"对话框,如图 10-50 所示。

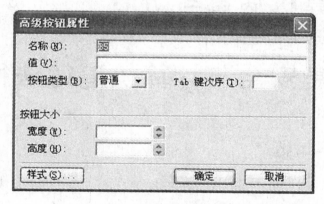

图 10-50　"高级按钮属性"对话框

(2) 在"名称"框中键入唯一名称。这是内部名称,网站访问者看不到它。

(3) 在"值"框中,键入要发送到表单处理程序的值。

(4) 在"按钮类型"列表中,单击"普通"。

(5) 在"按钮大小"区域中,键入或选择像素数目,以指定按钮的宽度和高度。

(6) 单击"样式"访问其他选项,这些选项通过使用级联样式表来设置表单格式。

第 11 章
信息安全

- 计算机病毒与防治
- 网络安全
- 信息安全与计算机道德法律

　　信息安全指的是保护计算机系统中的资源免受毁坏、替换、盗窃或丢失等。而信息安全又包括了物理安全和逻辑安全两个方面。物理安全指的是保护计算机系统设备及与计算机相关的其他设备免受毁坏或丢失；逻辑安全则指的是保护计算机信息系统中处理信息的安全性、保密性和可用性。

　　本章主要介绍信息安全的基本知识，计算机病毒与防治，以及信息安全与计算机道德法律。

11.1　计算机病毒与防治

11.1.1　计算机病毒的定义

　　总的来说计算机病毒就是具有破坏作用的程序或一组计算机指令。在《中华人民共和国计算机信息系统安全保护条例》中定义："计算机病毒是指编制或者在计算机程序中插入的破坏计算机功能或者数据，影响计算机使用并且能够自我复制的一组计算机指令或者程序代码。"

　　计算机病毒侵入系统后，不但会影响系统正常运行，还会破坏数据。计算机病毒不仅在系统内部扩散，还会通过其他媒体传染给另外的计算机。

　　一般说来，计算机病毒可以传染以下三种媒体：磁性媒体、计算机网络、光学介质。

　　计算机病毒的传染过程大致经过三个步骤：入驻内存、等待条件、实施传染。

11.1.2　计算机病毒的特点

　　计算机病毒虽然也是一种计算机程序，但它与一般的程序相比，也有它自己的一些特点：

　　(1) 破坏性

　　绝大多数病毒都具有这个最主要的特点，病毒的制作人一般将病毒作为破坏他人计算机或计算机中存放的重要的数据和文件的一种工具或手段，在如今的网络时代则通过病毒阻塞网络，导致网络服务中断甚至整个网络系统瘫痪。

　　(2) 传染性

　　计算机病毒一般都具有自我复制功能，并能将自身不断复制到其他文件内，达到不断扩散的目的，尤其在现在的网络时代，更是通过 Internet 中网页的浏览和电子邮件的收发而迅速传播。

　　(3) 隐蔽性

　　计算机病毒一般都不易察觉，它们将自身附加在其他可执行的程序体内，或者隐藏在磁盘中较隐蔽处，有些病毒还会将自己改名为系统文件名，不通过专门的杀毒软件一般很难发现它们。

　　(4) 可触发性

　　大多数病毒在发作之前一般都潜伏在机器内并不断繁殖自身，当病毒的触发条件满足时病毒就开始其破坏行为。不同的病毒其触发的机制也不同,例如"黑色星期五"病毒就是在每到13号星期五这一天发作。

11.1.3 计算机病毒的分类

计算机病毒分为:

(1) 传统单机病毒

根据病毒寄生方式的不同,分为以下四种类型:

① 导型病毒:寄生在磁盘的引导区或硬盘的主引导扇区。

② 文件型病毒:寄生在可执行文件内的计算机病毒。

③ 宏病毒:一般指寄生在文档上的宏代码。

④ 混合型病毒:同时具有引导型和文件型病毒的寄生方式。

(2) 现代网络病毒

根据网络病毒破坏机制的不同,分为两类:

① 蠕虫病毒:蠕虫病毒以计算机为载体,以网络为攻击对象,利用网络的通信功能将自身不断地从一个结点发送到另一个结点,并且能够自动地启动病毒程序消耗本机资源,浪费网络带宽,造成系统瘫痪。

② 木马病毒:一般通过电子邮件、即时通信工具和恶意网页等方式感染用户的计算机,多数都是利用了操作系统中存在的漏洞。

破坏性大的几种病毒有 CIH 病毒、蠕虫病毒、特洛伊木马病毒、时间炸弹病毒、电子邮件炸弹病毒等。

11.1.4 计算机病毒的防治

随着 Internet 的广泛应用,病毒在网络中的传播速度也越来越快,破坏性也越来越强,所以必须有必要的病毒防治方法和技术手段,做到未雨绸缪。

(1) 计算机病毒的防治

要做好计算机病毒的防治工作,必须要做到以下几点:

① 安装实时监控的杀毒软件或防毒卡,定期更新病毒库。

② 经常运行 Windows Update,安装操作系统的补丁程序。

③ 安装防火墙工具,设置相应的访问规则,过滤不安全的站点访问。

④ 不要随便打开来历不明的电子邮件及附件。

⑤ 不要随便安装来历不明的插件程序。

⑥ 不要随便打开陌生人传来的页面链接,谨防恶意网页中隐藏的木马病毒。

⑦ 不要使用盗版软件。

⑧ 对下载的程序、软件等,应在打开之前先杀毒,再做其他操作。

(2) 计算机病毒的清除

一旦发现计算机出现异常现象,如某些软件不能正常使用,机器速度特别慢,文件被莫名其妙的删除等,可以利用一些在线查毒尽快确认计算机系统是否感染了病毒,如有病毒应

将其彻底清除,一般可有以下几种方法清除病毒:

① 用杀毒软件

使用杀毒软件来检测和清除病毒,用户只需按照提示进行操作即可完成,简单方便。常用的杀毒软件有金山毒霸、瑞星杀毒软件、诺顿访毒软件、江民杀毒软件。

② 使用专杀工具

现在一些反病毒公司的网站上提供了许多病毒专杀工具,用户可以免费下载这些查杀工具对某个特定病毒进行清除。

③ 手动清除病毒

这种清除病毒的方法要求操作者对计算机的操作相当熟练,具有一定的计算机专业知识,利用一些工具软件找到感染病毒的文件,手动清除病毒代码。

11.2　网　络　安　全

除了计算机病毒对网络系统的安全造成威胁外,另外还有网络系统的不安因素。本节介绍网络的不安全因素。

11.2.1　网络的不安全因素

(1) 自然环境和社会环境

自然环境:恶劣的天气会对计算机网络造成严重的损坏,强电和强磁场会毁坏信息载体上的数据信息,损坏网络中的计算机,甚至使计算机网络瘫痪。

社会环境:危害网络安全的主要有三种人:故意破坏者(又称黑客 Hacker)、不遵守规则者和刺探秘密者。

(2) 资源共享

资源共享使各个终端可以访问主计算机资源,各个终端之间也可以相互共享资源。这就有可能为一些非法用户窃取、破坏信息创造了条件,这些非法用户有可能通过终端或结点进行非法浏览、非法修改。

(3) 数据通信

信息在传输过程中极易遭受破坏,如搭线窃听、窃取等都可能对网络的安全造成威胁。

(4) 网络管理

网络系统的管理措施不当,就可能造成设备的损坏或保密信息的人为泄露等。

11.2.2　计算机犯罪

计算机犯罪始于 20 世纪 80 年代,是一种高技术犯罪,例如邮件炸弹(Mail Bomb)、网络病毒、特洛伊木马(Jorgan)、窃取硬盘空间、盗用计算资源、窃取或篡改机密数据、冒领存款、捣毁服务器等。由于其犯罪的隐蔽性,因此对计算机网络的安全构成了极大的威胁,已经引起全社会的普遍关注。

计算机犯罪的特点是罪犯不必亲临现场、所遗留的证据很少且有效性低,并且与此类犯罪有关的法律还有待于进一步完善。

遏制计算机犯罪的有效手段是从软、硬件建设做起，力争防患于未然。例如，可购置防火墙(Firewall)、对员工进行网络安全培训增强其防范意识等。

11.2.3 黑客攻防技术

网络黑客(Hacker)一般指的是计算机网络的非法入侵者，大都为程序员，他们精通计算机技术和网络技术，了解系统的漏洞及其原因所在，喜欢非法闯入并以此作为一种智力挑战。

有些黑客仅仅是为了验证自己的能力而非法闯入，并不会对信息系统或网络系统产生破坏作用。但也有很多黑客非法闯入是为了窃取机密的信息、盗用系统资源或出于报复心理而恶意毁坏某个信息系统等。

（1）黑客的攻击步骤及攻击方式

① 黑客的攻击步骤

◇ 信息收集：通常利用相关的网络协议或实用程序来收集。

◇ 探测分析系统的安全弱点。

◇ 实施攻击。

② 黑客的攻击方式

◇ 密码破解。

◇ IP 嗅探(Sniffing)与欺骗(Spoofing)。

◇ 系统漏洞。

◇ 端口扫描。

（2）防止黑客攻击的策略

① 数据加密：保护系统的数据、文件、口令和控制信息等。

② 身份验证：对用户身份的正确识别与检验。

③ 建立完善的访问控制策略：设置入网访问权限、网络共享资源的访问权限、目录安全等级控制。

④ 审计：记录系统中与安全有关的事件，保留日志文件。

⑤ 其他安全措施：安装具有实时检测、拦截和查找黑客攻击程序用的工具软件，做好系统的数据备份工作，及时安装系统的补丁程序。

11.2.4 网络安全策略

（1）加强网络管理

（2）采用安全保密技术

① 局域网

◇ 实行实体访问控制

◇ 保护网络介质

◇ 数据访问控制

◇ 数据存储保护

◇ 计算机病毒防护

② 广域网

◇ 数据通信加密

◇ 通信链路安全保护

11.2.5　防火墙技术

防火墙是用来连接两个网络并控制两个网络之间相互访问的系统,如图 11-1 所示。它包括用于网络连接的软件和硬件以及控制访问的方案,用于对进出的所有数据进行分析,并对用户进行认证,从而防止有害信息进入受保护网,为网络提供安全保障。防火墙是一个分离器、一个限制器,也是一个分析器,有效地监控了内部网和 Internet 之间的任何活动,保证了内部网络的安全。将局域网络放置于防火墙之后可以有效阻止来自外界的攻击。

(1) 防火墙的主要功能

① 过滤不安全服务和非法用户,禁止未授权用户访问受保护网络。

② 控制对特殊站点的访问。

③ 提供监视 Internet 安全和预警的端点。

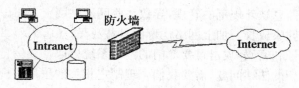

图 11-1　防火墙

(2) 防火墙的主要类型

① 包过滤防火墙:在网络层对数据包进行分析、选择和过滤。

② 应用代理防火墙:网络内部的客户不直接与外部的服务器通信。防火墙内外计算机系统间应用层的连接由两个代理服务器之间的连接来实现。

③ 状态检测防火墙:在网络层由一个检查引擎截获数据包并抽取出与应用层状态有关的信息,并以此作为依据决定对该数据包是接受还是拒绝。

(3) 防火墙的局限性

① 防火墙防外不防内:防火墙很难解决内部网络人员的安全问题。

② 防火墙难以管理和配置,容易造成安全漏洞:由于防火墙的管理和配置相当复杂,对防火墙管理人员的要求比较高,除非管理人员对系统的各个设备(如路由器、代理服务器、网关等)都有相当深刻的了解,否则在管理上有所疏忽是在所难免的。

11.2.6　信息安全技术简介

由于电子商务的应用越来越普及,所以电子商务成功的关键则是靠保证网上交易的安全性和可靠性来实现的,那么就必须保证在网络中传输信息的保密性、完整性以及不可抵赖性。现在较为成熟的信息安全技术有数据加密和解密技术、数字签名技术以及身份认证技术（数字证书）等。

（1）数据加密和解密技术

数据加密和解密技术就是将被传输的数据转换成表面上杂乱无章的数据，合法的接收者通过逆变换可以恢复成原来的数据，而非法窃取者得到的则是毫无意义的数据。

（2）数字签名技术

数字签名技术就是通过密码技术对电子文档形成的签名，类似于现实生活中的手写签名。但数字签名并不就是手写签名的数字图像化，而是加密后得到的一串数据，目的是为了保证发送信息的真实性和完整性，解决网络通信中双方身份的确认，防止欺骗和抵赖行为的发生。

（3）数字证书

数字证书就是包含了用户的身份信息，由权威认证中心签发，主要用于数字签名的一个数据文件，相当于一个网上身份证，能够帮助网络上各终端用户表明自己的身份和识别对方身份。

11.3　信息安全与计算机道德法律

由于因特网上的信息缺乏规范的管理，导致一些网站在网上发布虚假信息和色情信息，严重影响了青少年的健康成长。加上网络病毒的日益泛滥，黑客入侵事件的频频发生，例如盗取他人信用卡的账号和密码，攻击重要部门的网络系统盗取重要信息等。

对于网络带来的新的法律问题，需要我们合理制定相关的法律法规来加强管理，但同时也必须加强网络道德建设，起到预防网络犯罪的作用。因此国家有关部门制定了计算机安全的法律法规，有《中华人民共和国计算机信息网络国际互联网管理暂行办法》和《计算机信息网络国际互联网安全保护管理办法》等。

另外，我国的《刑法》中也针对计算机犯罪给出了相应的规定和处罚，有《中华人民共和国计算机信息系统安全保护条例》、《关于对与国际互联网的计算机信息系统进行备案工作的通知》等。

习题

1. 什么是计算机病毒？如何防治计算机病毒？
2. 提高计算机系统的安全性有哪些重要措施？
3. 信息安全技术有哪些？
4. 防火墙的主要功能有哪些？
5. 简述黑客的攻击步骤及攻击方式。
6. 防止黑客攻击的策略有哪些？
7. 网络的不安全因素有哪些？
8. 计算机病毒有哪些分类？
9. 计算机病毒有哪些特点？

第 12 章
信息系统与
数据库应用基础

● 信息系统概述
● 数据库基础知识
● Access 2003

在当今社会信息化的进程中,综合应用各种新技术的信息系统是功不可没的。信息系统使全社会的信息管理、信息检索、信息分析达到了新的水平。

早期的计算机主要用于科学计算,当计算机应用于生产管理、商业财贸和情报检索等领域时,它面对的是大量的各类数据。为了有效地管理和利用这些数据,因而产生了计算机的数据管理技术,它是计算机科学领域中发展最快的分支之一。数据库是关于某个特定主题或目的数据的集合,可以理解为用来存储和管理所需各种信息的通用"仓库"。在日常生活和工作中经常会接触到各种数据库,如课程表和客户通讯录均可看作是简单的"数据库"。

本章首先概要地介绍了信息系统的基础知识,接着从数据库系统的基础知识入手,介绍了数据库的基本概念、数据库系统构成、数据模型、关系数据库以及关系运算,在此基础上,介绍了 Access 2003 的使用方法,主要是数据表设计与应用以及查询操作。

12.1 信息系统概述

12.1.1 什么是计算机信息系统

计算机信息系统(以下简称信息系统),是一类以提供信息服务为主要目的的数据密集型、人机交互的计算机应用系统。信息系统是由计算机硬件、网络和通讯设备、计算机软件、信息资源、信息用户和规章制度组成的以处理信息流为目的的人机一体化系统,如管理信息系统、地理信息系统、信息检索系统、医学信息系统、决策支持系统、电子商务系统以及电子政务系统等都属于这个范畴。它在技术上有四个特点:

(1) 涉及的数据量大,一般需存放在外存中。

(2) 数据存储具有持久性,即绝大部分数据都需要长久保存。

(3) 数据为多个应用程序所共享,在一个单位或更大范围内共享。

(4) 信息服务功能多样性。

12.1.2 信息系统的结构

信息系统是多种多样的,而其基本结构又是相同的。以计算机硬件为基础,一般可将信息系统分为如图 12-1 所示的四个层次。

(1) 基础设施层:支持系统运行的硬件、系统软件和网络。

(2) 资源管理层:包括各类数据信息,资源管理系统、主要有数据库管理系统等。

(3) 业务逻辑层:由实现应用部门业务功能、流程、规则、策略等的处理程序构成。

(4) 应用表现层:通过人机交互方式,向用

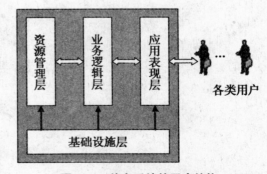

图 12-1 信息系统的层次结构

户展现结果,如 Web 浏览器的界面。

12.1.3　信息系统的类型

从信息处理的深度来区分信息系统,基本可分为以下三大类:

(1) 业务处理系统

由于在企事业单位中不同层次的业务处理系统服务对象不同,因而可以进一步将其划分为管理业务系统、辅助技术系统和办公信息系统。其中,辅助技术系统辅助技术人员在特定应用领域(如工程设计、音乐制作、广告设计等)内完成相应的任务,诸如 CAD、CAM、CAPP 等。办公信息系统又称 OA,是以先进设备与相关技术构成服务于办公事务的信息系统,按工作流技术充分利用信息资源,提高协同办公效率和质量。

(2) 信息检索系统

信息检索系统将原始信息进一步处理并存储于专门供检索用的 DB 中。用户通过检索匹配获得信息。例如中国科技文献库,专利数据库,学位论文数据库,DIALOG、ORBIT 以及 WE 检索系统等。

(3) 信息分析系统

信息分析系统是一种高层次的信息系统,是为管理决策人员掌握部门运行规律和趋势,制定规划、进行决策的辅助系统。例如决策支持系统(DSS)和专家系统等。

12.2　数据库基础知识

数据库技术产生于 20 世纪 60 年代末,是信息系统的核心和基础。

12.2.1　基本概念

数据、数据库、数据库管理系统和数据库系统是与数据库技术密切相关的四个基本概念。

(1) 数据(Data)

数据是数据库中存储的基本对象,可以理解为描述事物的符号记录。数据的种类很多,例如文字、图形、图像和声音等都是数据。

(2) 数据库(DataBase,简称 DB)

数据库,顾名思义,是存放数据的仓库。所谓数据库,是指长期存储在计算机内的、有组织的、可共享的数据集合。数据库中的数据是按一定的数据模型组织、描述和存储的,具有较小的冗余度、较高的数据独立性和易扩展性,并可为各种用户共享。

(3) 数据库管理系统(DataBase Management System,简称 DBMS)

数据库管理系统是管理数据库的软件,它位于用户和操作系统之间,属于系统软件,负责科学地组织和存储数据、高效地获取和维护数据。数据库管理系统的主要功能如下:

① 数据定义功能

DBMS 提供数据定义语言(Data Definition Language,简称 DDL),用于定义数据库中

的数据对象。

② 数据操纵功能

DBMS 提供数据操纵语言（Data Manipulation Language，简称 DML），用于操纵数据，实现对数据库的基本操作，如查询、插入、删除和修改等。

③ 数据库的运行管理

数据库在建立、运用和维护时由 DBMS 统一管理、统一控制，以保证数据的安全性、完整性、多用户对数据的并发使用及发生故障后的系统恢复。

④ 数据库的建立和维护功能

DBMS 提供数据库的数据输入、批量装载、数据库存储、介质故障恢复、数据库的重组织和性能监视、分析等功能。

（4）数据库系统（DataBase System，简称 DBS）

数据库系统是指在计算机系统中引入数据库后的系统，一般由计算机系统（硬件和基本软件）、数据库、数据库管理系统及其开发工具、应用系统、数据库管理员（DataBase Administrator，简称 DBA）和用户构成。

通常情况下，把数据库系统简称为数据库。数据库系统如图 12-2 所示。

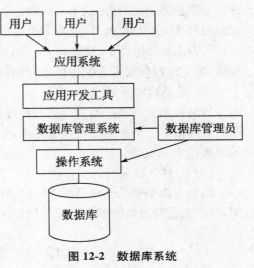

图 12-2　数据库系统

12.2.2　数据管理的发展阶段

数据收集、存储、分类、传输等操作为数据的基本操作，这些基本操作环节称为数据管理。计算机数据管理技术的发展经历了人工管理、文件系统和数据库系统三个阶段。

（1）人工管理阶段

在 20 世纪 50 年代中期之前，计算机主要应用于科学计算，没有数据管理方面的系统，数据处理是批处理方式，这些决定了当时的数据管理只能依赖人工来进行。人工管理阶段的特点主要是：

① 数据不进行保存。当时的计算机主要用于科学计算，一个程序对应一个数据。在计算某一问题时，把程序和对应的数据装入，计算完就退出，没有将数据长期保存的必要。

② 没有专门的数据管理软件，主要依靠应用程序管理数据。程序设计人员不仅要规定数据的逻辑结构，而且要设计数据的物理存储结构和存取方式。

③ 数据是面向应用程序的，一组数据只能对应一个应用程序，数据不能共享。

④ 应用程序依赖于数据，不具有数据独立性，一旦数据的结构发生变化，应用程序往往就要做相应的修改。

（2）文件系统阶段

20 世纪 50 年代后期到 60 年代中期，出现了磁盘、磁鼓等直接存储数据的存储设备，计算机不仅应用于科学计算，还大量应用于管理。这时已有专门的管理数据的软件——文件

管理系统,数据处理是批处理方式。其特点主要是:

① 数据可以以文件的形式长期保存在辅助存储器(磁盘)中。

② 程序与数据之间具有相对的独立性,即数据不再属于某个特定的应用程序,数据可重复使用数据文件组织多样化,有索引文件、索引链接文件、直接存取文件等。数据不只是属于某个程序,而是可以反复使用。

③ 数据文件之间相互独立、缺乏联系;数据冗余度大且易产生不一致性;数据无集中管理,其安全性得不到保证等。

(3)数据库系统阶段

20 世纪 60 年代后期,数据管理逐渐克服了文件系统的弱点,发展成了数据库系统。其特点主要是:

① 采用数据模型表示复杂的数据结构,数据模型不仅描述数据本身的特征,还描述数据之间的联系。

② 有较高的数据独立性,数据的结构分为物理结构和逻辑结构等不同的层次,用户以简单的逻辑结构操作数据面,无需考虑数据的物理存储结构。

③ 提供了数据安全性、完整性等控制功能,以及对数据操作的并发控制、数据的备份与恢复等功能。

④ 有优良的用户接口,用户通过简单的终端查询语句或简单的命令就可操作数据库,也可以通过程序方式操作数据库。

12.2.3　数据库系统的特点

与人工管理和文件系统相比,数据库系统有如下特点:

(1)数据结构化

数据面向全局应用,用数据模型描述数据和数据之间的联系。

(2)数据可共享

从全局分析和描述数据,适应多个用户、多种应用共享数据的需求。可减少数据冗余,节省存储空间,保证数据的一致性。

(3)数据独立于程序

数据具有逻辑独立性和物理独立性。

逻辑独立性:应用程序与 DB 的逻辑结构相互独立。

物理独立性:应用程序与 DB 的存储结构相互独立。

(4)统一管理控制数据

DBMS 不仅具有数据管理功能,还具有控制功能,包括保证数据的安全性、完整性,对数据进行并发控制,数据库系统出现故障时进行数据库的恢复。

12.2.4　数据模型

数据模型是数据库中数据的存储方式,是数据库系统的核心和基础。在数据库中用数据模型这个工具来抽象、表示和处理现实世界中的数据和信息。数据模型就是现实世界的模拟。数据模型应满足三方面要求：

（1）能比较真实的模拟现实世界。

（2）容易为人所理解。

（3）便于在计算机上实现。

人们一般用"现实世界—信息世界—数据世界"
的过程，把现实世界中存在的客观对象（事物或事件）
抽象成信息世界的实体，用概念模型来表示实体及其
之间的联系，然后再将实体描述成数据世界中 DBMS
支持的数据模型。现实世界中一个客观对象的抽象
过程如图 12-3 所示。

图 12-3　现实世界中客观对象的抽象过程

具体地说，作为以上抽象过程的中间层次，概念
模型可以按用户的观点准确地模拟应用单位对数据
的描述及业务需求，即对应用数据和信息建模。目前常用"实体—联系"（Entity-Relation-
ship，简称 E-R）方法来建立概念模型，这种方法，采用 E-R 图来描述某一应用单位的概念
模型。下面介绍 E-R 概念模型中的相关术语。

（1）实体（Entity）

客观事物在信息世界中称为实体。这些事物既可以是直观的，如一本书、一个学生；也
可以是抽象的，如一门课程、一场考试。

（2）属性（Attribute）

实体所具有的特性在信息世界中称为属性。一个实体可由若干属性来描述，如某学生
的特征可由学号、姓名、性别、年龄、专业等属性组成。

（3）码（Key）

唯一标识实体的属性集称为码。

（4）实体型

具有相同属性的实体必然具有共同的特征和性质。用实体名及属性名集合来抽象和刻
画同类实体。

（5）实体集（Entity set）

具有相同特性的实体的集合，称为实体集。如在一所学校中，所有教师组成一个教师实
体集，所有学生组成一个学生实体集，所有的课程组成一个课程实体集。

（6）值域（Domain）

值域是实体属性取值的范围。如课程成绩一般在 0～100 之间，性别的取值必须为"男"
或"女"，年龄的取值应该从 0 开始且不应该超过某个固定的值（如 150）等。这种属性的取
值范围称为值域。

（7）联系

在现实世界中，事物内部以及事物之间是有联系的，这些联系必然在信息世界中加以反
映。一般存在两类联系：一个是实体内部的联系，即构成实体的各属性之间的联系；另一个
是实体之间的联系。

两个实体之间的联系可以分为以下三类：

① 一对一联系（1：1）

如果对于实体集 A 中的每一个实体,实体集 B 中至多有一个实体与之联系,反之亦然,则称实体集 A 与实体集 B 具有一对一联系,记为 1:1。例如,确定部门实体与经理实体之间存在一对一联系,意味着一个部门只能由一个经理管理,而一个经理只能管理一个部门。

② 一对多联系(1:n)

如果对于实体集 A 中的每一个实体,实体集 B 中有 n 个实体($n \geqslant 0$)与之联系,反之,对于实体集 B 中的每一个实体,实体集 A 中至多只有一个实体与之联系,则称实体集 A 与实体集 B 有一对多联系,记为 1:n。例如,一个部门中有若干名职工,而每个职工只在一个部门中工作,则部门与职工之间具有一对多联系。

③ 多对多联系(m:n)

如果对于实体集 A 中的每一个实体,实体集 B 中有 n 个实体($n \geqslant 0$)与之联系,反之,对于实体集 B 中的每一个实体,实体集 A 中也有 m 个实体($m \geqslant 0$)与之联系,则称实体集 A 与实体集 B 具有多对多联系,记为 m:n。例如,一门课程同时有若干个学生选修,而一个学生可以同时选修多门课程,则课程与学生之间具有多对多联系。

E-R 图用来表示两个实体型之间的联系。其中实体型用矩形表示,矩形框内写明实体名;属性用椭圆来表示,并用无向边将其与相应的实体连接起来;联系用菱形表示,菱形框内写明联系名,并用无向边将其与有关的实体连接起来,同时在无向边上注明联系的类型(1:1、1:n 或 m:n)。图 12-4 为一个学生选课的 E-R 图。

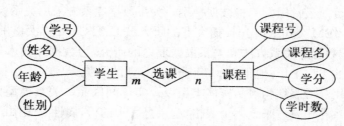

图 12-4　学生选课实体联系图

12.2.5　三种基本的数据模型

数据库是以一定组织方式存储在计算机存储介质上,并能为多个用户共享且独立于应用程序的相关数据的集合。可以把它看成是数据的仓库,这个"仓库"中的数据彼此之间是有联系的、有规则的,而不是独立的、杂乱无章的。

数据库的性质由数据模型决定。数据模型决定了数据及其相互间的联系方式,决定了数据库的设计方法。按照数据间不同的联系方式,可将常用的数据模型分为四种:层次模型、网状模型、关系模型和面向对象模型。满足层次模型特性的数据库为层次型数据库;满足网状模型特性的数据库为网状型数据库;满足关系模型特性的数据库为关系型数据库。

(1)层次模型

层次模型表示数据间的从属关系结构,其总体结构像一棵倒置的树。根结点在上,层次最高;子结点在下,逐层排列。在不同的结点(数据)之间只允许存在单线联系,如一个学校的行政机构可以抽象成为一个层次模型,其主要特征有:

① 有且仅有一个结点无双亲,称此结点为根结点。

② 除根结点外,其余结点均有且仅有一个双亲。

层次模型的另一个最基本的特点是,任何一个给定的记录值,只有按其路径查看时才能显示它的全部意义,没有任何一个子记录值能够脱离双亲记录值而独立存在。

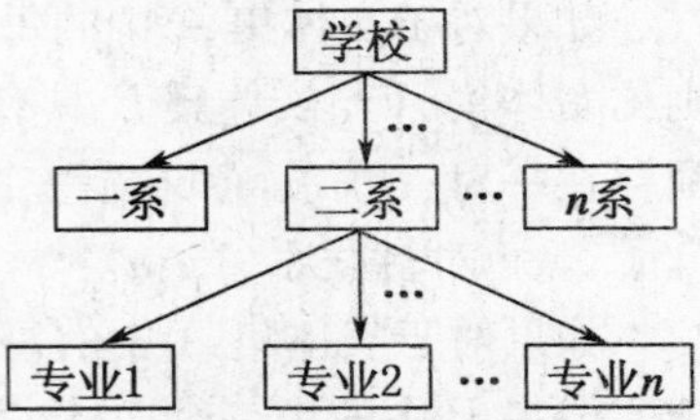

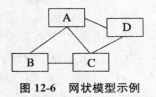

图 12-5　层次模型示例

1969 年美国 IBM 公司推出的 IMS 系统是最典型的层次模型系统,曾在 20 世纪 70 年代在商业上广泛应用。

（2）网状模型

网状模型采用结点间的连通图（网状结构）表示实体及其联系,其总体结构呈现一种交叉关系的网络结构,能表示实体之间复杂的联系情况。网状数据库系统采用网状模型作为数据的组织方式。网状数据模型的典型代表是 DBTG 系统,亦称 CODA-SYL 系统。DBTG 系统虽然不是实际的软件系统,但是它提出的基本概念、方法和技术具有普遍意义,它对于网状数据库系统的研制和发展起了重大的影响。后来不少系统都采用 DBTG 模型或者简化的 DBTG 模型。

图 12-6　网状模型示例

（3）关系模型

关系模型是目前最常用的一种数据模型。关系数据库系统采用关系模型作为数据的组织方式。1970 年 IBM 公司 San Jose 研究室的研究员 E. F. Codd 首次提出了数据库系统的关系模型,开创了数据库关系方法和关系数据理论的研究,为数据库技术奠定了理论基础。由于 E. F. Codd 的杰出工作,他于 1981 年获得 ACM 图灵奖。

关系模型采用二维表结构表示实体类型以及实体间联系。关系模型比较简单,容易被初学者接受。关系在用户看来是一个表格,记录是表中的行,属性是表中的列。关系模型是数字化的模型,可把表格看成一个集合,因此集合论、数理逻辑等知识可引入到关系模型中来。关系模型已是一个成熟的模型,当前社会最为流行的数据库产品,大多数是在关系模型基础上发展起来的,数据库领域当前的研究工作也都是以关系方法为基础的。

12.2.6　关系数据库

关系数据库（Relational Database）是若干个依照关系模型设计的若干个关系的集合。即关系数据库是由若干张二维表组成的。

（1）关系模型术语

关系模型中有以下术语:

① 关系:一个关系对应一个二维表,二维表名就是关系名。

② 关系模式:二维表中的行定义、记录的类型,即对关系的描述称为关系模式,一个关系模式对应着一个关系文件的结构。关系模式的一般形式为:

关系名(属性名 1,属性名 2,…,属性名 n)

表 12-1　学生情况表

学　号	姓　名	性　别	年　龄	系　名
20072330001	李　勇	男	20	计算机系
20072330002	刘　晨	女	19	信息系
20072330003	王　敏	女	18	信息系
20072330004	张　立	男	19	计算机系

表 12-2　课程表

课程号	课程名称	学时数	学　分
1	计算机基础	32	2
2	数据库技术及应用	51	3
3	C语言程序设计	51	3
4	管理信息系统	48	3
5	电子商务	51	3
6	高等数学	51	3

表 12-3　学生成绩表

学　号	课程号	成　绩
20072330001	1	92
20072330001	2	85
20072330001	3	88
20072330002	1	90
20072330002	2	80

表 12-1、表 12-2 和表 12-3 三个表的关系模式表示为：

学生(学号,姓名,性别,年龄,系名)

课程(课程号,课程名称,学时数,学分)

学生成绩(学号,课程号,成绩)

③ 元组：二维表的行在关系中称为元组。例如,学生情况表和学生成绩表两个关系中各包含多条记录(或多个元组)。

④ 属性：二维表中的列称为关系的属性,每个属性都有一个属性名,属性值则是各个元组属性的取值。

学生表的第二列属性,"姓名"是属性名,"李勇"则是第一个元组姓名属性的属性值。

⑤ 域：属性的取值范围称为域。域作为属性值的集合,其类型与范围具体由属性的性质及其所表示的意义确定。同一属性只能在相同域中取值。表 12-1 中的"性别"属性的域是{男,女}。

⑥ 关键字：关系中能唯一区分、确定不同元组的属性或属性组合称为该关系的一个关键字,也称为主关键字,或简称为主键。表 12-1 中"学号"属性可以作为关键字,表中的"学号"字段,它的值一旦确定,则姓名、性别、年龄、系名等同时也就确定了。而"年龄"则不能作

为关键字,因为"年龄"属性值不唯一。

⑦ 外部关键字(外键):关系中某个属性或属性组合是非关键字,但却是另一个关系的主关键字,称此属性或属性组合为该关系的外部关键字。关系之间的联系是通过外部关键字实现的。如学生情况表中的"系名"属性在学生情况表中不是关键字,而在系关系中它是关键字,所以在学生情况表中"系名"属性应为该关系的外部关键字。它体现了系和学生这两个实体的关系是一对多的关系。

表 12-4 系

系 名	系主任
计算机系	吴 军
信息系	刘 明
网络系	李 刚

(2) 表与表之间的关系

上面学生情况表、课程表、学生成绩表这三个表实际上是将图 12-4 学生选课的实体联系图转化为关系模型所得到的表。一门课程同时有若干个学生选修,而一个学生可以同时选修多门课程,这是多对多的关系,对于这种多对多的关系,一般引入一个中间表,将多对多关系拆分为一对多的关系。在本例中引入学生成绩表,将原来多对多关系拆分为两个一对多关系,即学生基本情况表(父表)—学生成绩表(子表),课程表(父表)—学生成绩表(子表)。在学生成绩表中,(学号,课程号)属性组合为关键字。

由以上关系可知,两个数据表建立关联关系,其关系类型取决于主键和外键的取值是否重复。如果主关键字段、外部关键字段的值都是唯一的,两表间的关联关系是一对一的关系;如果主关键字段、外部关键字段的值其中一个是唯一的,另一个是重复的,两表间的关联关系是一对多或多对一的关系。一般情况下,把包含主关键字段的数据表称为父表,把包含外来关键字段的数据表称为子表。

(3) 关系的性质

在关系模型中,关系具有以下性质:

① 关系必须规范化。所谓规范化是指关系模型中的每一个关系模式都必须满足一定的要求。最基本的要求是每个属性必须是不可分割的数据单元,即表中的每一列都是不可再分的。

② 在同一个关系中不能出现相同的属性名。Visual FoxPro 不允许同一个表中有相同字段名。

③ 关系中不允许有完全相同的元组,即冗余。

④ 在一个关系中元组的次序无关紧要。也就是说,任意交换两行的位置并不影响数据的实际含义。

⑤ 在一个关系中列的次序无关紧要。也就是说,任意交换两列的位置,不影响数据的实际含义。

12.2.7 关系运算

关系运算对应于表的操作,在对关系数据库进行查询时,为了找到用户感兴趣的数据,需要对关系进行一定的运算。这些运算以一个或两个关系作为输入,运算的结果是产生一个新的关系。关系运算主要有选择、投影和连接三种。

（1）选择运算

选择运算是指从关系中找出满足给定条件的元组，又称为筛选运算。选择的条件以逻辑表达式给出，使得逻辑表达式的值为真的元组被选中。选择是从行的角度进行的运算，即选择部分行，经过选择运算可以得到一个新的关系，其关系模式不变，但其中的元组是原关系的一个子集。

例如从表 12-1 的学生情况表中，按"查找信息系的全体学生"这个条件进行选择，得到如表 12-5 所示的结果。

表 12-5　选择运算的结果

学　号	姓　名	性　别	年　龄	所在系
20072330002	刘　晨	女	19	信息系
20072330003	王　敏	女	18	信息系

（2）投影运算

从关系模式中指定若干个属性组成新的关系称为投影。投影是从列的角度进行的运算，经过投影可以得到一个新关系，其关系模式所包含的属性个数往往比原关系少，或者属性的排列顺序不同。投影运算提供了垂直调整关系的手段，体现出关系中列的次序无关的特性。选择运算和投影运算经常联合使用，从数据库文件中提取某些记录和某些数据项。

例如，对表 12-1 的学生信息进行投影运算，投影选择姓名、所在系，得到如表 12-6 所示的结果。

表 12-6　投影运算的结果

姓　名	所在系
李　勇	计算机系
刘　晨	信息系
王　敏	信息系
张　立	计算机系

（3）连接运算

从两个关系中选取满足连接条件的元组组成新关系称为连接。连接是关系的横向结合，连接运算将两个关系模式的属性名拼接成一个更宽的关系模式，生成的新关系中包含满足连接条件的元组。连接过程是通过连接条件来控制的，连接条件中将出现两个关系中的公共属性名。

例如，对学生情况表和成绩表两张表，按学号相等进行连接运算，得到如表 12-7 所示的结果，得到一个新关系。

表 12-7　连接运算的结果

学　号	姓　名	性　别	年　龄	所在系	课程号	成　绩
20072330001	李　勇	男	20	计算机系	1	92
20072330001	李　勇	男	20	计算机系	2	85
20072330001	李　勇	男	20	计算机系	3	88
20072330002	刘　晨	女	19	信息系	1	90
20072330002	刘　晨	女	19	信息系	2	80

在这个新关系中,可再进行投影运算,如投影选择姓名、所在系、课程号、成绩,得到如表12-8 所示的结果。

表 12-8　投影运算的结果

姓　名	所在系	课程号	成　绩
李　勇	计算机系	1	92
李　勇	计算机系	2	85
李　勇	计算机系	3	88
刘　晨	信息系	1	90
刘　晨	信息系	2	80

选择和投影运算都是单目运算,它们的操作对象只是一个关系,相当于对一个二维表进行切割。连接运算是二目运算,需要两个关系作为操作对象,如果需要连接两个以上的关系,应当两两进行连接。

12.2.8　完整性规则

数据完整性是指数据库中数据的准确性、正确性和有效性。数据库中的数据完整性是用户对数据存储和维护的一种需求,它可以指定某些属性或者字段的取值必须限制在一定的范围之内,也可以指定某些数据之间必须满足一定的约束条件。

作为关系的 DBMS,为了维护数据库的完整性,一般对关系模式提供以下三类完整性约束机制:

(1) 域完整性规则

域完整性规定了属性的取值范围。如学生成绩不能为负数。

(2) 实体完整性规则

实体完整性要求任何元组的主关键字的值不得为空值并且必须在所属的关系中唯一。

(3) 参照完整性规则

参照完整性要求当一个外部关键字的值不为空值时,以该外部关键字的值作为主关键字的值的元组必须在相应的关系中存在。如在上面的学生情况表中的"系名"字段的值可以为空值,表示这个学生还没有分配到某个系,如不为空值,则这个学生所在系名必须是在"系"关系中出现的系名,如没有出现,则出现错误。如在某个学生的"系名"字段的值为"建筑工程"系,而这个系在"系"表中是没有的,那肯定就出错了。

12.2.9　SQL

结构化查询语言(Structured Query Language,SQL)是关系数据库的标准语言。该语言语法简单、使用方便,主流的关系数据库管理系统都支持 SQL。

(1) SQL 的特点

① 是一种"非过程语言",用户只要指出"做什么",而"如何做"的过程由 DBMS 完成。

② 体现关系模型在结构、完整性和操作方面的特征。

③ 有命令和嵌入程序两种使用方式,命令式使用方式直接用语句操作,而嵌入式将语句嵌入程序中使用。

④ 功能齐全,简洁易学,使用方便。

⑤ 为主流 DBMS 产品所支持。

(2) SQL 的命令分类

SQL 按命令的功能可以分为以下四类:

① 数据定义语言(Data Definition Language,DDL):SQL 提供了 CREATE、DROP、ALTER 语句,用于定义、删除和修改数据模式。

② 数据查询语言(Query Language,QL):查询是数据库的核心操作,SQL 提供 SELECT 语句,具有灵活的使用方式和极强的查询功能,关系操作中最常用的"投影、选择和连接",都体现在 SELECT 语句中。

③ 数据操纵语言(Data Manipulation Language,DML):SQL 提供了 INSERT、DELETE 和 UPDATE 语句用于数据的增加、删除和修改。

④ 数据控制语言(Data Control Language,DCL):SQL 提供了 GRANT 和 REVOLK 语句用于数据访问权限的控制。

(3) SQL 数据定义

SQL 提供数据定义语言 DDL。作为建立数据库最重要的一步,可根据关系模式定义所需的基本表。SQL 语句表示为:

CREATE TABLE<表名>

(<列名><数据类型>[完整性约束条件],……)

其中:[]表示可有该子句,也可为空;<表名>为基本表名字;每个基本表可以由一个或多个列组成;定义基本表时要指明每个列的类型和长度,同时还可以定义与该表有关的完整性约束条件。

如按照关系模式 S,定义学生基本表的 SQL 语句:

CREATE　TABLE　S

　　　(SNO CHAR(4),(类型为定长字符串)

　　　SNAME　VARCHAR(8)(类型为变长字符串,串长为 8)

　　　DEPART　VARCHAR(12),

　　　SEX　CHAR(2)

　　　BDATE　DATE,(类型为日期型)

　　　HEIGHT　DEC(5,2),(类型为 5 位十进制数,小数点后 2 位)

　　　PRIMARY　KEY(SNO));(指明 SNO 为 S 的主键)

执行语句后,在数据库中建立了一个学生表 S 的结构,如表 12-9 所示。

表 12-9　学生表 S

SNO	SNAME	DEPART	SEX	BDATE	HEIGHT

（4）SQL 数据查询

SQL 提供了 SELECT 语句进行数据查询。SELECT 查询语句的格式为：

SELECT　　A1,A2,…,An

　　　FROM　　R1,R2,…,Rm

　　　　〔WHERE　F〕

　　　　〔ORDER BY 排序选项〔ASC|DESC〕〕

其中第一行用于指出目标表的列名，相应于"投影"；第二行用于指出基本表或视图，相应于"连接"；第三行中 F 为"选择"操作的条件；第四行对查询结果进行排序。SELECT 语句的语义为：将 FROM 子句所指出的 R（基本表或视图）进行连接，从中选取满足 WHERE 子句中条件 F 的行（元组），最后根据 SELECT 子句给出的 A（列名）将查询结果表输出，输出时按照 ORDER BY 子句中的排序条件进行排序。

① 单表查询

从指定的一个表中找出符合条件的元组，例如，查询所有男学生的情况。

SELECT　　*

　　　FROM　　S

　　　WHERE　　SEX='男'；

若数据库中有三张基本表，分别是学生登记表（S）、学生选课成绩表（SC）和课程开设表（C），如图 12-7 所示，运行上面的 SELECT 语句后查询结果如表 12-10 所示。

学生登记表（S）

SNO	SNAME	DEPART	SEX	BDATE	HEIGHT
A001	王明	自动控制	男	1986-8-10	1.7
C001	张宁	计算机	男	1987-6-30	1.75
C002	王雅婷	计算机	女	1986-8-20	1.62
M001	李亦可	应用数学	女	1988-10-20	1.65
R001	陈诚	管理工程	男	1986-5-16	1.8

课程开设表（C）

CNO	CNAME	LHOUR	SEMESTER
CC112	软件工程	60	春
CS202	数据库	45	秋
EE103	控制工程	60	春
ME234	数学分析	40	秋
MS211	人工智能	60	秋

SNO	CNO	GRADE
A001	CC112	92
A001	ME234	92.5
A001	MS211	90
C001	CC112	84.5
C002	CS202	82
M001	ME234	85
R001	CS202	75
R001	MS211	70.5

学生选课成绩表（SC）

图 12-7　学生登记表、学生选课成绩表与课程开设表

表 12-10　单表查询结果

SNO	SNAME	DEPART	SEX	BDATE	HEIGHT
A001	王明	自动控制	男	1986－8－10	1.7
C001	张宁	计算机	男	1987－6－30	1.75
R001	陈诚	管理工程	男	1986－5－16	1.8

② 连接查询

一个查询同时涉及两个以上的表,称连接查询,是关系数据库中最主要的查询。例如,查询每个男学生及其选修课程的情况。要求列出学生名、系别、选修课程名及成绩。

SELECT SNANE,DEPART,CNAME,GRADE

　　　　FROM　S,C,SC

　　　　WHERE　S. SNO=SC. SNO AND　SC. CNO=C. CNO AND　S. SEX="男";

查询涉及 S、C 和 SC 三个表,S 表和 SC 表通过 SNO 作连接,C 表和 SC 表通过 CNO 来实现连接,查询结果如表 12-11 所示。

表 12-11　连接查询结果

SNAME	DEPART	CNAME	GRADE
王明	自动控制	软件工程	92
王明	自动控制	数学分析	92.5
王明	自动控制	人工智能	90
张宁	计算机	软件工程	84.5
陈诚	管理工程	数据库	75
陈诚	管理工程	人工智能	70.5

(5) SQL 的数据更新

SQL 提供了插入数据、更改数据和删除数据的 3 类语句。

① 插入语句

插入语句 INSERT 可将一个记录插入到指定的表中:

INSERT　INTO　＜表名＞(＜列名 1＞,＜列名 2＞,…)

　　　　VALUES (＜表达式 1＞,＜表达式 2＞,…)

例如,将一个新的课程记录插入到课程开设表 C 中:

INSERT　INTO　C(CNO,CNAME,LHOUR,SEMESTER)

　　　　VALUES ("CW101","论文写作",30,"春")

插入结果如图 12-8 所示。

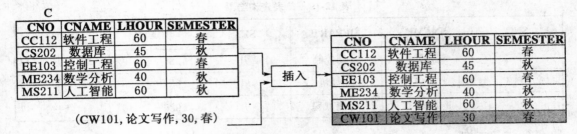

图 12-8　插入操作

② 更改语句

对指定表中已有数据进行修改。语句格式如下：

UPDATE<表名>

SET<列名>＝<表达式>…..[WHERE<条件>]

其功能是修改指定表中满足 WHERE 子句条件的记录,其中 SET 子句给出<表达式>的值用于取代相应列的值。

例如：将"ME234"课程的课时改为 30,并改成春季开设,更改结果如图 12-9 所示。

UPDATE　C

SET　LHOUR＝30,SEMESTER＝"春"

WHERE　CNO＝"ME234";

C

CNO	CNAME	LHOUR	SEMESTER
CC112	软件工程	60	春
CS202	数据库	45	秋
EE103	控制工程	60	春
ME234	数学分析	40	秋
MS211	人工智能	60	秋

更新 →

CNO	CNAME	LHOUR	SEMESTER
CC112	软件工程	60	春
CS202	数据库	45	秋
EE103	控制工程	60	春
ME234	数学分析	30	春
MS211	人工智能	60	秋

图 12-9　更改操作

③ 删除语句

SQL 删除语句的格式为：

DELETE　FROM<表名>

[WHERE<条件>]

其功能是从指定表中删除满足 WHERE 子句条件的记录。如果省略 WHERE 子句,则删除表中所有记录。

如,从 C 表中删除课程号为"CC112"的记录,删除结果如图 12-10 所示。

DELETE　FROM　C

WHERE　CNO＝'CC112';

C

CNO	CNAME	LHOUR	SEMESTER
CC112	软件工程	60	春
CS202	数据库	45	秋
EE103	控制工程	60	春
ME234	数学分析	40	秋
MS211	人工智能	60	秋

删除 →

CNO	CNAME	LHOUR	SEMESTER
CS202	数据库	45	秋
EE103	控制工程	60	春
ME234	数学分析	30	秋
MS211	人工智能	40	秋

图 12-10　删除操作

12.3　Access 2003

Access 是微软公司推出的基于 Windows 的桌面关系数据库管理系统(Relational Database Management System,简称 RDBMS),是 Office 系列应用软件之一。使用它可以高效地完成各种类型中小型数据库管理工作,如财务、行政、金融、经济、统计和审计等领域。它提供了表、查询、窗体、报表、页、宏、模块 7 种用来建立数据库系统的对象;提供了多种向导、生成器、模板,把数据存储、数据查询、界面设计、报表生成等操作规范化;为建立功能完善的数据库管理系统提供了方便,也使得普通用户不必编写代码就可以完成大部分数据管理的任务。

12.3.1　Access 2003 的主界面

计算机中安装了 Access 2003 后,选择"开始"→"程序"→"Microsoft Office"→"Microsoft Office Access 2003"命令,启动 Access 2003,其主界面如图 12-11 所示。主界面由标题栏、菜单栏、工具栏、工作区、任务栏和状态栏组成。

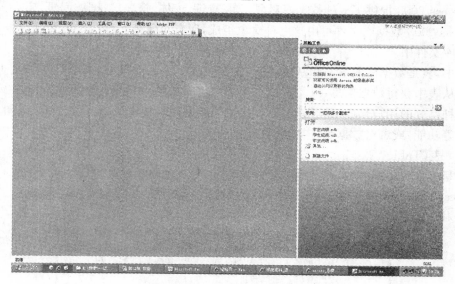

图 12-11　Access 2003 主界面

Access 2003 包含有"文件"、"编辑"、"视图"、"插入"、"工具"、"窗口"以及"帮助"等菜单。

(1)"文件"菜单

包括"新建"、"打开"、"获取外部数据"、"关闭"、"保存"、"另存为"、"导出"、"文件搜索"、"网页预览"等命令。其中"获取外部数据"命令可以将具有一定格式的其他文件,如文本文件中的数据导入到 Access 数据库中。

(2)"编辑"菜单

包含"撤销"、"复制"、"剪切"等常用编辑命令。

283

（3）"视图"菜单

包括"数据库对象"子菜单,内含数据库对象"表"、"查询"、"窗体"、"报表"以及"模块"等命令。

（4）"插入"菜单

主要有"表"、"查询"、"窗体"、"报表"、"模块"以及"特殊符号"等插入命令。

（5）"工具"菜单

主要有"关系"、"分析"、"数据库实用工具"、"安全"、"同步复制"等命令。

（6）"窗口"菜单

和常用软件的"窗口"菜单命令相似。

（7）"帮助"菜单

类似于常用软件的"帮助"菜单。

不同的对象,出现的菜单命令项也不尽相同。

Access 的工具栏相当丰富,对应于不同的对象有不同的工具栏。可以根据当前打开的对象或视图自动显示相应的工具栏而同时隐藏其他无关工具栏。

12.3.2 Access 2003 的数据库对象

Access 2003 提供了七种数据库对象：表、查询、窗体、报表、数据访问页、宏和模块。一个 Access 2003 数据库文件可由这七种对象组成,所有对象都保存在扩展名为.mdb 的同一个数据库文件中。

其中,表是数据库的核心和基础,它存放着数据库中的全部数据信息。报表、查询和窗体都要从表中获得数据信息,以实现用户某一特定的需要,如查询、统计、打印等。窗体可以提供一种良好的用户界面,通过它可以直接或间接调用宏或模块,并执行查询、计算、打印以及预览等功能,或者对数据表进行编辑修改。

（1）表（Table）

表是存储数据的容器,是关系数据库的基础,是其他对象的数据源。图 12-12 所示的一个 Access 表是典型的二维表格,表中每一行对应一条记录,每一列对应一个字段,行和列交叉处是对应记录的字段值。

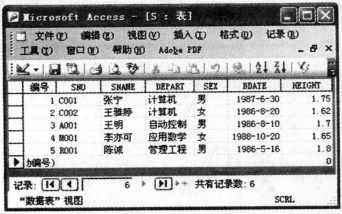

图 12-12 Access 的表对象

（2）查询（Query）

查询是在一个或多个表中查找满足特定条件的记录,查询结果以二维表的形式显示。此外,查询的结果还可以作为窗体、报表等其他对象的数据源。

（3）窗体（Form）

窗体是数据库和用户的一个交互界面,用于显示表中的数据或查询结果,或者作为用户输入界面,方便用户操作数据库中的数据。图 12-13 显示了一个学生窗体。

图 12-13　学生窗体

（4）报表（Report）

报表用来将选定的数据按指定的格式进行显示或打印。与窗体类似,报表的数据来源可以是一张或多张表以及查询结果。此外,在建立报表时还可以进行一些计算,如求和、求平均值等。

（5）页（Page）

用在 Internet 或 Intranet 上浏览的 Web 页,可以用来输入、编辑、浏览数据库中的记录,能够进行记录的维护工作。

（6）宏（Marco）

宏是由一系列命令组成的,每个宏都有宏名,使用它可以简化一些需要重复进行的操作。宏的基本操作有编辑宏和运行宏。

（7）模块（Module）

模块是用 Access 提供的 VBA 语言编写的程序,模块通常与窗体、报表结合起来完成应用功能。使用模块的目的有两个:一是创建在窗体、报表和查询中使用的自定义的函数;二是为所有类模块提供公用的子过程。

总而言之,在一个数据库中,"表"用来保存原始数据,"查询"用来查询数据,"窗体"和"报表"用不同的方式获取数据,而"宏"和"模块"用来实现数据的自动操作。

12.3.3　建立数据库

下面以一个学生成绩数据库为例,讲述 Access 2003 中数据库的创建方法。

学生成绩数据库中包含 3 张表,分别是学生登记表（S）、学生选课成绩表（SC）和课程开设表（C）,表的内容及表间关系如图 12-7 所示。数据库的建立分为如下几个步骤:

（1）创建学生成绩管理空数据库

① 启动 Access 2003,选择"文件"→"新建"→"新建空数据库"。

② 在打开的"文件新建数据库"对话框中,输入数据库文件名"学生成绩",并单击"创建"按钮,生成学生成绩空数据库,显示"数据库"窗口,如图 12-14 所示。数据库窗口由工具栏、对象栏和列表框栏三部分构成。

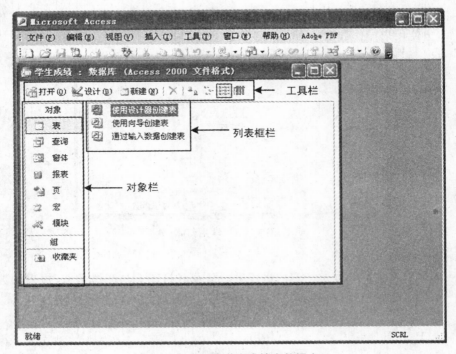

图 12-14　创建学生成绩空数据库

(2) 利用表设计器创建学生登记表结构

建立表,先要创建表结构,包括表名、字段名、字段数据类型及字段说明、字段属性、主键、索引等内容。

字段名是表的基本存储单位,字段名在表中是唯一的,字段取名一般要做到见名知意。字段名可以包含中文、英文字母、数字、下划线与特殊字符(英文的".""!""'""[]",换行符除外)。字段名的开始符号不能为空格或者控制字符。

字段数据类型决定了字段能存储什么样的数据。如一般学号设置为文本类型,长度为4,最多可存储 4 个字母、数字或汉字等,出生日期一般设置为日期时间型,只能存储日期时间。Access 2003 中提供的数据类型有 10 种,如表 12-12 所示。

表 12-12　Access 2003 提供的字段数据类型

类　　型	说　　　明	字段大小
文本	字母数字数据(文本和数字)	最多 255 字符
备注	长文本类型,存放说明性文字	最多 65535 字符
数字	数值数据	1、2、4、8 字节

续表 12-12

类　型	说　明	字段大小
日期/时间	日期和时间	8 字节
货币	货币数据	8 字节
自动编号	创建新记录时由 Access 创建的唯一值,通常在主键中使用	4 字节
是/否	Boolean(True 或 False)数据	1 个比特位
OLE 对象	来自 Office 和基于 Windows 的程序的图像、文档、图形和其他对象	最多 2GB
超链接	Web 地址	最多 1GB
查阅向导	任何受支持的文件类型	一般 4 个字节

字段的属性用来指定字段在表中的存储方式,不同类型的字段具有不同的属性。常用属性如下:

① 字段大小:对文本数据,指定文字的长度,对数字型数据,指定数据的类型,如字节表示 0~255 之间的整数,占一个字节,而整数表示 -32768~32767 之间的整数,占两个字节。

② 格式:指定数据输入或显示的格式,这种格式不影响数据的实际存储格式。

③ 小数位数:对数字型或货币型数据指定小数位数。

④ 标题:指定字段在窗体或者报表中显示的名称,该名称不会影响该字段在数据库中的字段名。

⑤ 有效性规则:用来限定字段的值。

⑥ 有效性文本:当输入的字段值超出有效性规则时,用来显示的提示信息。

⑦ 默认值:在新建记录时会自动把这个值输入到字段中。

⑧ 输入掩码:在输入数据时,不必输入某些固定字符。如对日期型数据设置为日期格式,则输入时自动出现"_____年_____月_____日",用户只要填入数字即可。

⑨ 必填字段:如果该属性为"是",则这个字段不能为空。

⑩ 输入法模式:当焦点移动到这个字段时,自动切换到某种输入法模式。

⑪ 智能标记:表示字段被识别和标记为特殊类型的数据。

主键即关键字,可由一个或多个字段构成。不同记录主键不可相同。主键的作用如下:

① 使数据表中的每条记录唯一可识别。

② 加快对数据进行查询的速度。

③ 用来在表间建立关系。

创建学生表结构的步骤如下:

① 如图 12-14 所示数据库窗口中,单击对象"表",双击"使用设计器创建表"选项,打开如图 12-15 所示的数据表设计视图。

② 输入所有字段名,选择其数据类型,并输入字段大小,如图 12-15 所示。

③ 选择"SNO"字段行,在"编辑"菜单中选择"主键"功能。

④ 选择"文件"→"保存",在打开的对话框中输入表名 S,保存新表。

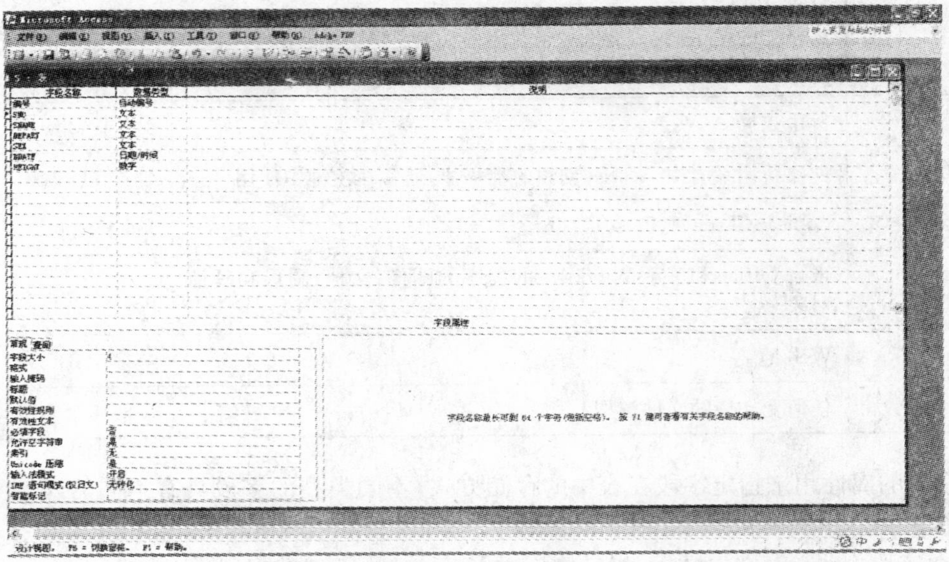

图 12-15　数据表设计窗口

以同样的方法创建学生选课成绩表(SC)和课程开设表(C)表结构。

(3) 利用数据表视图输入、修改、删除表记录

数据表结构建立后,就可以进入"数据表视图"进行记录的输入和编辑了。

利用数据表视图输入表记录操作步骤如下:

① 在"数据库"窗口中,选择表对象,双击表 S 打开数据表。

② 在打开的窗口中一行一行地输入记录。

③ 若需要修改某单元格,单击该单元格,直接修改原值;若要删除某记录行,先选定该记录行,再选择"编辑"菜单中的"删除记录"命令即可。

④ 录入完成后的学生登记表(S)如图 12-12 所示。

以同样的方法录入学生选课成绩表(SC)和课程开设表(C)表记录。

12.3.4　创建查询

Access 2003 的查询可以从已有的数据表或查询中选择满足条件的数据,也可以对已有的数据进行统计计算,还可以对表中的记录进行诸如修改、删除等操作。

Access 2003 中提供了多种创建查询的方法,在数据库窗口中选择了"查询"对象后,可以看到以下两种创建查询的方法,分别是"在设计视图中创建查询"和"使用向导创建查询",如图 12-16 所示。

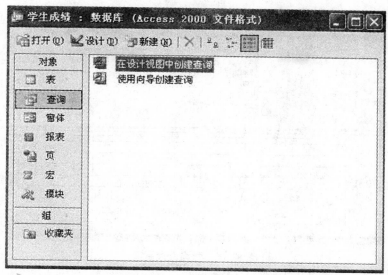

图 12-16　创建查询界面

　　"在设计视图中创建查询"是常用的查询方式,可在一个或多个基本表中,按照指定的条件进行查找,并指定显示的字段。"使用向导创建查询"可按照系统提供的提示来创建查询。下面主要介绍"在设计视图中创建查询",其操作步骤如下:

　　(1)打开查询的"设计视图"

　　在数据库窗口中选择"查询"对象后,双击列表框栏中的"在设计视图中创建查询",弹出"显示表"对话框,如图 12-17 所示。

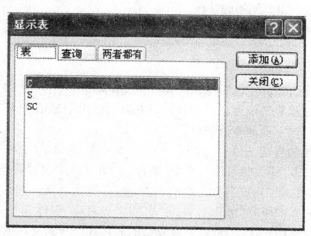

图 12-17　"显示表"对话框

　　(2)选择与查询相关的表

　　在"显示表"对话框中,选择查询所需要的表或查询,单击"添加"按钮,再单击"关闭"按钮,打开设计视图窗口,如图 12-18 所示。

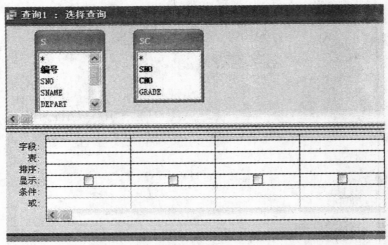

图 12-18　查询设计窗口

（3）选择查询类型

在查询的设计视图中，可以单击"查询"菜单或者单击工具栏上的"查询类型"按钮来选择查询类型。Access 提供了选择查询、交叉表查询、参数查询、SQL 查询等多种类型。

（4）选择字段

在查询的设计视图窗口中，每列对应着查询结果的一个字段，而每一行的标题则列出了该字段的各个属性，其中"字段"和"表"构成了查询结果的结构。

① 字段：是指查询结果中所使用的"字段"。点击"字段"单元格，出现下拉按钮，点击下拉按钮选择查询结果中要使用的字段。

② 表：表示该字段所在的数据表或查询。操作方法同"字段"。

（5）设置准则

字段的其他属性设置如下。

① 排序：指定是否按此字段排序以及排序的升降顺序。

② 显示：勾选显示复选框可以确定该字段在查询结果中显示。

③ 条件：指定对该字段的查询条件。

④ 或：指定其他的查询条件。

一个字段可以有多条限制"条件"，每个"条件"之间可以用逻辑符号连接。为了方便输入，可以右击"条件"，选择"生成器"命令，打开"表达式生成器"对话框，如图 12-19 所示，该对话框中提供了数据库中所有"表"或"查询"中的字段名称、窗体和报表中的各种控件、函数、常量、操作符以及通用表达式，可以完成复杂的表达式设计。常用的操作符如下：

● "＋"、"－"、"＊"、"/"表示数学运算中的加、减、乘、除。

● "&"表示字符的连接，如"数据库 & 管理系统"的结果是"数据库管理系统"。

● "＝"、"＞"、"＜"、"＜＞"表示条件运算的等于、大于、小于和不等于。

● "And"、"Or"、"Not"表示逻辑运算的与、或和非，如"＞10And＜50"表示大于 10 并且小于 50。

● "Like"用于判断一个字符型数据的值是否满足某种格式，通常与其他符号一起使用。

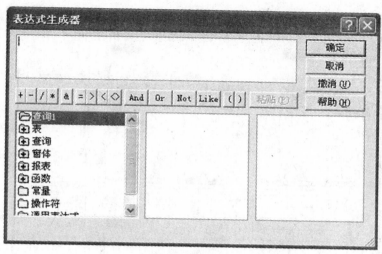

图 12-19　"表达式生成器"对话框

（6）执行查询

查询条件设置好之后，单击工具栏上的"运行"按钮或者"查询"菜单的"运行"命令，就执行了该查询，可以在屏幕上显示查询的结果，如果对结果不满意，可以单击"视图"按钮，切换到设计窗口更改设计。

（7）保存查询

查询结果符合要求后，可以保存设计的"查询"。单击工具栏上的"保存"按钮，打开"另存为"对话框保存查询到数据库中。

下面以几个实例来展示创建查询的方法。实例所用的数据库为 12.3.3 中创建的学生成绩数据库，包含 3 张表，分别是学生登记表（S）、学生选课成绩表（SC）和课程开设表（C），并且每张表中录入了一些记录，如图 12-7 所示。

实例 1　查询学生的各课程成绩，要求输出"学号"、"姓名"、"课程名"、"成绩"。

分析："学号"、"姓名"数据在学生登记表 S 中，而"成绩"在学生选课成绩表 SC 中，课程名则在课程开设表 C 中，这个查询需要使用三个表。

操作步骤：

（1）启动 Access 2003，打开"学生成绩"数据库。

（2）在数据库窗口中选择"查询"对象后，双击列表框栏中的"在设计视图中创建查询"，弹出"显示表"对话框，如图 12-17 所示。

（3）依次添加 S、SC 和 C 三个表，完成后单击"关闭"按钮。

（4）在查询设计视图中，依次选择所需的字段：学号（SNO）、姓名（SNAME）、课程名（CNAME）、成绩（GRADE），如图 12-20 所示。

（5）运行查询，显示查询结果，如图 12-21 所示。

（6）关闭设计窗口，根据提示保存查询为"查询实例 1"。

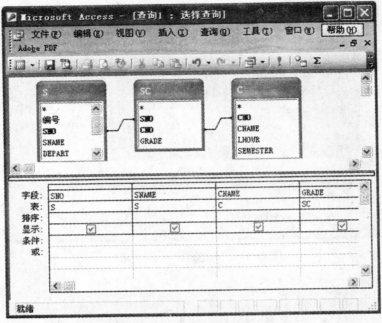

图 12-20　查询实例 1 设计视图

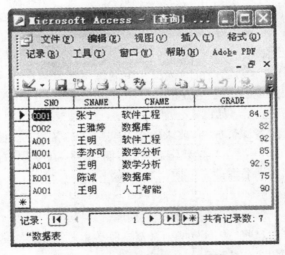

图 12-21　查询实例 1 查询结果

实例 2　查询所有成绩在 85 及以上的学生学号与姓名,按学号升序排列显示结果。

分析:"学号"、"姓名"数据在学生登记表 S 中,而"成绩"在学生选课成绩表 SC 中,这个查询需要使用两个表,并且对成绩字段有查询条件,条件是">＝85"。

操作步骤:

(1) 在数据库窗口中选择"查询"对象后,双击列表框栏中的"在设计视图中创建查询",弹出"显示表"对话框。

(2) 依次添加 S、SC 两个表,完成后单击"关闭"按钮。

(3) 在查询设计视图中,依次选择所需的字段:学号(SNO)、姓名(SNAME)、成绩

（GRADE），在"成绩"字段的"条件"行，输入"＞＝85"，并取消勾选该字段的显示复选框，在"学号"字段的"排序"行中，设置为"升序"，如图 12-22 所示。

（4）运行查询，显示查询结果，如图 12-23 所示。

（5）关闭设计窗口，根据提示保存查询为"查询实例 2"。

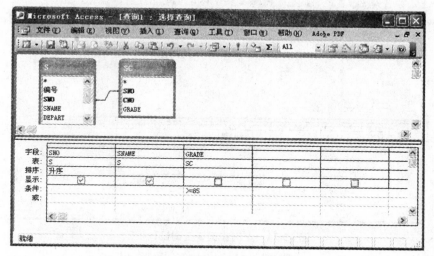

图 12-22　查询实例 2 设计视图

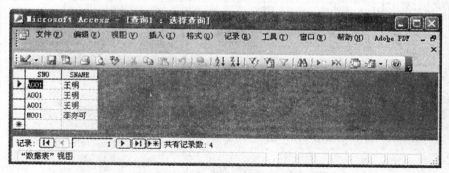

图 12-23　查询实例 2 查询结果

实例 3　查询各系男女生人数，要求输出系别、性别及人数。

分析："系别"、"性别"均在学生登记表 S 中，要按系别、性别统计人数，需按照系别和性别来分组，对"学号"字段进行总计，需要添加总计行。

操作步骤：

（1）在数据库窗口中选择"查询"对象后，双击列表框栏中的"在设计视图中创建查询"，弹出"显示表"对话框。

（2）添加 S 表，完成后单击"关闭"按钮。

（3）单击工具栏 $\sum$ 按钮，添加"总计"行。

（4）在查询设计视图中，依次选择所需的字段：学号 SNO、系别 DEPART、性别 SEX。

（5）在"系别"和"性别"字段的"总计"行选择"分组"，在"学号"字段的"总计"行设置"计数"，在"学号（SNO）"左边添加"人数"，并用英文冒号隔开"人数"和"学号"的字段名"SNO"

293

（这样做，查询结果这一列的列名为"人数"），如图 12-24 所示。

　　（6）运行查询，显示查询结果，如图 12-25 所示。

　　（7）关闭设计窗口，根据提示保存查询为"查询实例 3"。

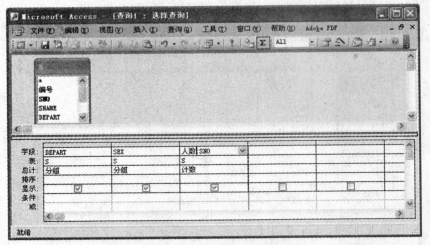

图 12-24　查询实例 3 查询设计视图

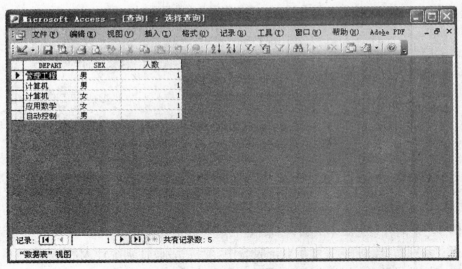

图 12-25　查询实例 3 查询结果

第 13 章
Office 2003 综合应用

- OLE
- Word、Excel 综合应用
- PowerPoint、Word、Excel 综合应用

前面已经学习了网上信息检索、Word、Excel、PowerPoint、FrontPage、Access 等软件，在工作中经常需要综合应用这类软件来解决实际问题，如何综合应用这类软件，充分利用已有资料，实现不同软件之间的数据共享，提升工作效率是非常重要的。本章从 Office 2003 综合应用实例入手，着重介绍 Office 2003 软件包中 Word、Excel、PowerPoint、FrontPage 之间的文件数据转换及数据共享的常用方法。

13.1 OLE

OLE 是 Object Linking and Embedding 的缩写，即"对象链接与嵌入"，这是一种把一个文件的一部分嵌入到另一个文件之中的技术，例如把 Excel 图表加入到 PowerPoint 演示文稿或 Word 文档。通过 OLE 嵌入的数据是"活生生"的，可被对应处理软件编辑的，而不是原始数据的一个静态映像。兄弟同心，其利断金，OLE 是集成 Office 大家庭各个应用的功能、构造复合文档的强大工具。

所谓"链接"，即在一个应用程序文档中并不包含其他应用程序对象本身，而只包含指向这一对象的描述，这一对象的任何修改，将自动反映到应用程序文档中。所谓"嵌入"，即在一个应用程序文档中可嵌入其他应用程序对象，双击这类对象时，会自动启动相应应用程序进行编辑。就表面效果而言，链接和嵌入很相似，即一个文档内出现了另一个文档的数据，但其后台运作机制却有所不同。

（1）嵌入与链接的区别

在嵌入和链接操作中，提供数据的一方称为服务器应用，接收数据的一方称为容器应用。嵌入操作把服务器应用的数据本身复制到容器应用的文档；但在链接操作中，容器应用的文档只包含一个指向服务器应用文档的指针。

这种差别有什么意义呢？首先，如果在容器文件中嵌入了一个对象，容器文件的体积会变大；如果使用链接，容器文件的体积不会发生很大的变化，因为它只包含一个指向对象的链接，而不是包含了对象本身。

其次，如果你把带有嵌入对象的文件从一台 PC 移到另一台 PC，被嵌入对象也随着文件一起移动。如果移动了带有链接对象的文件，被链接对象所在的文件不会随之移动，且链接一般不再有效。

最后，链接与嵌入最重要的区别在于，当你编辑链接或嵌入对象时，产生的结果不同。双击被链接的对象，服务器应用启动并打开原始的数据文件，所有对链接对象的改动都影响到原始文件（当然也会在容器应用内被链接的对象上反映出来）。例如，假设一个 Word 文档链接了一个 Excel 工作表，则在 Word 文档内对 Excel 工作表的任何改动都直接影响到原始的 Excel 工作表。类似地，如果你用服务器应用直接打开并编辑原始文件，如用 Excel 编辑工作表，下次打开容器文件即 Word 文档时也可以看到相应的改动结果。

对于嵌入操作，情况有所不同。在容器应用内双击被嵌入的对象，服务器应用启动，但这时的任何改动只对嵌入对象有效，不影响原始文档。

（2）OLE 的使用

嵌入操作可用拖放的方式完成。当然，拖放之前各个程序的窗口必须作适当的调整，一起显示在屏幕上。例如，在屏幕上同时打开一个 Excel 图表和一个 Word 文档，按住 Ctrl

键,把 Excel 图表拖入 Word 文档。如果要在 Word 文档内编辑 Excel 图表,只需双击图表(或选择菜单"编辑"→图表对象"编辑"),Excel 在 Word 内部打开,工作表处于可编辑状态。如图 13-1 所示,

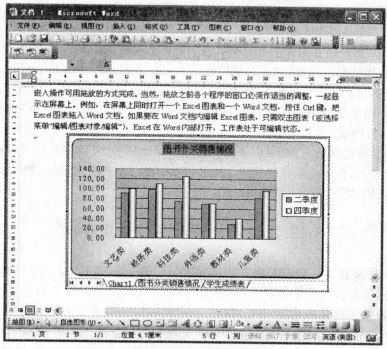

图 13-1　在 Word 内编辑嵌入式 Excel 图表

　　或者也可以在 Excel 中选中要嵌入的图标对象,复制,然后切换到 Word 中,把光标移到想要插入图表的位置,选择 Word 菜单"编辑"→"选择性粘贴"。在"选择性粘贴"对话框中(如图 13-2 所示)选中"粘贴"选项,在"形式"列表框选择"Microsoft Excel 图表对象",点击"确定"嵌入图标对象。

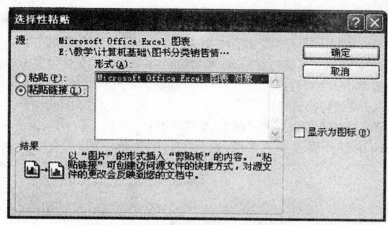

图 13-2　以链接方式插入 Excel 图表

如果要链接一个对象,例如要在 Word 文档中链接一个 Excel 图表,先启动服务器应用 Excel 并打开 Excel 工作簿,选择待链接的图表,然后选择菜单"编辑"→"复制"。切换到 Word,把光标移到想要插入图表的位置,选择 Word 菜单"编辑"→"选择性粘贴"。在"选择性粘贴"对话框中,选中"粘贴链接"选项,在"形式"列表框中选择"Microsoft Excel 图表对象",点击"确定"按钮创建链接,参见图 13-2。

在 Word 中,选中链接对象再按 Shift+F9 可切换显示链接对象的方式:或者显示域代码,或者显示链接结果。例如,对于上例链接的 Excel 图表,按一次 Shift+F9 可显示出域代码,形如"{LINK Excel. Sheet. 8'E:\\教学\\计算机基础\\图书分类销售情况. xls''图书分类销售情况![图书分类销售情况. xls]图书分类销售情况 Chart 2'\a\p}",再按一次 Shift+F9 显示出链接图表。

如果要编辑被链接的对象,可以手工打开原始 Excel 工作簿编辑,也可以在 Word 内双击被链接的对象,双击的结果也是启动 Excel 打开原始工作簿。在 Excel 内,编辑完成后应当保存结果,否则,返回 Word 后编辑结果将会丢失。

13.2　Word、Excel 综合应用

Windows 应用程序一般都支持复制、粘贴操作,这为不同应用程序间的数据互换提供了便利。另外,许多应用程序提供了"另存为"、"导入"、"导出"及保存时改变文件类型等功能,解决了文件数据格式的互换问题。

本节将介绍网页、文本文件转换成 Word 文档数据的方法,将 Word 文档转换成网页发布的方法,将网页中表格、文本文件数据转换成 Word、Excel 表格的方法,将 Excel 图表对象嵌入 Word 的方法,以及 Excel 数据导入方法。

(1) 将网页中文字转换成 Word 文档数据

双击网页文件,在打开的 IE 窗口中复制需要的文字,然后启动"记事本"程序,将文字粘贴在其中,在复制"记事本"中的文字,粘贴在打开的 Word 文档的插入点,并删除空行及段落前的空格。

当然,IE 窗口中待复制的文字也可以直接复制后粘贴到 Word 文档中,使用"记事本"是因为通过它可以消除文字中不需要的格式。

此外,也可以用 Word 直接打开网页,然后再另存为 Word 文件格式,这样也可以将网页中文字转换成 Word 文档数据。

(2) 将 Word 文档转换成网页

要将 Word 文档转换成网页形式发布,步骤如下:

① 在 Word 中打开要转换的文档,选择"文件"菜单中的"另存为网页"命令,如图 13-3 所示。

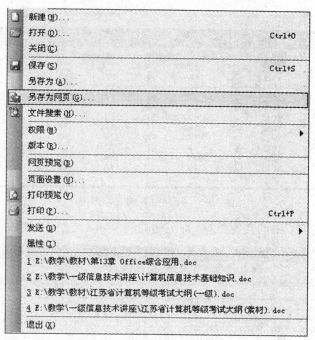

图 13-3　"另存为网页"菜单命令

② 弹出"另存为"对话框,如图 13-4 所示,选择保存位置及文件名后单击"保存"按钮,
生成"文件名.mht"网页文件。

图 13-4　"另存为"对话框

（3）将网页中的表格转换为 Excel 表格

直接打开网页,启动 IE,复制需要的表格,然后启动 Excel,将表格粘贴到工作表中,并
删除空行。

（4）将文本数据转换为 Word、Excel 表格

行列整齐的文本数据（中间有分隔符或空格）可以通过 Word 的"表格"菜单"转换"菜单
项"文本转换成表格"命令转换成 Word 表格。例如,由如图 13-5 所示的文本数据转换成

Word 表格的步骤如下：

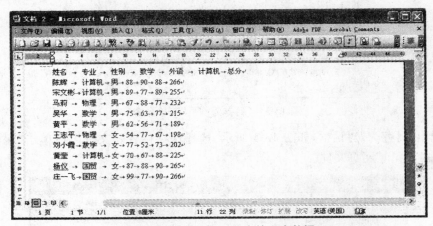

图 13-5　行列整齐的文本数据

① 先复制"记事本"中的文本数据，直接粘贴到 Word 文档中，如图 13-6 所示。

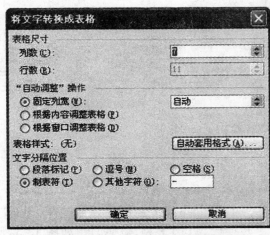

图 13-6　复制到 Word 中的文本数据

② 选中要转换为表格的文字，选择"表格"菜单"转换"菜单项"文本转换成表格"命令，弹出如图 13-7 所示对话框，在"文字分隔位置"中选中合适的分隔符，单击"确定"按钮，得到 Word 表格，如图 13-8 所示。

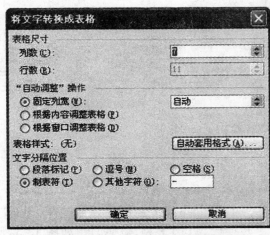

图 13-7　"将文字转换成表格"对话框

姓名	专业	性别	数学	外语	计算机	总分
陈辉	计算机	男	88	90	88	266
宋文彬	计算机	男	89	77	89	255
马莉	物理	男	67	88	77	232
吴华	数学	男	75	63	77	215
黄平	数学	男	62	56	71	189
王志平	物理	女	54	77	67	198
刘小霞	数学	女	77	52	73	202
黄莹	计算机	女	70	67	88	225
杨仪	国贸	女	87	88	90	265
庄一飞	国贸	女	99	77	90	266

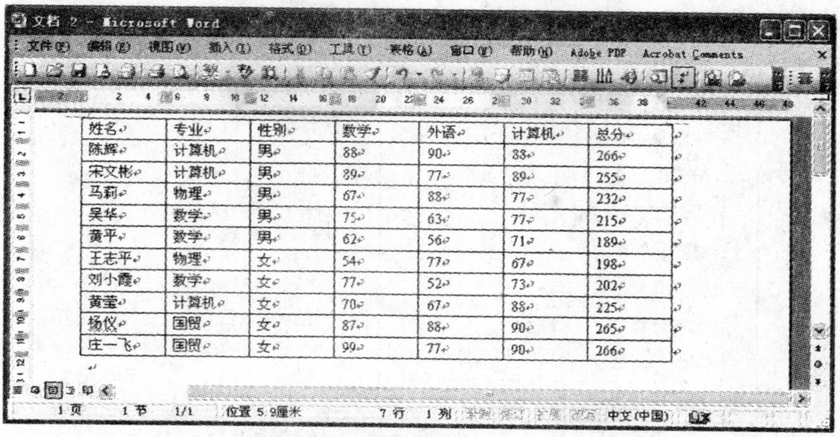

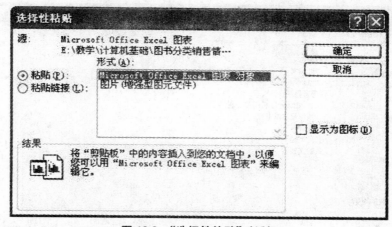

图 13-8　转换后的 Word 表格

行列整齐的文本数据（中间有分隔符或空格）要转换成 Excel 表格，直接复制后粘贴到 Excel 表格中即可。

（5）将 Excel 图表对象嵌入 Word

Windows 应用程序支持 OLE，要把 Excel 图表对象嵌入 Word 文稿中，只需在 Excel 中选择该图表，复制，然后切换到 Word 文档中，选择“编辑”菜单中的“选择性粘贴”命令，打开如图 13-9 所示的“选择性粘贴”对话框，选择“粘贴”单选按钮，再单击“确定”按钮即可。

图 13-9　“选择性粘贴”对话框

（6）将文本文件数据导入 Excel

例如，有如图 13-5 所示的文本数据文件，要将数据导入到 Excel 表格中，步骤如下：

① 启动 Excel，选择“数据”菜单“导入外部数据”菜单项“导入数据”命令，如图 13-10 所示，打开如图 13-11 所示对话框。

② 在“选取数据源”对话框中选择要导入的文本文件“学生信息. txt”，点击“打开”按钮，弹出如图 13-12～图 13-14 所示的“文本导入向导”。

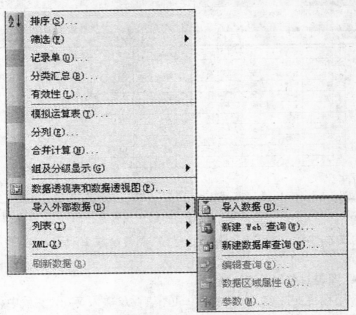

图 13-10 "导入数据"命令

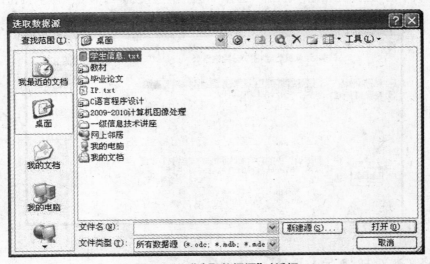

图 13-11 "选取数据源"对话框

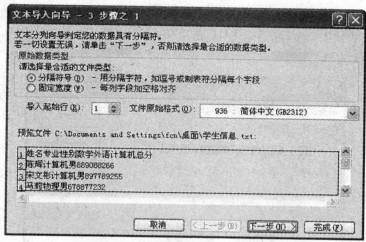

图 13-12　文本导入向导-3 步骤之 1

图 13-13　文本导入向导-3 步骤之 2

图 13-14　文本导入向导-3 步骤之 3

③ 按照"文本导入向导"的 3 个步骤依次选择原始数据类型、设置分列数据的分隔符以及设置每列数据的数据类型,然后点击"完成"按钮,弹出"导入数据"对话框,选择数据的放置位置后点击"确定"按钮,就将文本文件数据导入了 Excel 工作表中。

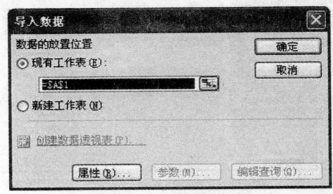

图 13-15　"导入数据"对话框

(7) 将 Access 数据库数据导入 Excel

若有第 12.3.3 节建立的"学生成绩"数据库,要将学生登记表导入到 Excel 中,步骤如下:

① 启动 Excel,选择"数据"菜单"导入外部数据"菜单项"导入数据"命令,如图 13-10 所示,打开如图 13-11 所示对话框。

② 在"选取数据源"对话框中选择要导入的 Access 数据库文件"学生成绩.mdb",点击"打开"按钮,弹出如图 13-16 所示的"选择表格"对话框。

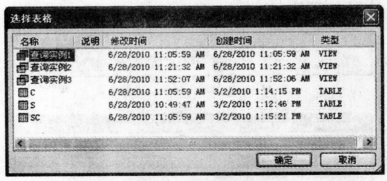

图 13-16　"选择表格"对话框

③ 在"选择表格"对话框中选择要导入的学生登记表 S,单击"确定"按钮,弹出如图 13-17 所示的"导入数据"对话框,选择数据的放置位置后点击"确定"按钮就将 Access 数据库数据导入了 Excel 工作表中。

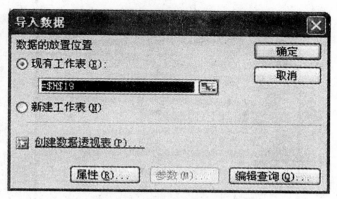

图 13-17 "导入数据"对话框

13.3 PowerPoint、Word、Excel 综合应用

（1）将 Word 文档转换成 PowerPoint 演示文稿

Word 中具有 9 种不同的内置标题样式，从"标题 1"至"标题 9"，如图 13-18 所示，每一级标题样式代表了显示的格式及级别。在"视图"菜单中选择"文档结构图"切换到大纲视图，可分级显示标题，以便查看文档结构。大纲视图中的缩进和符号不影响文档在普通视图中的外观，也不会打印出来。

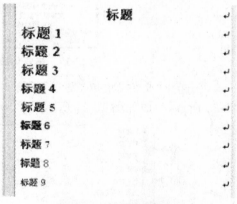

要将 Word 文档转换成 PowerPoint 演示文稿，需要首先用标题样式格式化待转换的文档，然后选择"文件"菜单"发送"命令才能将文档发送到 PowerPoint 中。只有"标题"文字，即具有标

图 13-18 9 种标题样式

题 1 至标题 9 样式或大纲级别 1～9 的文字才能发送到 PowerPoint，"正文级别"的文字不会转换成 PowerPoint。下面用一个实例来讲述将 Word 文档转换成 PowerPoint 演示文稿的操作过程。

例如，有 Word 文档"计算机信息技术基础知识. doc"，要将它转换成 PowerPoint 演示文稿，步骤如下：

① 用标题样式格式化文档。

Word 中的"标题 1"将转换成幻灯片的"标题"，而"标题 2"、"标题 3"等将转换成幻灯片的正文。

将要转成幻灯片标题的文字设置为"标题 1"样式，其他文字按照显示级别设置为"标题 2"样式，设置后选择"视图"菜单"大纲"视图，单击大纲工具栏显示级别下拉列表，选择"显示级别 2"，表示只显示大纲级别 1 级、2 级的文字，如图 13-19 所示。

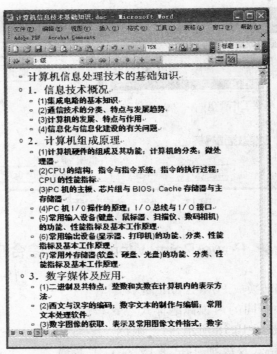

图13-19 格式化后的计算机信息技术基础知识文档

② 选择"文件"菜单"发送"菜单项的"Micorsoft Office PowerPoint(P)"命令,如图13-20 所示,生成如图 13-21 所示的 PowerPoint 演示文稿。

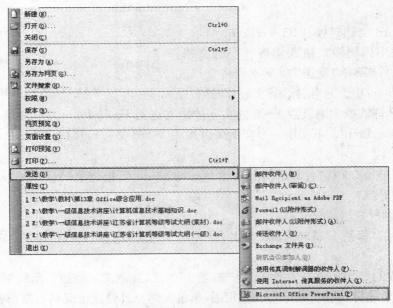

图13-20 "发送"命令

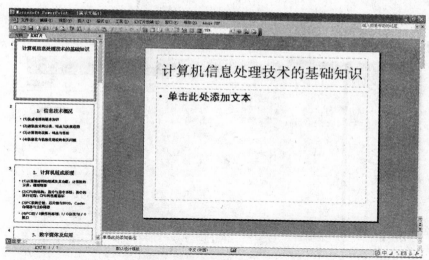

图 13-21　转换后的 PowerPoint 文稿

（2）将 Excel 数据及图表对象插入到 PowerPoint 幻灯片中

将 Excel 数据插入到 PowerPoint 幻灯片中，操作步骤非常简单，先在 Excel 中选中待插入的数据，然后复制，接着切换到 PowerPoint 中的插入点，粘贴即可。

将 Excel 图表对象插入到 PowerPoint 幻灯片的操作步骤与将 Excel 图表对象插入到 Word 文档中相同。具体操作步骤参看 13.2 节将 Excel 图表对象嵌入 Word。

（3）将 PowerPoint 演示文稿转换成网页

要将 PowerPoint 演示文稿转换成网页形式发布，步骤如下：

① 在 PowerPoint 中打开要转换的演示文稿文件，选择"文件"菜单"另存为网页"命令，如图 13-22 所示。

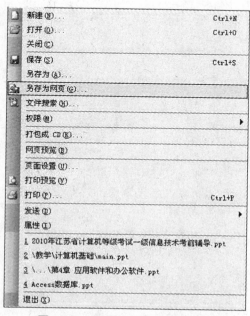

图 13-22　"另存为网页"菜单命令

② 弹出"另存为"对话框,如图 13-23 所示,选择保存位置及文件名后单击"保存"按钮,生成"文件名.mht"网页文件。

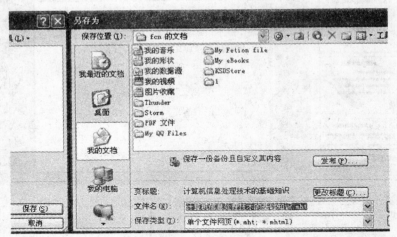

图 13-23 "另存为"对话框